Yellow River Civilization and Sustainable Development

黄河文明与可持续发展

第 16 辑

河南大学出版社
·郑州·

图书在版编目(CIP)数据

黄河文明与可持续发展. 第16辑 / 苗长虹主编. —郑州：河南大学出版社，2020.9
ISBN 978-7-5649-4485-8

Ⅰ.①黄… Ⅱ.①苗… Ⅲ.①黄河流域－文化史－丛刊②黄河流域－可持续性发展－丛刊 Ⅳ.①K292－55②X22－55

中国版本图书馆CIP数据核字(2020)第171988号

责任编辑	任湘蕊
责任校对	陈 炜
封面设计	郭 灿

出 版	河南大学出版社		
	地址：郑州市郑东新区商务外环中华大厦2401号	邮编：450046	
	电话：0371－86059701(营销部)	网址：hupress.henu.edu.cn	
排 版	郑州市今日文教印制有限公司		
印 刷	郑州市毛庄印刷有限公司		
版 次	2020年12月第1版	印 次	2020年12月第1次印刷
开 本	787 mm×1092 mm 1/16	印 张	13.5
字 数	326千字	印 数	1－1500册
定 价	42.00元		

(本书如有印装质量问题，请与河南大学出版社营销部联系调换。)

编 委 会

顾　问:（按姓氏笔画排序）

马润潮（美）　王　巍　王震中　冯骥才
吉尾宽（日）　孙九林　李伯谦　陆大道
陈栋生　傅伯杰　戴福士（美）

委　员:（按姓氏笔画排序）

王蕴智　牛建强　方创琳　石敏俊　刘彦随
刘海旺　许学工　孙一飞（美）　李小建
李玉洁　李振宏　杨云彦　杨伟聪（新加坡）
杨朝明　张大新　张云鹏　张新斌　侯甬坚
秦耀辰　耿明斋　晁福林　康保成　程民生
樊　杰　戴松成　魏也华（美）　魏后凯

主　编: 苗长虹

副主编: 侯卫东

编辑部主任: 吴朋飞

编　辑: 门　艺　郜冬萍　喻忠磊　方伟伟

主　办: 教育部人文社会科学重点研究基地河南大学黄河文明与可持续发展研究中心
中国地理学会黄河分会

著作权使用声明

  本刊已许可中国知网以数字化方式复制、汇编、发行、信息网络传播本刊全文。本刊支付的稿酬已包含中国知网著作权使用费,所有署名作者向本刊提交文章发表之行为视为同意上述声明。如有异议,请在投稿时说明,本刊将按作者说明处理。

目 录

保护传承弘扬黄河文化笔谈

关于保护传承弘扬黄河文化的思考 …………………………………… 胡全章（1）
考古视野中的黄河文化 ………………………………………………… 侯卫东（5）
关于打造开封国家黄河生态公园的建议 ……………………………… 吴朋飞（7）

黄河流域高质量发展

黄河流域生产性服务业与城镇人口集聚的空间关系演变研究
　　——基于83个城市面板数据的分析 ……………… 宋维珍　安树伟（9）
聚焦保护发展抢占生态文明建设高地，构建黄河流域三雄城市新时代新格局
　　——黄河兰州段生态保护和高质量发展规划研究
　　………………………………………… 曹军　王楠　刘飞　王克风（25）
基于引力模型的国家中心城市辐射范围分析
　　——以郑州为例 ……………………… 李江苏　宋莹莹　孟琳琳　李明月（34）
基于"核心—边缘"理论的城市群核心区识别
　　——以中原城市群为例 ……………… 刘勇　乔增轩　张航　齐莹（47）

黄河流域生态保护

济南城市生态韧性与社会韧性耦合研究 ………… 张帅　王成新　姚士谋（61）
宁夏沿黄生态经济带建设研究 ……………………………………… 李文庆（73）
黄河沿岸滩区的规划变迁、法治进程与治理体系 ………………… 徐可（83）
论先秦儒家的生态思想及其现代意义 …………………………… 刘怡（90）

黄河文明与文化

由族谱所见清代河南省武陟县庶民宗族的建构与发展 …… 吴大昕　李梦冰（99）
明清时期济宁赣商活动分析 ………………… 孙建国　石继红　孙盈盈（110）
流经浚县的古黄河 ………………………………………………… 朱彦民（122）
学界关于历史时期黄土高原环境变迁问题的论争 ………………… 王晗（133）
由河臣到河神：清代朱之锡信仰的建构与传播 ………………… 胡梦飞（142）

· 1 ·

中国古代华北地区的野生哺乳动物
.... Brian Lander,Katherine Brunson　白倩译(153)

学术信息

《黄河文明与可持续发展》征稿简则 .... (186)
首届黄河(生态)经济带发展战略高层论坛在河南开封成功举办 .... 赵建吉(188)
"运河历史地理与大运河文化带建设"高层论坛暨河南大学历史地理学
　第五届学术论坛在河南大学成功举办 .... 吴朋飞　熊雪蕾　翟淑敏(191)
第十一届"黄河学"高层论坛暨"古文字与出土文献语言研究"国际学术研讨会
　成功举办 .... 门艺　王楚菝(194)
中国地理学会黄河分会2019年学术年会在山东师范大学举行 .... 王成新(197)
"黄河流域生态保护和高质量发展"高层论坛(2019)在河南大学成功举办
　.................................... 杨东阳　申茜茜　穆东旭　韩叶青(198)
教育部人文社科重点研究基地河南大学黄河文明与可持续发展研究中心
　建设十五周年及黄河文明省部共建协同创新中心建设一周年暨基地建
　设经验交流会在河南大学成功举办 .... 杨东阳　申茜茜(204)
奏响新时代"黄河大合唱"
　——黄河流域及相关教育部人文社科重点研究基地建设经验交流会
　倡议书 .... (209)

保护传承弘扬黄河文化笔谈

编者按：2019年9月18日，习近平总书记在郑州主持召开黄河流域生态保护和高质量发展座谈会时强调，黄河文化是中华文明的重要组成部分，是中华民族的根和魂。要推进黄河文化遗产的系统保护，深入挖掘黄河文化蕴含的时代价值，讲好"黄河故事"，延续历史文脉，坚定文化自信，为实现中华民族伟大复兴的中国梦凝聚精神力量。2020年新年伊始，在中央财经委员会第六次会议上，习近平总书记再次发出"开展黄河文化宣传，大力弘扬黄河文化"的号召。黄河流域生态保护和高质量发展已上升为重大国家战略，教育部人文社科重点研究基地河南大学黄河文明与可持续发展研究中心已专注黄河文明与文化研究16年，一大批积淀深厚的专家学者纷纷在报刊媒体发表独到观点，扛起保护传承弘扬黄河文化的历史责任。

现推出"保护传承弘扬黄河文化笔谈"，包括胡全章教授撰写的《关于保护传承弘扬黄河文化的思考》、侯卫东副教授撰写的《考古视野中的黄河文化》、吴朋飞副教授撰写的《关于打造开封国家黄河生态公园的建议》，全方位、多角度解读黄河文化，以飨读者。

关于保护传承弘扬黄河文化的思考

胡全章

习近平总书记2019年9月18日在郑州主持召开黄河流域生态保护和高质量发展座谈会并发表重要讲话后，黄河流域生态保护和高质量发展上升为国家重大战略，黄河文化被定格为中华民族的"根"和"魂"，保护、传承、弘扬黄河文化亦被提升到国家战略高度。黄河文化的保护、传承与弘扬，是发扬中华民族勤劳勇敢、自强不息的民族精神和追求安定团结、和谐发展、文明富强的民族智慧的重大文化建设工程，是培中华之根和铸民族之魂的历史使命和时代需求，对重塑中华民族性格与形象，坚定中国人民的道路自信、理论自信、制度自信和文化自信，实现中华民族的伟大复兴，构建人类命运共同体，有着重大的理论价值和实践意义。

要保护、传承、弘扬黄河文化，首先要理清黄河文化作为中华传统文明主轴和主脉的几条重要线索。从历史进程看,无论朝代如何更替,历史怎样变迁,黄河文化始终脉络清晰,根深叶茂,泽润神州,远播四方。我们可以从中华民族的"根脉""魂脉""文脉"等维度来梳理。

从"根脉"上讲,黄河流域是中华文明最重要的发祥地,姓氏文化、农耕文化、饮食文化、汉字文化、都市文化、制度文化等,都从这里起源。人文初祖炎黄二帝的历史舞台在黄河流域,夏代之前颛顼、尧、舜、禹邦国联盟形成于黄河流域,夏商周三代王朝国家,乃至秦汉以后的历代帝制王朝的国都基本都建于黄河流域。作为中华民族"根"文化,黄河文化源远流长,光辉灿烂,在中华文明体系中具有发端和母体的崇高地位,是中国传统文化的主要源头和主脉。从盘古开天、燧人取火、女娲造人、三皇五帝、河图洛书等神话传说,到裴李岗文化、仰韶文化等新石器时代文化,再从夏朝至宋代,黄河流域作为政治、经济、文化中心的时间长达三千多年,分布有郑州、西安、洛阳、开封、安阳等五大古都。中国的国家认同、民族认同和大一统,是以黄河文化为核心而凝聚所成。中华文明历史表明,黄河流域在中华民族形成过程中发挥着关键的凝聚作用,黄河文化是中华文明最重要的直根系。

从"魂脉"上讲,黄河流域的先民积淀了丰厚的思想智慧,铸造了伟大的民族精神和民族品格,需要我们创造性阐发和创新性继承发展。中国古代的学术思想、宗教思想最先流传于黄河流域,易学鼻祖伏羲,道家鼻祖老子庄子、墨家鼻祖墨子、儒家鼻祖孔子孟子、兵家鼻祖孙武、法家鼻祖韩非、佛学大师玄奘等,都诞生并活动于这一流域。从中国古代儒、道、释三大思想主脉来看,都从黄河流域向四方扩散延展。黄河文化包含"天行健,君子以自强不息"的奋斗进取精神,孕育出农业文明注重生态保护的天人合一精神,自西周以来"敬天保民"的人文精神,汉唐以后儒释道兼容、中外文化兼收并蓄的包容开放精神,超越时空的"仁、义、礼、智、信"以及"大同""和合"的道德精神,五千年文明绵延不绝、与时俱进、创造性转化、创新性发展的中国文化精神。从大禹治水等彰显中华民族自强不息精神的历史传说,到抗战时期诞生在黄河流域的民族音乐史诗《黄河大合唱》,再到中华人民共和国成立后焦裕禄带领兰考人民战风沙治盐碱的感人壮举,千百年来数不胜数的"黄河故事",构成了黄河文化鲜明的精神标识和民族性格,成为新时代激励中华儿女奋发图强、百折不回奋斗精神的永不枯竭的思想源泉。

再说说"文脉"。从《尚书》《老子》《庄子》《韩非子》,以至于诸子百家典籍;从《诗经》时代的风雅颂,到屈原色彩斑斓的神话诗《河伯》,以至于李白、杜甫、高适、王之涣、王维、刘禹锡、欧阳修、王安石、苏轼、司马光、李清照、范成大、陆游、辛弃疾、岳飞等;从"史家之绝唱、无韵之《离骚》"的《史记》到第一部纪传体断代史《汉书》,以至于作为"正史"的二十四史……黄河流域文脉昌盛,绵延不断。千百年来,描绘黄河、咏唱黄河、反映黄河儿女生活的颂歌、情歌、怨歌、愤歌,光芒万丈,蔚为大观。

在黄河文化的保护、传承、弘扬系列工程中,保护是基础和前提。黄河文化遗产分布范围广,绵延时代久远,积淀的文化内涵无比丰厚,留存的遗迹遗物却非常有限。然而,就有限的历史遗存而言,无论是物质文化遗存,抑或是非物质文化遗产,都与黄河生态一样脆弱,需要下大力气开展系统性的保护工作。就物质文化遗存而言,本来已经非常珍稀,至今却仍遭到自然和人为的破坏、损毁,境况不容乐观。就精神层面的黄河文化的优秀内核而言,在全球化、信息化的时代,我们的祖先千百年来所创造和积淀的思想文明、价值理念、道德规范、语言文字、审美趣味等,以及所造就的许多优秀品格和民族精神,也日益受到侵蚀和变异,情况同样不容乐观。而我们对黄河文化的保护战略设计,应该以系统性、活化性保护为基本导向。对黄河文化而言,全流域的系统性大保护,有利于传承、弘扬的活化性、创新性保护与开发,已成为当务之急。

在黄河文化的保护、传承、弘扬系列工程中,传承是关键和重点,弘扬是目的和难点。要传承,首先需要加强对黄河文化的学理性研究和创新性阐发,努力提炼黄河文化的思想精髓和文明内核。习近平总书记强调要深入挖掘黄河文化蕴含的时代价值,要讲好"黄河故事",为我们传承、弘扬黄河文化指明了方向。要传承、弘扬黄河文化,需要多元发展的创新性思维和多样性的创造性举措,不能将黄河文化简单布置在博物馆或汇编影印陈列在图书馆。博物馆里的珍藏和故纸堆里的华章,远未达到服务于中国特色社会主义建设的新时代需求。新时代呼唤黄河文化的创新性发展和创造性转化,这就要求我们充分提炼黄河文化中有助于时代发展的精神内核,围绕黄河文化的时代价值做文章,用黄河文化进行爱国主义教育、励志教育、民族自信力教育,围绕黄河文化中的优秀精神遗产打造文化综艺、文创产品、遗址公园、博物馆等文化方阵,充分运用新媒体打造传播黄河文化的新高地,构建国际化的黄河文化传播体系,打造一批涵盖多个年龄段的黄河文化普及读物和中小学教材,通过观光游览、互动体验等丰富多彩的形式,让"黄河故事"走进百姓的日常生活,将黄河文化的精髓深入到中华儿女的血脉之中,内化为国民的精神品格。

弘扬黄河文化,重中之重是要创新性地构建具有中国特色的黄河文化价值体系。黄河流域是华夏文明起源之地、多元文化汇融之所,融聚了大禹治水、愚公移山、精忠报国、廉政治国等黄河文化精神,孕育了"天人合一""和而不同""对立统一""守正求新"等整体文明观,形成了一套富有中国特色的完整的文化价值体系。梳理总结不同历史时期黄河文化精神与文明观,挖掘和阐发黄河文化中的优秀基因和现代价值,是新时代赋予我们的历史使命。整合黄河流域文化资源,激发中华优秀传统文化的生机与活力,探索黄河文明的发展道路及动力模式,增强国人的自信心和自豪感,实现中华文化创造性转化与创新性发展,进而探寻中华文化全面复兴的新路径,是我们在新时代需要践行的历史使命。整合黄河文明的核心思想与优秀成分,传承以儒、道、墨、法为代表的中国元典思想的精华,开展与世界其他文明的交流互鉴与对话,进而打造黄河文化话语体系,展现黄河流域多源汇聚、天下一体的文化形态,反映黄河文化的包容性、整体性与统一性的品质,构建具有中国特色、中国风格、中国气派的黄河文化价值体系,是新时代弘扬黄河文化的战略举措。

需要特意指出的是,黄河文化并非只有精华而没有糟粕。毛泽东对传统文化采取的"取其精华,弃其糟粕"的批判地继承的指导思想,亦即马克思主义的"扬弃"思想,同样适用于黄河文化。在黄河文化形成、发展的历史过程中,黄河文化本身就具有开放包容的品格与气度,自觉地吸收南北东西各民族优秀文化成果,从而发展成为世界上独具特色、博大精深的中华民族文化。当今世界,我们应该以更为开放的心态、更为博大的胸怀、更为长远的眼光,在保护传承弘扬民族文化的同时,吸收世界上一切优秀文化,以充实丰富我固有之文化。20世纪初年,梁启超在其名文《论中国学术思想变迁之大势》中预言:"盖大地今日只有两文明:一泰西文明,欧美是也;二泰东文明,中华是也。二十世纪,则两文明结婚之时代也。吾欲我同胞张灯置酒,迓轮俟门,三揖三让,以行亲迎之大典。彼西方美人,必能为我家育宁馨儿,以亢我宗也。"如今,一个多世纪过去了,任公这番意味深长的名言,仍未过时。

考古视野中的黄河文化

侯卫东

植根于黄河流域的黄河文化是中华文明最具代表性、最具影响力的主体文化。黄河文化是中华文明之根,黄河流域的中原地区则是主根主脉。对新石器时代的考古研究表明,距今5300年左右的中华文明形成阶段就呈现出以中原地区为中心的历史趋势,夏商周三代的都城都分布在黄河流域,秦汉至宋金时期的王朝都城绝大部分在黄河流域。著名历史地理学家侯仁之先生把元明清时期的都城北京作为黄河文化的集大成者。可见,黄河文化是中华文明形成过程中的主导文化,也是夏商周以来历朝历代的主流文化。

考古视野中的黄河文化体现在物质文化遗产方面,距今10000年至4000年间的黄河文化几乎完全依赖考古材料和考古学研究来阐释,距今4000年至3000年间的黄河文化主要依靠考古发现和研究来揭示,距今3000年以来的黄河文化需要通过考古材料来充实丰满。

距今约9000—7000年的中原地区的裴李岗文化时期,农业生产已经普遍,甚至对黄河上游的甘肃秦安大地湾一期文化产生了远距离的文化影响,黄河流域逐渐成为中国早期社会复杂化的地域基础。

距今约7000—5000年的仰韶文化时期(黄河下游是大汶口文化)是黄河流域文明形成的关键阶段,在黄河的上、中、下游都发现有规格非常高的聚落遗存,如西安半坡、临潼姜寨、秦安大地湾、章丘焦家、泰安大汶口等遗址。距今6000年前后仰韶文化庙底沟类型的强力影响使黄河流域乃至更广的范围联系成相关的文化共同体,形成"庙底沟时代"。"庙底沟时代"的社会复杂化程度已相当高,环壕聚落比较普遍,也出现了城垣,人类已经站在文明社会的门槛上,此时期奠定了中华文明的文化根基。郑州地区仰韶文化晚期的大型环壕聚落和古城密度最高,已知有西山古城、大河村环壕聚落、青台环壕聚落、双槐树环壕聚落等,以中原地区为中心的历史趋势日益彰显。

距今5000年前后黄河流域的主要地区都处于文明的形成阶段,1000年后的龙山时代以中原地区为中心的历史趋势已经形成,形成以登封王城岗古城、襄汾陶寺古城为代表的早期国家和文明社会,与尧、舜、禹等为首的上古帝王活动的时代相对应。龙山时期的城邑以中原地区为代表,主流是夯土筑城或堆土筑城的"土城",郑州地区发现有登封王城岗、新密古城寨、新密新砦等古城,是当时主流"土城"分布密度较高的地区。黄河下游龙山时代城邑林立,也流行"土城",著名的有章丘城子崖、五莲丹徒等遗址。晋陕高原和河套地区龙山时期流行依山营建石城,著名的如神木石峁、兴县碧村等,代表了黄河中游的城邑形态,呈现出另一种政治文化景观。文献上以"万邦""万国"形容尧舜禹时代邦国林立的局面,龙山时代黄河流域城邑林立、文化多元的现象,与文献上描述的政治文化景观相符合,不能也不必对号入座,却值得高度重视。

距今4000年前后进入历史纪年的夏王朝,此后1000年的夏商文明呈现加速度式发展,形成以超大型都邑偃师二里头为代表的"最早的中国"。二里头都邑、郑州商城、偃师商城、郑州小双桥商都、安阳洹北商城和安阳殷都等夏商王朝的都城,均沿古黄河附近选址营建,可以说黄河哺育了中华文明之根。郑州商城是商王朝早期都城,其代表的商王朝影响范围达到黄河流域的主要地区,还扩展至长江流域。安阳殷都是商王朝晚期都城,不仅形成了面积达30平方千米以上的"大邑商",还创造了以高规格宫殿宗庙建筑、大型王陵、青铜礼器手工业作坊、路网水网系统及成熟的甲骨占卜书写系统为代表的高度文明社会。黄河流域的中原腹地孕育出的夏商文明,是中华早期文明前期发展的集大成和第一个高峰,奠定了此后周文明的坚实基础,成为中华文明传承发展至今的主流脉络。

夏商以来,黄河流域形成了以洛阳、郑州、安阳、西安、开封等主要古都为中心的核心区域,一座座古都像是镶嵌在古黄河沿岸的一颗颗璀璨明珠。洛阳古都区考古发现的古代王朝都城主要有偃师二里头夏都、偃师商城、西周成周、东周王城与汉魏洛阳城、隋唐洛阳城等,洛阳邙山还发现有东汉、北魏帝陵。郑州古都区考古发现的都城有商王朝前期的郑州商城、小双桥商都。安阳古都区考古发现的都城有洹北商城、殷都和曹魏北朝邺城。西安古都区考古发现的都城有西周丰、镐,秦都咸阳,西汉长安城,隋大兴城,唐长安城等,还发现有秦始皇帝陵及汉唐帝陵。开封古都区考古发现的都城主要是北宋东京城,此地还是五代时期后梁、后晋、后汉、后周的都城,金朝晚期也定都于此。龙山文化时期以来黄河流域的重要城市都营建在黄河及其支流沿岸,黄河冲积平原为建城和农业发展提供了广阔的空间。黄河及其支流既能满足先民渔猎的需求,又能提供水上交通的便利,还为农业和手工业生产提供用水。黄河流域龙山文化以来的中小型城邑和夏商以来的都城是非常珍贵的黄河文化遗产,从这些城市五千年发展变迁的长时段观察中汲取智慧,对黄河流域当今的城市建设和发展具有重要的现实意义。

黄河流域还有很多非常重要的古城和古迹,如新郑郑国都城、侯马晋国都城、商丘宋国都城等中原春秋列国都城,又如洛阳龙门石窟、敦煌莫高窟、天水麦积山石窟、大同市云冈石窟、邯郸市响堂山石窟等。黄河上还营建了一个个渡口,如永济市蒲津渡对研究唐代以来黄河渡口变化及河道变迁具有重要价值。

黄河文化是有一定的载体的,考古是揭示和阐释黄河文化的一个重要手段。从考古和文化遗产保护的角度保护、传承和弘扬黄河文化,可以揭示黄河文化丰富而深厚的内涵,证明其就在我们脚下的这片沃土中。

关于打造开封国家黄河生态公园的建议

吴朋飞

黄河是中华民族的母亲河,它和长城、长江一样都是中华民族的重要象征,是中华民族精神的重要标志。如今,黄河流域生态保护和高质量发展上升为国家战略。人们一提到黄河,脑海里自然而然就浮现出悬河、断流、大堤等词汇,而这些又是黄河下游重要的地理特征。黄河岸边的大古都开封——首批国家级24座历史文化名城之一,"八朝古都"——因北宋东京城的辉煌而被世人追忆。同样,开封更是"黄河之城""黄河明珠",黄河至今仍深刻影响着开封城市的发展。开封是古今黄河流经的地方,是国家治理的重要见证地,又是当今悬河、大堤、断流等集中汇聚地,是展示黄河文化的重要高地。现根据开封黄河的特点,提出在国家层面打造开封黄河生态公园的建议,理由如下:

(1) 黄河地上悬河的展示地。黄河悬河典型地段主要集中在郑州桃花峪至兰考东坝头之间的河段,由于泥沙淤积,河床平均高出两岸地面3—5米,形成"地上悬河"的独特自然景观,可谓"河从屋顶过,船在空中行"。与开封铁塔对比的黄河下游"地上悬河"示意图,已收入中小学课本,妇孺皆知。"开封城,城摞城,地下埋有几座城",正是历史上黄河不断泛滥和形成地上悬河的产物。

(2) 黄河堤防的集中展示地。有学者对照《保护世界文化和自然遗产公约》中对世界遗产的定义以及相应的标准,认为应该将黄河大堤与下游黄河作为文化与自然双重遗产申报列入《世界遗产名录》。开封黄河大堤在整个黄河下游防洪堤防汛体系中具有较为特殊之处:一是境内黄河故道、泛道较多,现存黄河河道时间久,大约形成于明弘治年间;二是黄河堤防类型多,有明代老堤、清代林公堤(林则徐修筑)和当代新大堤;三是开封黄河历次决口多,泛滥地形复杂,黄河堵口治理故事多。

(3) 独特黄泛城市形态的展示地。明景泰二年(1451年)开封城已形成"护城堤—土城(宋外城)—砖城—萧墙—紫禁城"五重城城市形态,这在世界城市发展史和建筑史上绝无仅有。现今,这一城市格局仍保存完整,是人类与黄河水沙相互抗争过程中共生共存的产物,能很好地阐释人类适应自然环境、营造美好家园的生存智慧,具有重要的历史价值。

(4) 治理黄河和国家精神的展示地。历史上开封城七遭黄河洪水入城,其中两次为毁城灭顶之灾(前225年、1642年),是形成开封城下有"三座半古城"奇特景观的重要原因。现今开封城地下普遍存在战国大梁城(文化层埋深10—15米)、北宋东京城(文化层埋深9—13米)、明末开封城(文化层埋深3.5—8米)的废墟,部分区域存在清代开封城古地面(1—4米),可谓"三座半古城"。古城虽多次遭殃,出现数次"迁城"之议,特别是1642年洪水灌淤之后整座城市沦没,黄泛淤积层厚达4—4.5米,但当政者仍坚持在开封城原址上再修再造,体现了炎黄子孙不屈不挠、生生不息的民族精神。

(5) 浑厚黄河文化资源的展示地。开封拥有异常丰富的黄河文化资源,包括遗存河道和地名、洪涝适应性景观、治水制度、治水人物、治水文献等,是保护、传承、弘扬黄河文化的重要载体,应能讲好"黄河故事",值得充分发掘和展示。开封有形的黄河遗产有开封城北黄河大堤、毛泽东视察柳园口黄河42号大坝处、林则徐堵御黄河决口而新筑的黄河大堤(今称"月牙大堤",为开封市重点文物保护单位)、柳园口黄河游览区、开封护城堤防、开封"城下城"景观、与黄河有关的各级别文物保护单位等;开封无形的黄河遗产有开封及周边的黄泛地名,汴梁八景中的"大河涛声",开封"卧牛城"的传说,上到皇帝下到普通百姓的历代咏黄诗词,开封适应黄河的人文精神、思想观念等。

按此,开封市有关部门应组织黄河流域生态保护和高质量发展国家战略大讨论,保护传承弘扬好开封黄河文化,讲好开封黄河故事。

(1) 设立国家黄河生态公园。在开封北郊柳园口附近设立国家黄河生态公园,以黄河水利风景区为核心,将柳园口浮桥、柳园口险工、引黄提灌站、林公堤等黄河文化资源有效整合,划定一定范围的生态保护区域,在黄河南岸修建沿黄休闲小道,集中展示黄河悬河、大堤、险工、浮桥、黄河河道以及现代黄河大堤两侧乡村田园等自然景观,建立文化生态园和展示馆,集中展示毛主席视察黄河处、"三座半古城"城下城示意图、铁塔与悬河示意图、五重城城市形态、镇河铁犀等人文景观。

(2) 打造开封黄河文旅精品线路。以开柳路连霍高速口的修建为契机,打造开封黄河文旅精品线路。向北展示明代黄河老大堤、清代林公堤和当代黄河大堤,历代黄河决口处纪念碑,连接开封国家黄河生态公园。向南展示开封护城大堤,该堤全长80余公里,保存基本完好,是国内规模最大的防洪大坝。向东南到铁牛村,有明代于谦铸造的镇河铁犀,现为省级重点文物保护单位。于此折向西,可规划建设北宋东京城外城遗址公园,使游客饱览北宋东京城的城市建设,体验"汴京富丽天下无"的盛世繁华。再向西南则进入开封老城,重点串联明清城墙、铁塔、百年名校河南大学、龙亭、大相国寺、延庆观、州桥及汴河遗址、永宁王府遗址、顺天门(新郑门)遗址,再就是去繁塔、禹王台(内有大禹像和供奉祭祀历代治水名人的水德祠)或朱仙镇。

(3) 修建开封至封丘黄河大桥。此建议是考虑如何将现属于封丘的陈桥驿和曹岗险工等纳入开封黄河精品旅游资源。相关部门在整合开封黄河文化资源时,可考虑以陈桥驿为着力点,列入重大基础设施建设项目,将开封老城区南北向的通道打通,形成开封黄河生态保护和高质量发展的新引擎。

黄河流域高质量发展

黄河流域生产性服务业与城镇人口集聚的空间关系演变研究[*]

——基于83个城市面板数据的分析

宋维珍　安树伟

摘要：本文基于黄河流域83个城市的数据，采用标准差椭圆方法从空间视角探讨2008—2017年黄河流域生产性服务业与城镇人口集聚空间关系演变趋势，从中心性、展布范围、密集性、方向和形状等多方面揭示了二者空间关系演变特征，进一步研究了生产性服务业细分行业与城镇人口集聚的空间关系，并从城市层面和细分行业两个视角对二者的空间关系演变原因进行了分析。主要结论如下：黄河流域生产性服务业与城镇人口集聚的协调性较高，但二者空间差异呈上升趋势，且差异主要体现在东西方向；空间分布形状趋向扁平化；呈现出在收缩中密集化发展的态势。为实现黄河流域的高质量发展，流域西部应重点培育知识密集型生产性服务业，以带动城镇人口向西部集聚；北部可通过建设区域性中心城市实现产业发展和人口集聚的互动；不同地区可采取差异化的细分行业发展策略，以提升生产性服务业的竞争力。

关键词：生产性服务业；城镇人口；黄河流域；标准差椭圆

作者简介：宋维珍，首都经济贸易大学城市经济与公共管理学院硕士生；安树伟，经济学博士，首都经济贸易大学城市经济与公共管理学院教授、博士生导师。

生产性服务业是现代服务业的核心与重要组成部分，随着工业化进程的推进将逐步取代制造业成为中心城市的主体，愈发成为城镇人口集聚的主要推动力；城镇化的发展是今后我国培育的新经济增长点，[①]城镇化发展过程中伴随的城镇人口集聚必然要求行业间要素、产品和信息等进行更充分的交换与联系，由此也带动了生产性服务业的发展。黄河流域在我国经济社会发展格局中占有重要地位，其发展不仅有利于推动我国北方经济

---

[*] 本文为北京市属高校高水平教师队伍建设支持计划"长城学者培养计划"资助项目"新型城镇化与产业集聚：格局、过程与机理"（批准号：CIT&TCD20180336）研究成果。

[①] 倪方树：《新型城镇化建设路径探索——基于浦东、深圳、滨海新区的比较分析》，载苗长虹主编《黄河文明与可持续发展 第9辑》，河南大学出版社，2014，第103-114页。

的高质量发展,而且在实现我国南北协调发展中扮演着重要的角色。基于黄河流域重要的战略地位和特定城镇化发展水平,有必要对其生产性服务业与城镇人口集聚的关系进行研究,这对于黄河流域产业布局与城镇化具有重要的作用。那么,在黄河流域工业化进程不断推进中,生产性服务业与城镇人口集聚具有怎样的空间关系?这种关系是如何变化的?变化的原因又是什么?本文针对上述问题,采用标准差椭圆方法,从多角度揭示了该区域二者之间空间关系演变的特征,并试图对此进行解释。

一、研究综述

关于生产性服务业与城镇人口集聚关系的研究很少,大多数研究集中于服务业尤其是生产性服务业与城镇化的关系,主要从产业和空间两个层面展开。

关于产业层面的研究,根据服务业与城镇化之间的影响可以分为两大类:一类是单向影响,即城镇化对服务业的影响或服务业对城镇化的影响;另一类是双向影响,即服务业与城镇化的相互影响。就单向影响而言,又有两种观点:第一种观点强调城镇化对服务业发展的推动作用。辛格曼分析了1920—1970年工业化国家产业结构变化和劳动力转移后发现,农业经济向服务业经济转变的动力来源于城镇化,[1]并最早提出了服务业推动城镇化发展的假说,这成为城镇化与服务业两者关系研究的基础。后来,多数学者将城镇化作为自变量之一,服务业作为因变量,通过计量模型得到城镇化对服务业发展的影响系数,最终得出城镇化推动服务业发展的结论。[2] 第二种观点强调服务业对城镇化的促进作用。分别从服务业对城镇化影响的阶段性特征[3]、服务业对劳动力的吸纳能力[4]、生产性服务业集聚程度[5]、生产性服务业与制造业关联[6]等视角出发,得出服务业促进城镇化发展的结论。在此基础上,有学者研究了细分生产性服务业对城镇化的影响,发现细分生产性服务业集聚对城镇化的影响存在差异。[7] 就双向影响而言,主要是城镇化与服务业的相互影响,即不仅城镇化能推动服务业的发展,反之,服务业的发展对城镇化进程也有

---

[1] Joachim Singelmann, "The Sectoral Transformation of the Labor Force in Seven Industrialized Countries, 1920—1970," *American Journal of Sociology*, 1978, 83(5):1224-1234.
[2] 袁志刚、高虹:《中国城市制造业就业对服务业就业的乘数效应》,《经济研究》2015年第7期。
[3] 张自然:《中国服务业增长与城市化的实证分析》,《经济研究导刊》2008年第1期;J. V. Henderson and J.C. Davis, "Evidence on the Political Economy of the Urbanization Process," *Journal of Urban Economics* 2004, 53(1):98-125.
[4] 曾芬钰:《论城市化与产业结构的互动关系》,《经济纵横》2002年第10期。
[5] 赵家羚、姜安印:《生产性服务业集聚对城镇化的影响——基于中国35个大中城市面板数据的分析》,《城市问题》2016年第11期。
[6] 陈健、蒋敏:《生产性服务业与我国城市化发展——产业关联机制下的研究》,《产业经济研究》2012年第6期。
[7] 王晶晶:《生产性服务业集聚对城镇化影响的空间外溢效应——基于空间计量模型的实证分析》,《现代经济探讨》2017年第7期。

显著的促进作用,[1]但在不同区域,二者互动系数有差异。[2]

关于空间层面的研究,总体上相对较少。已有研究多采用中国省级面板数据,运用探索性空间数据分析[3]、理论分析[4]与实证分析[5]等方法,发现生产性服务业集聚与城镇化在空间上存在自相关现象。

服务业与城镇化无论在产业层面还是在空间层面均具有密切的关系,但服务业内部结构复杂,将服务业作为一个整体来研究过于笼统。相对于其他服务业,生产性服务业产业关联性更强,对城市经济社会影响更大。因此,研究生产性服务业与城镇人口的关系就显得更为重要。已有研究虽然关注到了生产性服务业与城镇化的关系,但并未直接研究生产性服务业及其细分行业与城镇人口集聚的关系,更没有从空间视角对二者演变关系及特征进行分析。基于黄河流域重要的战略地位和特定城镇化发展水平,有必要从空间视角对其生产性服务业与城镇人口集聚的关系进行研究,这对于黄河流域产业布局与城镇化具有重要的作用。鉴于此,本文以黄河流域地级市为研究对象,从中心性、展布范围、密集性、方向和形状等多方面定量研究 2008－2017 年黄河流域生产性服务业与城镇人口集聚空间关系的动态演变过程。

二、生产性服务业与城镇人口集聚关系的理论分析

生产性服务业与城镇人口集聚整体上存在着互促共进的关系,即生产性服务业发展在一定程度上促进了城镇人口集聚,反之城镇人口集聚对生产性服务业也有重要影响(图1)。

---

[1] 刘励:《城市化与服务业互动关系的实证分析——以湖北省为例》,《商业经济研究》2018 年第 8 期。
[2] 白云涛、张芬:《区域城市化进程与服务业发展水平的互动能力分析》,《企业经济》2016 年第 8 期。
[3] 王耀中、欧阳彪、李越:《生产性服务业集聚与新型城镇化——基于城市面板数据的空间计量分析》,《财经理论与实践》2014 年第 4 期。
[4] 王江波:《城镇化与服务业空间分布——基于中国省级面板数据的实证研究》,《商业研究》2019 年第 8 期。
[5] 王晶晶:《生产性服务业集聚对城镇化影响的空间外溢效应——基于空间计量模型的实证分析》,《现代经济探讨》2017 年第 7 期。

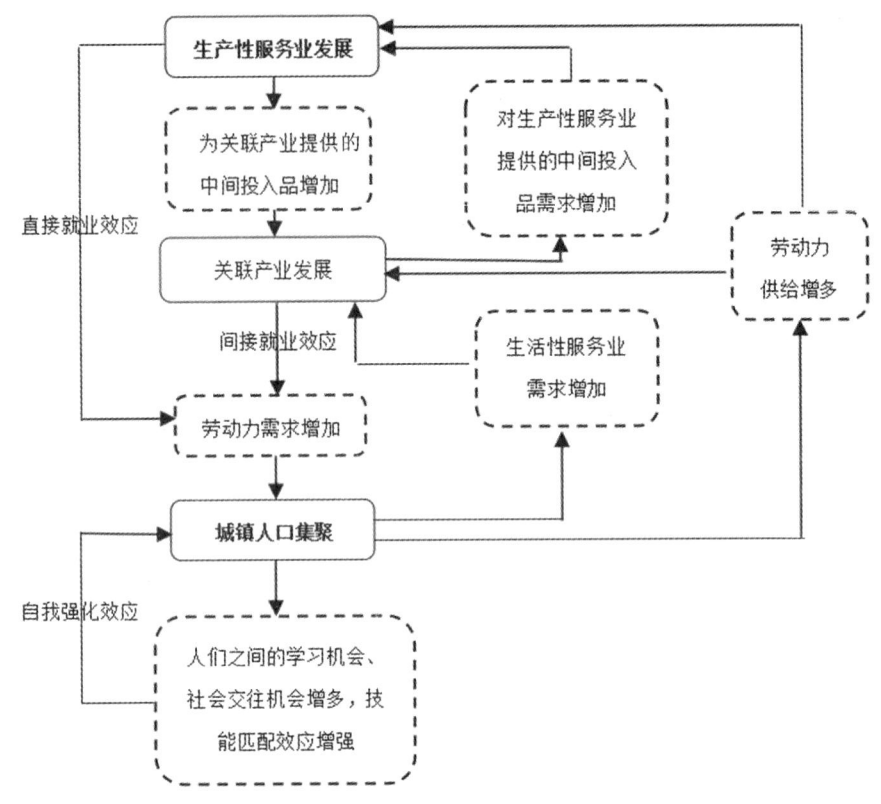

图 1　生产性服务业与城镇人口集聚的互动机理

（一）生产性服务业发展促进城镇人口集聚

生产性服务业发展加快了城镇人口集聚，是城镇人口集聚重要的动力源之一。生产性服务业发展可通过直接就业效应和间接就业效应促进城镇人口集聚，同时，城镇人口集聚会通过自我强化效应吸引更多城镇人口集聚。但生产性服务业不同细分行业对城镇人口集聚的影响程度有差异。

1. 生产性服务业对城镇人口集聚的促进作用

生产性服务业既可通过自身的发展和升级直接吸引城镇人口集聚，也可通过产业关联作用将直接就业效应与间接就业效应结合在一起吸引城镇人口集聚。首先，生产性服务业发展可通过直接就业效应促进城镇人口集聚。与工业相比，服务业具有更强的增加就业和集聚人口能力，[①]生产性服务业较强的直接就业效应提供了大量的就业机会，能够吸纳大量的就业人口，从而吸引大量人口向城市集聚，使得城镇人口规模不断扩大；并且生产性服务业中知识密集型服务业比重越高，其内部结构升级带来的高层次人才集聚越

---

① 韩峰、洪联英、文映：《生产性服务业集聚推进城市化了吗？》，《数量经济技术经济研究》2014 年第 12 期。

多,而高层次人才就业会增加其他层次劳动力就业,①最终促进了城镇人口的增加。其次,生产性服务业发展可通过间接就业效应促进城镇人口集聚。与其他行业不同,生产性服务业作为一种生产中间投入品的行业,生产者和各项生产活动是其主要的服务对象,与制造业的产业关联度高,能够对制造业发展产生影响。生产性服务业生产的大部分产品作为中间投入品进入制造业,其发展可在一定程度上促进本地区制造业企业的流入,满足制造业发展的需求,促进效率提升与规模扩大,增加对劳动力的需求。同时,制造业的发展通过为生产性服务业带来大量的需求进一步推动其发展,生产性服务业的发展又通过直接就业效应推动了城镇人口集聚。此外,城镇人口集聚可产生自我强化效应,城镇人口集聚本身会带来城镇人口集聚。随着城镇人口规模的增加,城市规模效益将逐渐增强,并可通过增加人们之间的学习机会、社会交往机会,以及增强技能匹配效应等进一步吸引城镇人口集聚,最终实现城镇人口集聚的自我强化效应。

2. 生产性服务业细分行业对城镇人口集聚的促进作用有差异

按照要素集聚程度,生产性服务业可以分为知识密集型生产性服务业和劳动密集型生产性服务业,但二者促进城镇人口集聚的作用力度不同,主要与其自身发展基础与发展速度有关。在生产性服务业发展早期阶段,劳动密集型生产性服务业起步较早,发展速度也快,促进城镇人口集聚的作用力会更强。如交通运输、仓储和邮政业,房地产业,租赁和商务服务业,等等,就业人数在生产性服务业中会占据较大比例。但随着科学技术的进步、服务业的快速发展与结构的升级,对知识密集型生产性服务业的需求将逐渐增多,科学技术的不断进步也满足了知识密集型生产性服务业的发展需要,金融业,信息传输、计算机服务与软件业,科学研究、技术服务和地质勘查业等发展速度更快,规模也会逐渐超过劳动密集型生产性服务业,对城镇人口的吸纳能力也越来越强。

(二) 城镇人口集聚推动生产性服务业发展

城镇人口集聚对生产性服务业发展的推动作用,主要是通过引致需求与劳动力供给的增加实现的。首先,城镇人口集聚为生产性服务业规模扩张提供了坚实的需求基础。服务业规模对市场容量的依赖性强,②人口、市场规模是制约服务业发展的根本条件,③现阶段我国一个城镇人口的消费能力和消费水平是一个农村人口的三倍左右。④ 随着城镇人口规模的增加,人们的消费水平和消费能力不断提升,直接表现为对餐饮、教育、商贸、卫生保健等生活性服务业需求的增加,但生活性服务业需求的增加必然需要金融业以及交通运输、仓储和邮政业等生产性服务业的支持。此外,城镇人口集聚带来了更多的劳动力供给,扩大了城市生产活动规模,尤其是工业生产规模,工业生产活动的增多必然会

---

① 李莉:《生产性服务业集聚对城镇化质量的影响研究——以江浙沪为例》,硕士学位论文,安徽财经大学国际经济贸易学院,2018,第 22 页。
② 杜宇玮、刘东皇:《中国城镇化与服务业发展耦合协调度测度》,《城市问题》2015 年第 12 期。
③ 高敏:《服务业发展与城市化内在联系的多视角解析》,《经济问题探索》2009 年第 12 期。
④ 李为、伍世代:《新型城镇化背景下城镇化与服务业化空间耦合实证分析》,《哈尔滨商业大学学报》(社会科学版)2016 年第 3 期。

提高对生产性服务业的需求水平。[①] 其次,城镇人口集聚为生产性服务业发展带来了充足的劳动力。一方面,城市中多样化的城镇人口为生产性服务业的持续创新和升级提供了人才保障;另一方面,随着城镇人口规模的扩大,可通过减少劳动力搜寻成本,提高技术工人的密度,缩小劳动力技能与企业技术要求之间的差距,促进生产性服务业效益提升。

三、研究区域与研究方法

(一)研究区域与数据来源

黄河流经青海、四川、甘肃、宁夏、内蒙古、陕西、山西、河南、山东九个省(自治区),自然地理角度的黄河流域范围是明确的,面积为 75.2 万平方千米,但是区域经济研究角度的黄河流域范围则差别较大。本文以自然形成的黄河流域为主体,考虑到行政区划的完整性和国家区域发展战略的带动性,把黄河流域的范围界定为青海、甘肃、宁夏、内蒙古、陕西、山西、河南、山东八个省(自治区)。选择黄河流域作为研究对象,主要基于如下两方面考虑:其一,黄河流域地跨东中西三大地带,是我国区域经济发展不平衡不充分的缩影,研究黄河流域生产性服务业与城镇人口集聚的空间演变,在我国具有一定的代表性;其二,黄河流域是我国未来发展的重点区域,黄河流域生态保护与高质量发展将上升为国家战略,也是实现我国南北协调发展的重要保障,通过对该区域生产性服务业与城镇人口集聚空间关系的研究,可为未来提高产业与人口的匹配度提供依据,对于缩小黄河流域与长江流域发展差距,实现中国南北地区的协调发展具有重要作用。

本文以黄河流域的八个省(自治区)的地级城市为研究对象,鉴于数据可得性,并未包含自治州和盟,共包括 83 个地级市。涉及 2008－2017 年黄河流域 83 个城市的生产性服务业从业人员信息和城镇人口,根据《中华人民共和国国民经济和社会发展第十一个五年规划纲要》和《国民经济行业分类》(GB/T 4754－2017)对生产性服务业的分类,参考江曼琦、席强敏的分类标准[②],本文将生产性服务业定为交通运输、仓储和邮政业,信息传输、计算机服务与软件业,金融业,房地产业,租赁和商务服务业,科学研究、技术服务和地质勘查业六大类。生产性服务业从业人员信息来源于《中国城市统计年鉴(2009－2018)》;城镇人口根据《中国城市统计年鉴(2009－2018)》《内蒙古统计年鉴(2009－2018)》《呼和浩特经济统计年鉴(2009－2017)》《西安统计年鉴(2009－2018)》《铜川统计年鉴(2017－2018)》《咸阳年鉴(2009－2018)》《陕西统计年鉴(2009－2018)》,以及相关年份各城市国民经济和社会发展统计公报、《政府工作报告》等整理;城市区位经纬度来源于 Google Earth。

(二)研究方法

本文基于 ArcGIS10.2 软件,采用空间分析中的标准差椭圆方法,空间参考为 Albers

[①] 曾淑婉、赵晶晶:《城市化对服务业发展的影响机理及其实证研究——基于中国省际数据的动态面板分析》,《中央财经大学学报》2012 年第 6 期。
[②] 江曼琦、席强敏:《生产性服务业与制造业的产业关联与协调集聚》,《南开学报》(哲学社会科学版)2014 年第 1 期。

投影。标准差椭圆方法,能从空间视角精确描述不同经济要素空间关系演变趋势及演变过程,并可实现空间上的可视化。标准差椭圆的中心表示经济要素空间分布的相对位置,可看作是经济要素在空间上分布的重心;长轴与短轴标准差分别表示经济要素在主要方向、次要方向上的离散程度,短轴与长轴标准差比值反映分布的形状,标准差椭圆面积反映经济要素分布的范围;方位角反映分布的主趋势方向;单位标准差椭圆上分布的空间要素总量反映其在二维空间上展布的密集程度。本文采用加权标准差椭圆方法,基于83个地级市的空间区位,用城市对应的生产性服务业从业人员数与城镇人口数表示相应的权重,计算生产性服务业与城镇人口集聚空间分布的标准差椭圆。

若生产性服务业与城镇人口集聚的空间分布表现为相同的标准差椭圆,则表明二者之间不存在空间差异,否则,二者之间存在差异,则需对二者所对应的椭圆进行空间重叠分析,以确定两个空间格局的整体差异。本文借鉴安树伟和常瑞祥[①]对空间差异指数的定义,其计算公式可表示为:

$$SDI_{j,p} = 1 - \frac{area(SDE_j \cap SDE_p)}{area(SDE_j \cup SDE_p)} \tag{1}$$

式(1)中,$SDI_{j,p}$ 为空间差异指数,SDE_j、SDE_p 分别为生产性服务业与城镇人口集聚的空间分布标准差椭圆,$area$ 为面积。空间差异指数介于0~1之间,值越大表示空间差异越大。

四、黄河流域生产性服务业与城镇人口集聚空间关系的演变

(一)空间关系演变趋势

生产性服务业与城镇人口集聚空间差异指数和二者重心之间的距离均可在一定程度上反映二者的空间差异情况。2008—2017年,无论是空间差异指数还是二者重心之间的距离,均在波动中呈现出增长的趋势。2012年最小,2013年达到最大后出现下降的趋势,2016年之后再次增大(图2)。但整体而言,二者空间差异指数一直小于0.1,可见黄河流域生产性服务业与城镇人口集聚空间协调性总体较高。由2008年和2017年黄河流域生产性服务业与城镇人口集聚空间分布椭圆可知,二者的空间分布均呈现出显著的由北向南移动过程;空间分布都呈现"东(略偏北)—西(略偏南)"格局,空间差异主要表现为东—西方向。相比于城镇人口,在东—西方向上,生产性服务业重心一直偏西;南—北方向上,2008年偏北,2017年较为一致(图3)。

---

① 安树伟、常瑞祥:《中国沿海地区生产性服务业与制造业空间关系演变研究——基于113个城市面板数据的分析》,《中国软科学》2017年第11期。

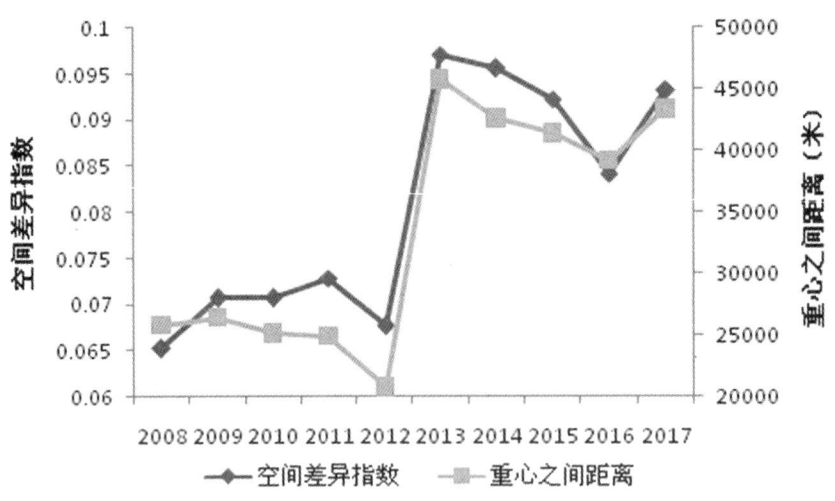

图 2　2008－2017 年黄河流域生产性服务业与城镇人口集聚空间差异程度

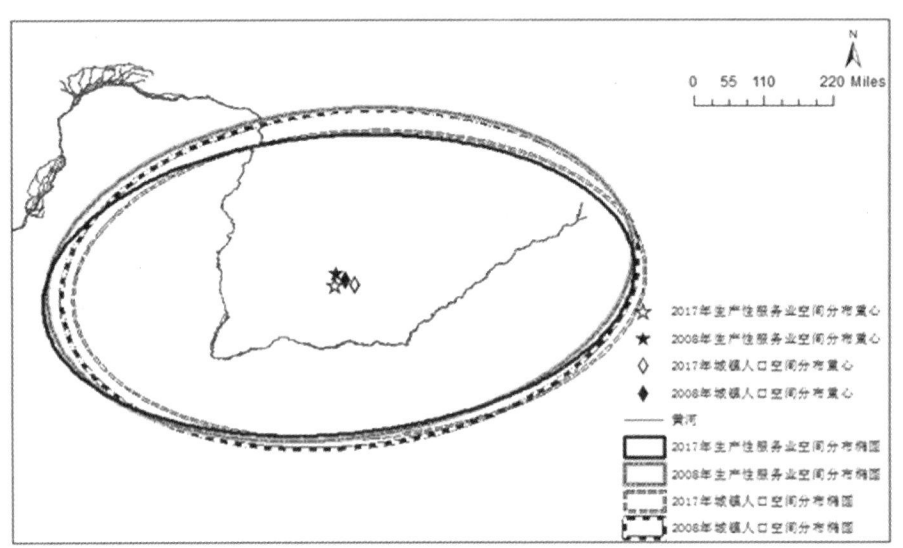

图 3　2008 年和 2017 年黄河流域生产性服务业与城镇人口集聚空间分布

(二) 空间关系演变特征

1. 重心移动趋势：南北方向相同，东西方向相异

生产性服务业与城镇人口集聚重心整体上均由北向南移动，但在东西方向有所不同，生产性服务业重心由东略微向西移动，城镇人口重心明显由西向东移动。生产性服务业重心 2008－2009 年与 2010－2011 年向西南方向移动，2009－2010 年向东南方向移动，2011－2013 年及 2015－2016 年向东南方向移动，2013－2014 年向东北方向移动，2014－2015 年向南略偏西方向移动，2016－2017 年向西南方向移动；城镇人口重心，2008－2009 年向南移动，2009－2010 年向北略偏东方向移动，2010－2012 年、2013－2015 年及 2016－

2017年均向西南方向移动,2012—2013年与2015—2016年向东南方向移动(图4)。2008—2017年,生产性服务业与城镇人口集聚空间分布重心整体上都在向南移动,且城镇人口在向南移动的同时也在向东移动,但生产性服务业并未在东西方向上呈现出明显的移动趋势,表明黄河流域南部城市生产性服务业发展与城镇人口集聚快于北部,并且东部城市城镇人口集聚显著快于西部,东西部城市的生产性服务业发展速度差距极小。

图4 2008—2017年黄河流域生产性服务业与城镇人口集聚重心空间移动轨迹

2. 分布范围均呈缩小态势

椭圆内部区域是黄河流域生产性服务业与城镇人口集聚分布的主体空间,标准差椭圆面积的变化可反映出二者空间分布范围的变化。2008—2017年,黄河流域生产性服务业的空间分布范围明显小于城镇人口,仅在2013年和2017年略大于城镇人口,并且二者的差距在波动中逐渐缩小,可见生产性服务业空间分布范围的缩小幅度小于城镇人口;生产性服务业与城镇人口的椭圆面积均呈现缩小态势,生产性服务业标准差椭圆面积由791090.65平方千米缩小到723675.84平方千米,城镇人口标准差椭圆面积由793051.86平方千米缩小到719570.34平方千米(图5),表明椭圆内部的陕西、山西、河南、山东生产性服务业和城镇人口发展较快,集聚现象更显著。

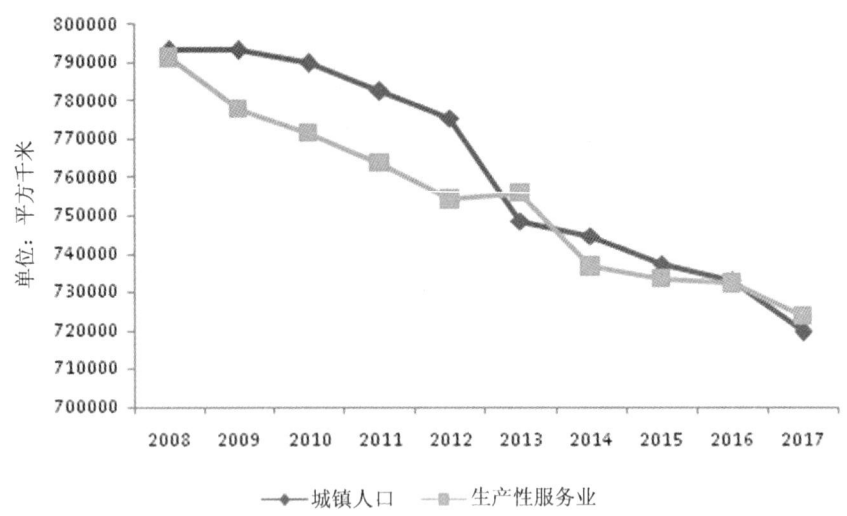

图 5　2008—2017 年黄河流域生产性服务业与城镇人口集聚空间范围变化

3. 分布密度均呈增加趋势

单位面积标准差椭圆的生产性服务业从业人员与城镇人口可反映经济要素在空间上的密集度。2008—2017 年,黄河流域二者的密集度增加态势明显,城镇人口密集度远高于生产性服务业,但城镇人口与生产性服务业从业人员密集度之比从 37.46∶1 减小到 31.65∶1,表明黄河流域城镇人口密度虽显著多于生产性服务业从业人员密度,但城镇人口中从事生产性服务业人口的比例在增加。2012—2013 年,生产性服务业与城镇人口密集度的增长速度均显著提升,2013 年之后,二者的增长速度恢复到 2008—2012 年的水平(图 6)。结合生产性服务业与城镇人口集聚空间分布范围的变化可知,黄河流域生产性服务业与城镇人口集聚程度在增加,均在空间收缩中朝密集化方向发展。

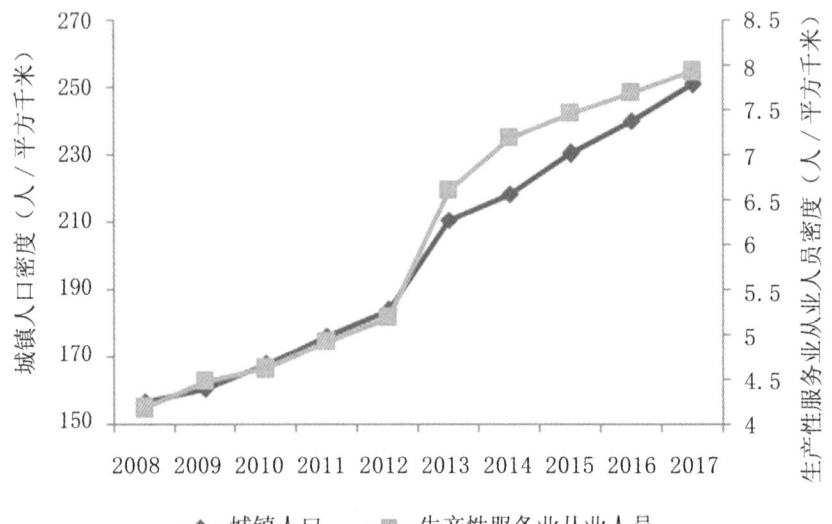

图 6　2008—2017 年黄河流域生产性服务业从业人员与城镇人口空间密集度变化

4. 主要轴线呈顺时针方向旋转

2008－2017年，黄河流域生产性服务业与城镇人口集聚空间分布方位角在波动中呈现出不断增加的趋势，且增加幅度基本一致（图7）。二者空间分布椭圆均较大幅度地呈顺时针方向旋转，表明无论是生产性服务业还是城镇人口，均是黄河流域东南或者西北方向城市相对较快。

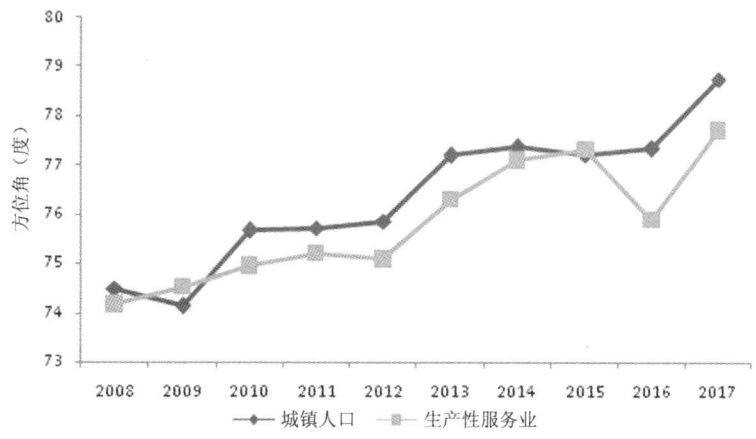

图7　2008－2017年黄河流域生产性服务业与城镇人口集聚空间分布方位角变化

5. 空间分布形状趋向扁平化

黄河流域生产性服务业与城镇人口集聚空间分布形状呈现出扁平化态势。2008－2017年，黄河流域生产性服务业与城镇人口短轴均表现出减小的趋势，长轴变化幅度不大。无论是生产性服务业还是城镇人口空间分布的形状指数（即短轴与长轴的比值），均呈现减小的趋势，空间分布的椭圆形状扁平化趋势明显（图8）。可见，2008－2017年，黄河流域生产性服务业和城镇人口集聚在东－西方向（长轴）上均呈扩张趋势，在南－北方向（短轴）上呈收缩趋势；相对于二者分布椭圆南－北方向（短轴）上的城市，东－西方向（长轴）上的城市的生产性服务业与城镇人口增长更加明显。

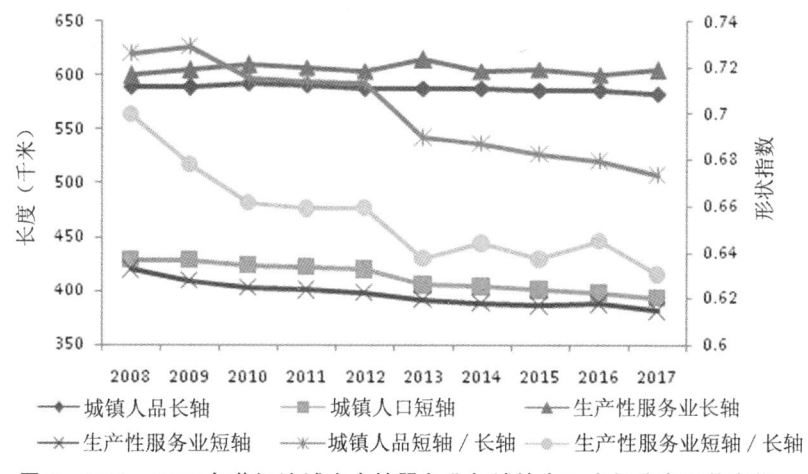

图8　2008－2017年黄河流域生产性服务业与城镇人口空间分布形状变化

(三) 空间关系演变原因

2008—2017年，黄河流域生产性服务业与城镇人口集聚重心整体上向南移动，但生产性服务业向南移动幅度大于城镇人口；与此同时，生产性服务业重心略向西移动，城镇人口重心向东移动。就生产性服务业而言，黄河流域东南部的山东和河南的区位条件及产业发展基础相对较好，承接产业转移能力强，能够优先得到周边发展水平较高城市的辐射带动作用。因此，相对于黄河流域的其他省份，山东和河南的生产性服务业发展有一定的优势，使得生产性服务业重心向南移动。但在东—西方向上，随着黄河流域中西部城市生产性服务业的不断发展，中西部城市生产性服务业发展规模不断扩大，整体上生产性服务业重心在东—西方向上未出现明显的偏离。就城镇人口而言，黄河流域东南部的山东和河南的生产性服务业发展水平更高，其直接就业效应与间接就业效应更强，促进城镇人口集聚的能力强，且流域东部城市城镇人口规模大，城镇人口集聚的自我强化效应也更强，最终使得城镇人口集聚重心向东南方向移动。此外，2008—2017年，黄河流域生产性服务业与城镇人口集聚均呈现出在东—西方向上扩张、南—北方向上收缩，整体上在收缩中密集化发展的态势。这也主要与黄河流域东南部的山东和河南的生产性服务业快速发展有关，山东和河南均处于生产性服务业与城镇人口集聚空间分布椭圆内部，生产性服务业发展的优势通过就业效应带动了城镇人口集聚，城镇人口集聚又通过增加引致需求和劳动力供给推动了生产性服务业的发展。

五、生产性服务业细分行业与城镇人口集聚的空间关系

(一) 细分行业与城镇人口集聚空间关系类型

生产性服务业的细分行业与城镇人口集聚的移动趋势也存在差异，主要体现在东西方向上。按二者移动趋势的差异，可将二者的空间关系分为两种类型：一种为移动趋势完全相同，如信息传输、计算机服务与软件业，科学研究、技术服务和地质勘查业；另一种为移动趋势在南北方向上相同，东西方向上相反，如交通运输、仓储和邮政业，金融业，房地产业，租赁和商务服务业（图9）。

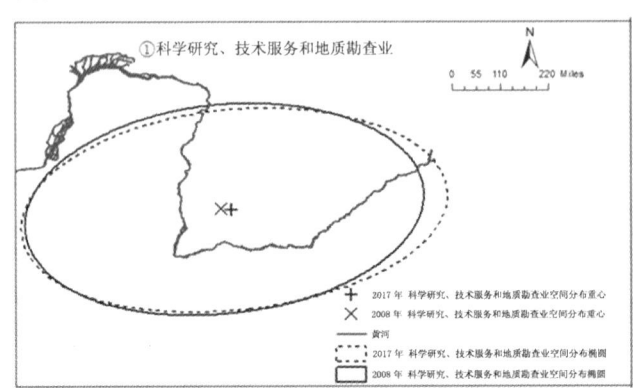

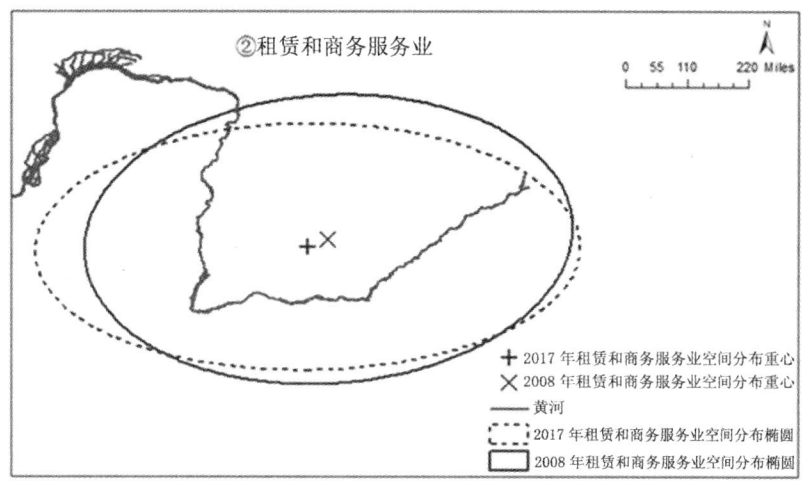

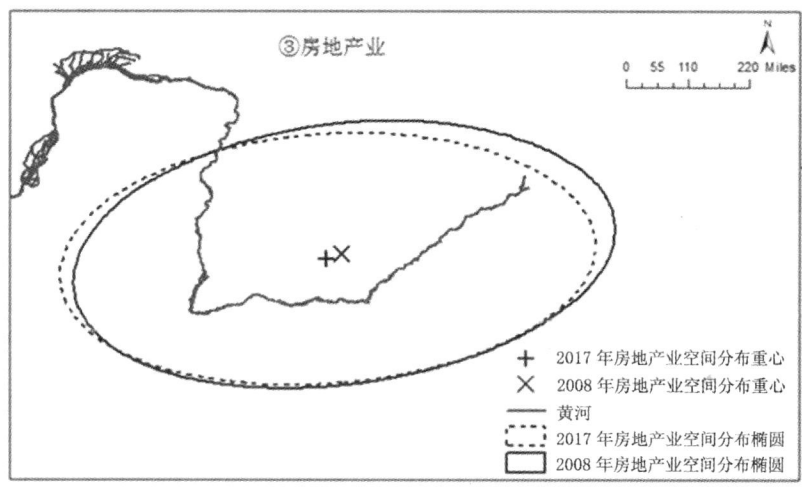

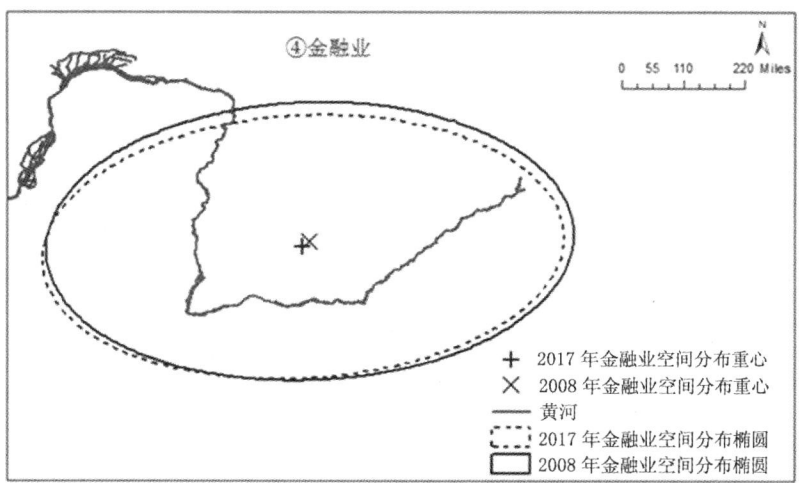

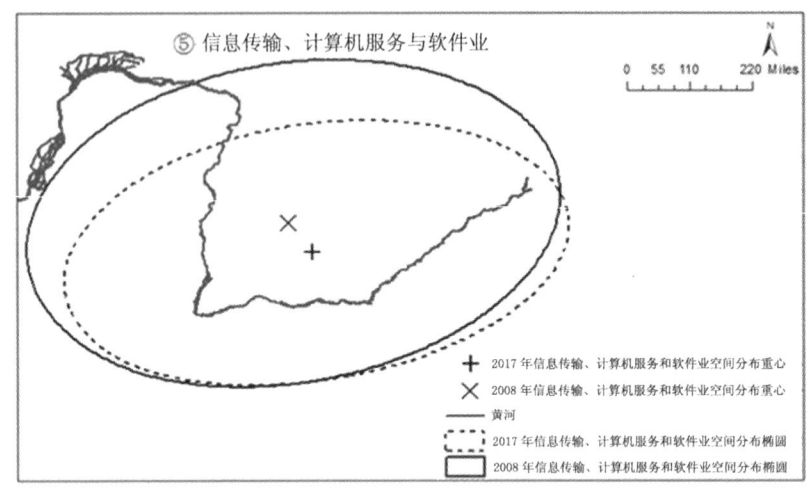

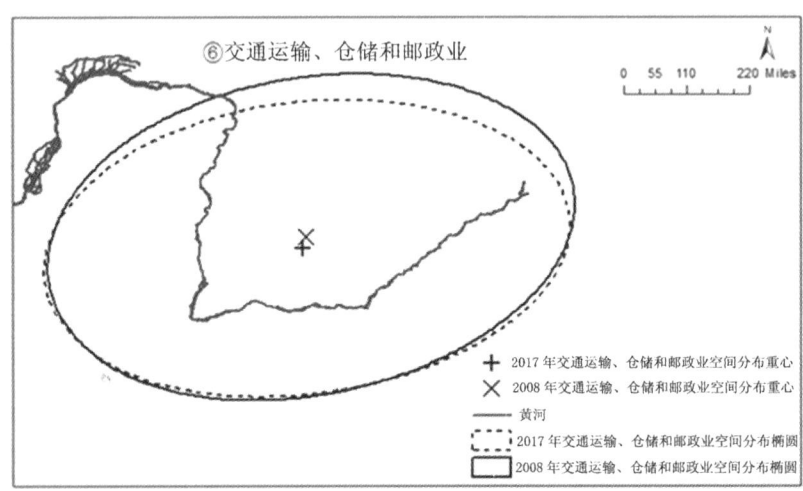

图9 2008—2017年黄河流域生产性服务业细分行业空间格局变化

(二)细分行业与城镇人口集聚空间关系差异的原因

根据生产性服务业细分行业与城镇人口集聚空间分布椭圆移动趋势的差异,形成了两种不同的空间关系,这种差异主要有三方面的原因:一是不同地区不同细分行业的发展速度不同。相对于黄河流域西部城市来说,东部因生产性服务业发展较早,其知识密集型生产性服务业——信息传输、计算机服务与软件业,科学研究、技术服务和地质勘查业,发展速度更快;西部生产性服务业起步晚,尚处于发展的初期阶段,所以劳动密集型生产性服务业——交通运输、仓储和邮政业,房地产业,租赁和商务服务业,发展速度比东部城市快一些。二是城镇人口对生产性服务业不同细分行业的依赖程度有差异。信息传输、计算机服务与软件业,科学研究、技术服务和地质勘查业与城镇人口移动趋势完全相同,表明城镇人口对这两类行业依赖程度较高;交通运输、仓储和邮政业,房地产业,租赁和商务服务业与城镇人口在移动趋势上有差异,表明城镇人口对这三类行业依赖程度较低。三是不同细分行业扩散顺序不同。发展水平较高的东部地区的生产性服务业将逐渐向中西部地区扩散,但生产性服务业不同细分行业扩散顺序不同。知识密集型生产性服务业,如信息传输、计算机服务与软件业,科学研究、技术服务和地质勘查业,仍主要集中在黄河流域东部,而劳动密集型生产性服务业有向西扩散的趋势,如交通运输、仓储和邮政业,房地产业,租赁和商务服务业,其中租赁和商务服务业重心向西移动最显著。

值得注意的是,金融业作为知识密集型生产性服务业,本应与其他知识密集型生产性服务业和城镇人口集聚移动趋势相同,整体上向东南方向移动。但实际上呈现出与劳动密集型生产性服务业相同的移动趋势,即向西南方向移动,这主要与中西部地区金融业在外力的推动下迅速发展有关。一方面,随着我国东部地区加工业向中西部地区转移的趋势日趋明显,大规模的产业转移使中西部地区产生了大量的金融需求,为金融业的发展提供了广阔的空间;东部地区产业向中西部转移的过程中,带来了一定的经济效益和金融发展理念,改变了中西部地区单一的经济环境,增加了对多样化金融资金的需求,刺激了中西部地区金融业的发展。另一方面,自2003年以来,中国银行业监督管理委员会采取了一系列措施,引导银行业金融机构支持西部地区经济发展,鼓励金融机构加大对西部地区的信贷投放力度和商业银行到西部地区设立分支机构和开展业务,在一定程度上促进了黄河流域西部金融业的发展。

六、结论与政策含义

本文用标准差椭圆方法,研究了黄河流域生产性服务业与城镇人口集聚空间关系的演变,得出结论如下:

第一,2008—2017年黄河流域生产性服务业与城镇人口集聚协调性较高,但二者空间差异呈上升趋势,协调性在逐渐下降,且空间差异主要体现在东—西方向上。

第二,黄河流域生产性服务业与城镇人口集聚空间关系的特征有:重心在南—北方向上均表现为由北向南移动,但在东—西方向上相反,生产性服务业呈现出略微向西移动的趋势,而城镇人口呈现出向东移动的趋势。生产性服务业与城镇人口集聚在收缩中向密集化发展,生产性服务业与城镇人口集聚分布范围在缩小,密度在提高;主要轴线均呈顺时针方向旋转;空间分布形状趋向扁平化。

第三,黄河流域生产性服务业与城镇人口集聚空间关系演变的原因,从城市层面来看,主要与城市的区位条件、产业发展基础以及周边大城市辐射带动有关;从细分行业来看,与不同地区不同细分行业的发展速度、城镇人口对不同细分行业的依赖程度、不同细分行业扩散顺序有关。

根据上述结论,提出如下政策含义:

首先,黄河流域西部应重点培育知识密集型生产性服务业以带动城镇人口向西部集聚。生产性服务业与城镇人口集聚的互促发展对于黄河流域各城市功能提升及高质量发展具有不可忽视的作用,近年来黄河流域生产性服务业与城镇人口集聚重心在东—西方向上移动的差异是二者协调性降低的主要原因。因此,针对近年来黄河流域二者空间差异扩大的问题,未来西部可通过积极引进国内外先进技术,扩大资金、实物的对外开放等,重点培育城镇人口依赖程度较高的知识密集型生产性服务业,以吸引城镇人口向西部集聚;与此同时,减少人口自由流动的制度障碍,打破行政区划,加快交通基础设施建设,在更大范围内布局生产性服务业,以增强二者的协调性。

其次,黄河流域北部可通过建设区域性中心城市实现产业发展和人口集聚的互动。生产性服务业与城镇人口集聚均呈现出由北向南移动的趋势,黄河流域北部城市,尤其是内蒙古和山西北部,生产性服务业与城镇化发展滞后。因此,为推进黄河流域高质量发展,未来北部区域应以开发与保护并重,推进区域性中心城市建设,增强中心城市的辐射带动能力,以此提升北部区域生产性服务业及城镇化发展水平和质量,缩小黄河流域内部发展差距。

最后,不同地区应采取差异化的细分行业发展策略,及时调整产业结构,加快城市转型步伐,[1]提升生产性服务业竞争力。黄河流域东部可通过发挥知识密集型生产性服务业发展优势,强化信息服务、高端服务和创新创业服务等功能,增强知识密集型生产性服务业对城镇人口集聚的促进作用;流域中西部城市劳动密集型生产性服务业发展较快,可通过强化劳动密集型生产性服务业的基础性作用,加强与东部的交流与协作,提升劳动密集型生产性服务业竞争力。

A Study on the Evolution of Spatial Relationship Between Producer Services and Urban Population Agglomeration in the Yellow River Basin
—Analysis Based on Panel Data of 83 Cities

Song Weizhen An Shuwei

Abstract: Basing on the data of 83 cities in the Yellow River Basin, standard deviation ellipse is used to explore the evolutionary trend of the special relationship between producer services and the urban population agglomeration during the period of 2008－2017. From perspectives of centrality, distribution range, density, direction and shape, evolution characteristics of the spatial relationship between these two aspects are revealed. Further study of the spatial relationship between subdivided industries of producer services and the urban population agglomeration have been performed. This paper also analyzes evolution reasons for the spatial relationship between the two from angles of the city level and subdivided industries. The main conclusions are as follows. The coordination between producer services and the urban population agglomeration in the Yellow River Basin is high, but spatial differences between the two are increasing, especially in the east-west direction. The spatial distribution tends to be flat. It also shows a tendency of intensive and contractive development. In order to achieve high quality development in the Yellow River Basin, the west should focus on fostering knowledge intensive producer services to drive the urban population gather in the west. The north can realize the interaction of the industrial development and the population agglomeration through developing the regional central cities. Different regions should adopt differentiated development strategies in subdivided industries to enhance the competitiveness of producer services.

Key words: productive service industry; urban population; Yellow River Basin; standard deviation ellipse

---

[1] 李晶晶、苗长虹、艾少伟:《中西部地区老工业基地城市转型研究——以包头市为例》,载苗长虹主编《黄河文明与可持续发展 第9辑》,河南大学出版社,2014,第92-102页。

聚焦保护发展抢占生态文明建设高地,构建黄河流域三雄城市新时代新格局

——黄河兰州段生态保护和高质量发展规划研究

曹军　王楠　刘飞　王克风

摘要: 黄河兰州段的流域生态保护和高质量发展工作是当前及未来兰州城市发展的重大课题。本文基于对黄河兰州段流域的现状调查,通过对流域发展要素的分析,以期明确流域现状存在的问题,探寻流域的生态保护策略,勾画流域未来发展的规划愿景,为黄河兰州段流域生态保护和高质量发展工作提供建设实施思路,为兰州市的国土空间规划工作建言献策。

关键词: 生态保护;高质量发展;规划愿景;行动工程

作者简介: 曹军(1964—),男,河北邯郸人,兰州市城乡规划设计研究院院长,教授级高级工程师,国家注册城乡规划师,国家注册建筑师,研究方向:城乡规划学理论、城乡规划设计。王楠(1989—),男,甘肃兰州人,兰州市城乡规划设计研究院工程师,国家注册城乡规划师,研究方向:城乡规划设计。刘飞(1983—),男,甘肃兰州人,兰州市城乡规划设计研究院工程师,国家注册城乡规划师,研究方向:城乡规划设计。王克风(1975—),男,甘肃兰州人,兰州市城乡规划设计研究院副所长,高级工程师,研究方向:城乡规划设计。

一、前言

黄河是兰州重要的生态廊道,是兰州城市发展的核心轴线,更是兰州精神的重要载体。保护和发展母亲河是国家重大战略,是甘肃省委、省政府的要求,更是兰州三百多万市民的殷切期盼。

本文基于兰州市城乡规划设计研究院编制的《黄河兰州段生态保护和高质量发展规划绿皮书》,率先提出黄河兰州段生态保护与高质量发展应坚持和完善生态文明制度体系,促进人与自然和谐共生,以"幸福美丽新黄河"为新使命,以"大河青山蓝天坪台林田湿地筑生态保护基底,彰九曲不回黄河精神"为新目标,通过实施治沙引水、生态修复、产业升级、交通提升、景区提质、设施完善六大重点工程,抢占黄河流域的生态文明建设高地,讲好"黄河故事",构建黄河生态经济带三雄城市新格局,把黄河之滨建设得更加美丽,让黄河成为造福人民的幸福河。

二、现状认知

1. 现状概况

兰州是黄河穿城而过的唯一一个省会城市。

黄河干流自兰州市西固区达川镇入境,至兰州市榆中县青城镇出境,流经兰州市域123千米,为兰州提供了丰富的过境水资源,其中一级支流有湟水河、庄浪河、宛川河、蔡家河等,二级支流有大通河等,贯穿市域的黄河及其支流湟水河水量稳定。

中华人民共和国成立后,兰州市人民政府即着手在黄河沿岸修建滨河风致路,开展黄河兰州段的保护和发展工作。目前,黄河兰州段流域已初步建成了较为完善的生态保护体系,形成了依河发展的城市格局;并依托"两山夹一河"的自然环境特征,打造了全国独一无二的、独具兰州特色的黄河风情线城市名片。

2. 主要问题

(1)流域保护已初见成效,但水环境安全仍存在风险

随着兰州夏秋黄河汛期降雨量逐年增多,受龙羊峡—刘家峡联调影响,黄河排涝压力较大;冬春季黄河枯水期黄河基流量减小,河水纳污能力下降;湿地保护率较国家及甘肃省水平仍较低,使得黄河兰州段水环境安全仍存在一定风险。

(2)地质灾害防治稳步推进,但局部地段仍存在隐患

受自然因素、违法违规人为建设活动、极端天气影响,皋兰山、伏龙坪、五泉山、白塔山、大沙沟等地仍存在较大地质灾害安全隐患。

(3)流域建设卓有成效,但发展受地形制约较大

随着"一带一路"倡议的实施,兰州正从内陆腹地转变为国家向西、向南开放的前沿城市,然而受"两山一河"自然地形制约,黄河兰州段流域建设空间瓶颈较大,亟需积极融入国家战略,依托黄河生态经济带建设,进一步研究城市空间拓展,加大全市的开放力度。

(4)水资源供需矛盾突出,严重制约未来城市发展

由于水资源时空分布不均,一些地区供水矛盾尖锐,榆中县、永登县部分地区资源性和指标性缺水问题突出。随着兰州新区、榆中城市副中心加速建设,水资源刚性需求日益增加,严重制约黄河兰州段未来城市发展。

三、发展分析

1. 区位优势明显

兰州位于中国陆域版图的几何中心,是丝绸之路经济带的重要节点,处于兰西城市群和西部陆海新通道的交会处,是西部大开发"十三五"规划确定的"五横两纵一环"总体空间格局上的陆桥通道西段、京藏通道西段、包昆通道节点城市,新亚欧大陆桥和我国面向中亚、西亚开放的战略通道,是承东启西的重要交通枢纽,黄河流域的三大省会城市(兰州、郑州、济南)之一。

2. 生态作用显要

兰州地处黄土高原、青藏高原、蒙古高原三大高原交界处,我国第二阶梯地形向第三阶梯地形的过渡带,根据《全国主体功能区规划》,黄河兰州段流域位于国家重点生态功能区划定的祁连山冰川与水源涵养生态功能区、甘南黄河重要水源补给生态功能区、黄土高原丘陵沟壑水土保持生态功能区之间。《兰州—西宁城市群发展规划》指出,兰州—西宁城市群是我国西部重要的跨省区城市群,自古以来就是国家安全的战略要地,在维护我国国土安全和生态安全大局中具有不可替代的独特作用。培育发展兰西城市群,有利于保障国家生态安全,有利于维护国土安全和促进国土均衡开发,有利于促进"一带一路"建设和长江经济带发展互动,有利于带动西北地区实现"两个一百年"奋斗目标。

3. 创新要素集聚

兰州是黄河文化、丝路文化、中原文化与西域文化的重要交会地,是西北重要的科研基地。① 拥有读者出版传媒股份有限公司、敦煌研究院等国际文化创新机构,以兰州重离子加速器为代表的国家重点实验室9个,国家级、省部级工程技术中心和试验基地28个,各类专业技术人员近25万人,并有以中国科学院兰州分院、兰州大学、西北师范大学、西北民族大学等为主体的各类科研创新机构近1200多家。

四、规划目标

1. 目标定位

黄河兰州段流域保护和发展未来将以"幸福美丽新黄河"为总体思路,以"大河青山蓝天坪台林田湿地筑生态保护基底,彰九曲不回黄河精神"为总体发展目标,全力推进城市修补、生态修复,抢占黄河流域的生态文明建设高地。至2035年,黄河兰州段流域保护和发展初见成效,建成全国知名的山水城市;至本世纪中叶,实现黄河兰州段流域保护和高质量发展,建成中国典范山水城市,形成黄河生态经济带未来三雄城格局——兰州、郑州和济南会在历史舞台中异彩纷呈,影响中国。

国际层面——"一带一路"上的中心城市;

国家层面——国家重要的生态安全屏障;

区域层面——黄河生态经济带上的核心地区;

城市层面——中国典范山水城市。

2. 主要任务

一是建设生态安全屏障,保障流域长治久安;二是协调水资源供需矛盾,共建黄河生态经济带;三是优化市域空间结构,构建对外开放新格局;四是防治地质灾害隐患,助力流域脱贫攻坚;五是突破龙头景区建设,形成梯度景区体系。

---

① 瞿静:《依托地缘优势,打造文化名城——浅谈兰州市文化产业发展问题及路径》,《中国民族博览》2016年第9期。

五、保护策略

1. 全面保护湿地

对黄河兰州段流域湿地实施全面保护,加强湿地管理能力建设,维护湿地生态系统的完整性和稳定性;在不危害湿地生态系统稳定性和服务功能的前提下,通过湿地景观公园建设开展湿地可持续利用示范工程,形成多样化的栖息地结构,达到改善流域微生境效果。

2. 修复河流形态多样性

严格执行各级城市总体规划划定的城市蓝线管控要求,对黄河及其支流两侧带有人行步道的浅滩进行功能分区,退让出自然浅滩保护线,逐步恢复河沟洪道驳岸生态性,推进黄河兰州段水生态环境可持续发展。

3. 完善城市防洪排涝体系

进一步完善黄河兰州段干流防洪工程,推进河沟洪道综合治理工作;在城市地下水水位低、下渗条件良好的地区,加大雨水促渗,推进海绵城市建设;逐步实施老城区雨水管网雨污分流制改造,完善城市防洪排涝体系。

六、规划愿景

1. 调整行政区划

适时开展兰州市行政区划的调整工作,打破兰州现有行政边界,以兰州连海经济开发区为基础,依托兰州经济技术开发区红古园区、甘肃(兰州)国际陆港的对外开放优势,将红古区撤区建市(县级市),把永登县的河桥、连城和七山三个乡镇划入红古市管辖,打造兰西城市群发展的节点城市,激发区域经济发展的活力,进一步提升城市竞争力,为黄河兰州段流域高质量发展打好基础。

2. 优化空间结构

按照"强功能、提品质、拓空间"的思路,积极融入国家发展战略,提升区域竞争力,实现流域高质量发展。黄河兰州段流域未来将形成"两屏三环四区六廊一心三城强生态建设功能,展高质量发展新格局"的对外开放的城市空间布局结构。

两屏,是指"连城国家级自然保护区—吐鲁沟国家级森林公园——石头坪森林公园—关山森林公园—兰山森林公园—石佛沟国家森林公园"生态屏障,"兴隆山国家森林公园—徐家山国家森林公园—五一山森林公园—凤凰山森林公园—兰州新区北部国家森林公园"生态屏障。

三环,是指构建长约600千米、面积约2667平方千米的兰州市域生态屏障绿环,并与兰州市域外围生态环境形成千里生态屏障,环绕兰州市城区的生态保障绿环和兰州新区的生态防护绿环。

四区,是指兰州市域水源涵养和生物多样性保护生态功能区、水土保持生态功能区、城镇建设生态功能区、农业生态功能区。

六廊,是指兰州至榆中县、临夏市、西宁市、白银市、兰州新区、永登县六大对外通道两侧100米范围的绿色生态通廊。

一心,指兰州市城关、七里河、安宁、西固城区。

三城,指国家级兰州新区、榆中城市副中心、红古市。

3. 塑造城市特色

综合考虑发展定位、地域环境、文化特色,延续城市历史文脉,丰富城市内涵,打造城市名片。黄河兰州段流域未来将塑造"一河两岸两山五坪七台九峰串绿地公园,绘美丽山水幸福画卷;两道五段多溪众滩百塘数津连街巷地标,现都会兰州繁华胜景"的美丽山水城市特色愿景。

一河两岸两山五坪七台九峰串绿地公园,绘美丽山水幸福画卷。

一河,指黄河兰州段生态经济带。

两岸,指黄河南北两岸的城市发展区。

两山,指黄河南北两侧的自然山体。

五坪,指南北两山可见的五处用地规模较大,可用于城市建设的山前坪地,即古城坪、伏龙坪、范家坪、柳沟大坪、白道坪,是两岸与两山的建设过渡区域。

七台,指南北两山七处有特色的,可用于生态建设的山前台地,即牟家台、青石台、扎马台、达家台、张家台、柴家台、九州台,是两岸与两山的生态过渡区域。

九峰,指黄河—湟水河两侧富有地域特色的九座山峰,即大兰山、云顶山、蝎尾山、莲花山、火焰山、凤凰山、白塔山、徐家山、官山的制高点。

绿地公园,指黄河兰州段流域内的绿地和公园与各类自然人文景观。

两道五段多溪众滩百塘数津连街巷地标,现都会兰州繁华胜景。

两道,指黄河两岸及两山的步行健身道与骑行健身道。

五段,指黄河兰州段沿河五部分城市特色区段,即西柳沟立交桥以西库区风光段,西柳沟立交桥—七里河黄河大桥工业遗产段,七里河黄河大桥—雁滩黄河大桥历史文化段,雁滩黄河大桥—雁儿湾都市风情段,雁儿湾—小峡田园风光段。

多溪,指黄河兰州段流域南北两山上的大沙沟、罗锅沟、李麻沙沟、雷坛河、寺儿沟等52条河洪道。

众滩,指黄河两侧的夹滩、银滩、滩尖子、刘家滩、宋家滩等多处湿地。

百塘,指沿南北两山规划建设的沙九、蛤蟆滩、下大金沟、深沟、雷坛河、阳洼沟等生态水库(塘)。

数津,指恢复建设的青石津、西津、金城关渡口、青城码头,提质发展的十里店、通渭路、盐场堡、什川小峡等20余座码头(津)。

4. 完善交通体系

优化陆运对外综合交通格局,构建"东三、北二、西三、南四"的由12条放射性通道构成的陆运对外综合交通格局;完善国际航线网络格局,加快第二机场规划建设,实施中川机场三期扩建工程,争取将中川国际机场提升成为"4F"级别机场,开辟兰州直飞莫斯科、努尔苏丹、吉隆坡等"一带一路"沿线重要节点城市的航班,加快扩大国际快件和货运客运直航业务;畅通大兰州城市交通网络,完善城市道路基础设施建设,优化城市路网和枢纽布局,实施以轨道交通为引领的开放型公共交通体系建设。

七、行动工程

1. 实施治沙引水工程

开展兰州市区生态引水项目。建设柴家峡水电站治沙引水工程,缓解黄河上游泥沙问题,补足两岸生态用水的同时,沿南北两山山体形成库、渠、塘生态用水系统,构建洪道水系生态网络。

开展榆中城市副中心生态引水项目。采用地下水渠在小峡电站库区引水,利用竖井、湖面、沟梁、池塘汇入宛川河,形成生态水系,解决榆中盆地生态用水不足的问题。

2. 实施生态修复工程

开展金天观—洪恩街历史文化街区城市双修示范区项目。按旅游景点标准对太清宫、兴远寺、白云观三处文保单位及周边环境进行整治;实施河道疏浚、修复区域生态系统,修补区域城市功能,打造南依皋兰山,北望白塔山,山水相连、寺观星罗、街巷贯通的城市双修示范区。

开展古城坪古城堡遗址公园建设项目。依托王保保城东城遗址,全面整治提升古城坪绿化景观;打造古城坪古城堡遗址公园,实施以"黄河之光"为主题的灯光秀,再现桑园峡古战场古堡、烽燧、关隘的历史神韵。

开展三江口湿地公园建设项目。依托达川镇三江口独特的黄河湿地景观资源,以生态保护为前提,借力旅游产业发展,建设国家级三江口湿地公园。

3. 实施产业升级工程

开展甘肃(兰州)自由贸易试验区建设项目。充分利用国际空港和国际陆港两大枢纽的对外优势,建设包括红古示范区(兰州经济技术示范区)、兰州新区示范区、兰州高新示范区、甘肃(兰州)国际陆港示范区的甘肃(兰州)自由贸易试验区,成立"一带一路"技术交流国际合作中心进出口商品合格评定工作站,提高兰州在全球贸易中的地位和能级。

开展新时代广场建设项目。在习近平总书记凭栏东南处,以"黄河之窗"为创意,改造滩尖子城中村,依托敦煌研究院与读者集团,建成集文化创意、会议展示、科技创新为一体的建筑群,打造黄河上游经济带的文创中心,并率先建设一处新时代广场,形成与北岸会展中心建筑群的视觉通廊,打造兰州的国际贸易中心。

4. 实施交通提升工程

开展黄河兰州段航运项目。逐步恢复黄河兰州段航运功能,开通刘家峡—八盘峡、八盘峡—河口、河口—小峡航运线路,新建八盘峡码头、河口码头,提升改造什川码头,丰富黄河兰州段流域的综合交通体系。

开展南滨河路拓宽改造项目。启动南滨河路"白云观—静宁路"段的道路拓宽工作(向南拓宽 7—15 米),达到双向 6 车道通行水平,缓解多年来兰州市南滨河路核心段交通瓶颈问题。

开展伏龙坪下穿隧道项目。实施庆阳路—西津路下穿隧道项目,打通主城区东西向干道,缓解黄河兰州段主城区"蜂腰"地区交通压力,盘活主城区干道网络,改善生态环境,形成兰州"中山桥—白塔山"标志性地段步行景观序列,参照西安大唐西市步行街。

5. 实施景区提质工程

开展城市山地示范公园国家5A级景区建设项目。依托主城区中心丰富的山河地景资源,从提升城市形象的大格局出发,争取将伏龙坪地质灾害易发区纳入中央、省级地质灾害搬迁避让项目,按照近期完成拆迁安置,拟将易发区域内的居民进行整体搬迁改造至青白石街道大浪沟村周边,远期完成生态治理、设施配套的工作进度,串联"九州台、白塔山—中山桥—伏龙坪—五泉山—三台阁"为一个整体,结合国家生态文明先行示范区建设,率先打造城市山地示范公园国家5A级景区,塑造园林城市的园中园,做到山环水绕林拥城,构建黄河兰州段流域新地标。

开展兴隆山—马啣山国家5A级旅游景区项目。以生态保护为前提,按照山上山下分区立体化发展思想,围绕高原景观主题,做强西北避暑名山品牌;依托四季旅游产品,做活多元增值业态项目;完善景区配套设施,营造共建共享服务体系,着力将兴隆山—马啣山提升为国家5A级旅游景区,并适时开展国家公园的建设工作。

开展小峡秘境旅游景区项目。以小峡库区、什川古梨园独特的自然资源为基础,依托特色古梨园观光农业资源,打造"黄河第一园",进一步延长产业链条,完善景区交通、游览等综合服务设施,建设浪漫时尚的小峡秘境旅游景区,引导游客探寻生态密码。

开展青白石岸边美丽古村群项目。依托青白石街道沿河碱水沟村、青石湾村、杨家湾村独特的滨河自然景观,挖掘乡村文化遗产,按照"农旅融合"开发思路,完善村庄基础设施配套,改善村庄人居环境,发展古村民俗旅游,打造岸边美丽古村群,留住城市中的"乡愁"。

6. 实施设施完善工程

开展"黄河之势"摩崖石刻建设项目。依托桑园峡独特壮美的黄河自然景观,推进桑园峡河堤加固工程,沿北岸石壁打造长约3千米的"黄河之势"黄河摩崖石刻,展现黄河上游磅礴之势的同时,唤醒人们对黄河生态保护的重视,歌颂"河汇百流,九曲不回"的兰州精神。

开展"黄河之眼"项目。实施甘肃(兰州)国际陆港"黄河之眼"项目,在陆港北侧张家台台地上建设总高180米的"黄河之眼"摩天轮游乐区,打造世界最高的高原山地摩天轮。

开展九州长栈道建设项目。利用现有登山步道及洪道系统与黄河风情线步行系统相连,并串联风林关、玉垒关、金城关、王保城等历史文化遗存景点,建设东起徐家山公园、西至兰州植物园,长约36千米,横贯兰州城区北部山峦间跨沟越壑的中国高原山地第一长栈道。

开展特色街巷建设项目。以黄河风情线大景区为依托,推进与黄河垂直的如大众巷、木塔巷、箭道巷、白土巷、小北街、河水道等20多条特色街巷的改造工程,通过道路与街巷连通黄河两岸的各个景点、老字号商铺名店,打造多种旅游与都市功能复合的不夜城。

八、实施建议

建议黄河流域沿线各城市形成"总河长联席工作机制",共同建设黄河生态经济带,协同解决黄河兰州段生态保护和高质量发展中的重大问题,探索建立系统配合的规划建设管理实施机制,推进黄河流域保护和高质量发展工作。

建议积极争取国家重点生态功能区转移支付资金,创新建立黄河流域跨流域生态补偿机制。一是黄河中下游受益城市对上游的水环境治理提供合理的应有资金补偿,调动上游地区持续开展生态环境治理的积极性;二是建立下游经济发达地区反哺中上游欠发达地区机制;三是建立黄河环境保护补偿基金。

建议尽快开展"黄河流域生态保护和高质量发展"的规划编制工作,建立国家至各省市完善的规划体系,使流域保护和发展工作有据可依。

九、结语

黄河是中华民族的母亲河,保护黄河是事关中华民族伟大复兴和永续发展的千秋大计。黄河兰州段流域的保护与发展,是落实国家黄河流域生态保护和高质量发展战略的重要抓手,是加强供给侧结构性改革,借力谋发展,聚势迎蝶变,发挥中心城市带动作用的有效途径,有利于加强黄河流域生态环境保护,保障黄河流域的长治久安,推动黄河流域高质量发展;有利于黄河流域地区脱贫攻坚工作,维护社会稳定,促进民族团结;有利于推进"一带一路"倡议的建设,构筑兰西城市群和西部陆海新通道对接融会的重要支撑区。

未来兰州、郑州和济南将协同形成黄河生态经济带三雄城格局,在历史舞台中异彩纷呈,影响中国。

Focusing on Protection and Development and Seizing the High-ground of Ecological Civilization Construction, Creating a New Situation of Top Three Cities in the Yellow River Basin in the New Era
—The Planning Research of the Ecological Protection and High-quality Development of Yellow River Basin in Lanzhou

Cao Jun Wang Nan Liu Fei Wang Kefeng

Abstract: The mission of ecological conservation and high-quality development of the Yellow River basin is a major subject of urban development for Lanzhou. Based on the investigations of the present situation and analyses of the elements of development, this paper identified the problems existing in the Yellow River basin of Lanzhou, explored the ecological protection strategies and described the future development vision. This study could implicate a lot for the implementation of the strategy of ecological conservation and high-quality development of the Yellow River basin in Lanzhou, and provide reference for the territorial spatial planning of Lanzhou.

Key words: ecological protection; high-quality development; future of visions; action projects

基于引力模型的国家中心城市辐射范围分析
——以郑州为例

李江苏　宋莹莹　孟琳琳　李明月

摘要：国家中心城市在国民经济发展和战略布局中具有重要作用。本文在已有研究基础上,采用熵值法测度引力模型中城市综合质量,运用时间和货币成本表征交通可达性,以量化引力模型中城市间的"距离",改进了引力模型;通过对引力模型结果进行聚类分析和自然分裂法,将郑州与其他城市间的空间相互作用力由强到弱分为五个等级,称其为理想情况下郑州市等级辐射区。通过对五个等级辐射区研究发现:①一、二级辐射区,包括郑州大都市区内城市、洛阳和北京,这些区域与郑州的交通可达性程度最高。②三级辐射区中,半数为河南省内城市。大部分城市距郑州市较近,少部分城市距离较远,但城市综合质量较高。③四级辐射区,包括河南省内个别城市和河南省周边省份的部分城市等。这些城市中,一部分与郑州市的交通可达性程度相对较高,但城市综合发展质量相对较低;另一部分则正好相反。④五级辐射区包含城市数量庞大,与郑州市的空间相互作用力较低,很难成为郑州市的有效辐射范围。⑤结合现实,排除其他国家中心城市,以及受其他国家中心城市辐射的城市后,郑州市辐射范围应在河南省所有城市和河南省周边省份部分城市范围内。

关键词：国家中心城市;引力模型;辐射范围;郑州市

作者简介：李江苏(1983—),男,云南曲靖人,博士,副教授,主要从事空间分析与区域发展研究。宋莹莹(1993—),女,河南开封人,硕士研究生,研究方向:城镇化与区域可持续发展。孟琳琳(1994—),女,河南濮阳人,硕士研究生,研究方向:城镇化与区域可持续发展。李明月(1994—),女,河南开封人,硕士研究生,研究方向:城镇化与区域可持续发展。

一、引言

国家中心城市的概念源自原建设部(现住房和城乡建设部)上报国务院的《全国城镇体系规划(2006—2020年)》,是指中国城镇体系的核心城市,在中国的金融、管理、文化、

---

* 本文为河南省哲学社会科学规划项目(2018CJJ073)、河南省科技发展计划项目(182400410075)、河南省高校科技创新人才支持计划(2020-CX-006)研究成果。

交通、商贸等方面都发挥着重要的中心和枢纽作用,在推动国际经济发展和文化交流方面也发挥着重要的门户作用。国家中心城市是在直辖市和省会城市层级之上出现的新"塔尖城市",集中了中国和中国城市在空间、人口、资源和政策上的主要优势。在《全国城镇体系规划(2006—2020年)》中明确提出五大国家中心城市(北京、天津、上海、广州、重庆)的规划和定位。2016年5月至2018年2月,国家发展和改革委员会及住房和城乡建设部先后发函支持成都、武汉、郑州、西安建设国家中心城市。在2017年初,《国家发展改革委关于支持郑州建设国家中心城市的指导意见》的发布,意味着郑州正式进入国家中心城市建设行列。在此背景下,一系列的问题随即被提出:郑州与其他国家中心城市相比,辐射范围有多大?辐射能力有多强?郑州在建设国家中心城市进程中辐射能力如何提升?其中,辐射范围及能力的研究作为国家中心城市建设中最基本的命题,亟待开展相关研究。

国家中心城市的研究方向较零散,尚处起步阶段;所涉及的研究内容包括国家中心城市的概念[1]、建设意义[2]、发展障碍[3]、功能与定位[4]、评价与识别[5]、发展效率分析[6]等方面。实证研究中涉及的国家中心城市,以广州最多,也包含了北京、上海、武汉和郑州等[7]国家中心城市,大多限于对国家中心城市的纵向和横向评价比较分析,而对国家中心城市的辐射范围、辐射能力的研究有待进一步开展。

城市辐射范围研究最早源于中心地理论,它明确了城市的服务范围位于其周边地区。1950年,Perroux提出增长极理论,认为经济增长首先出现在增长点上,然后向周围区域扩散或辐射,进而带动整个区域的发展。[8] 引力模型的应用使城市辐射范围定量研究掀起热潮,并产生了许多与城市辐射范围相似的概念,如城市场、城市经济影响区域、城市经

---

[1] 王凯、徐辉:《建设国家中心城市的意义和布局思考》,《城市规划学刊》2012年第3期;田美玲、刘嗣明、寇圆圆:《国家中心城市职能评价及竞争力的时空演变》,《城市规划》2013年第11期。

[2] 王凯、徐辉:《建设国家中心城市的意义和布局思考》,《城市规划学刊》2012年第3期;张占仓:《建设国家中心城市的战略意义与推进对策》,《中州学刊》2017年第4期。

[3] 陈江生、郑智星:《国家中心城市的发展瓶颈及解决思路——以东京、伦敦等国际中心城市为例》,《城市观察》2009年第2期。

[4] 王国恩、王建军、周素红等:《基于国家中心城市定位的广州核心职能研究》,《城市规划》2009年增刊。

[5] 田美玲、刘嗣明、朱媛媛:《国家中心城市综合评价与实证研究——以武汉市为例》,《科技进步与对策》2013年第11期;顾朝林、李玏:《基于多源数据的国家中心城市评价研究》,《北京规划建设》2017年第1期。

[6] 郑国洪:《国家中心城市创新效率比较与提升策略》,《河南社会科学》2017年第4期;王淑英、屈莹莹:《国家中心城市的金融集聚对经济效率的影响研究》,《工业技术经济》2017年第8期。

[7] 王国恩、王建军、周素红等:《基于国家中心城市定位的广州核心职能研究》,《城市规划》2009年增刊;顾朝林、李玏:《基于多源数据的国家中心城市评价研究》,《北京规划建设》2017年第1期。

[8] F. Perroux, "Economic Space: Theory and Applications," *Quarterly Journal of Economics*, 1950,64(1).

济区、城市吸引范围、城市腹地、辐射场等。① 城市辐射能力在一定空间范围内对周围地区的经济社会发展起着主导作用,而辐射范围受众多因素影响,交通网络演进带来的可达性变化无疑是其中的关键因素。② 关于城市辐射范围,学者们主要用断裂点理论模型、引力模型、威尔逊模型来分析。③ 如蒋天颖等采用因子分析法和引力模型研究了区域中心城市的创新辐射力,发现上海的区域创新空间联系量大而且联系密切。④ 冯德显等用裂点法对郑州市的辐射范围进行判定,并用层次分析法对郑州市的辐射力进行评价,⑤ 林晓等使用威尔逊模型计算了环渤海地区中心城市的辐射范围,认为环渤海地区金融协同发展的重要途径是打破壁垒、优势互补。⑥ 辐射范围划定的主要指标包括两个城市间的空间距离⑦、人口总量、国内生产总值,也有学者用因子分析、主成分分析计算城市综合得分代替人口或国内生产总值。⑧

综上,国家中心城市相关研究尚处于起步阶段,研究多涉及国家中心城市的建设意义、功能与定位、竞争力评价、发展前景等方面。城市辐射范围研究作为地理学长期关注的领域,学界采用不同的模型开展了大量的实证研究,引力模型是研究城市辐射范围热度较高的方法,然而引力模型对"质量"和"距离"的量化有待改进。本研究构建城市综合发展质量指标体系,运用熵值法测度引力模型中城市的综合质量;基于时间和货币成本表征交通可达性,以量化引力模型中城市间的"距离";在不改变引力模型本质的前提下,对引力模型进行修正。近年来,国家发展改革委支持郑州建设国家中心城市,本文基于修正后的引力模型对郑州市的辐射范围进行测度,剖析其辐射范围的特征,为郑州建设国家中心城市,乃至其他国家中心城市提升城市辐射能力提供相关决策依据。

---

① 黄金川、孙贵艳、闫梅等:《中国城市场强格局演化及空间自相关特征》,《地理研究》2012年第8期。
② 庄汝龙、宓科娜、梁龙武:《可达性视角下中心城市辐射场时空格局演变——以浙江省为例》,《地域研究与开发》2017年第5期。
③ 赵雪雁、江进德、张丽等:《皖江城市带城市经济联系与中心城市辐射范围分析》,《经济地理》2011年第2期;南平、姚永鹏、张方明:《甘肃省城市经济辐射区及其经济协作区研究》,《人文地理》2006年第2期。
④ 蒋天颖、华明浩:《长三角区域创新空间联系研究》,《中国科技论坛》2014年第10期。
⑤ 冯德显、贾晶、乔旭宁:《区域性中心城市辐射力及其评价——以郑州市为例》,《地理科学》2006年第3期。
⑥ 林晓、韩增林、郭建科等:《环渤海地区中心城市金融竞争力评价及辐射研究》,《地域研究与开发》2014年第6期。
⑦ 黄金川、孙贵艳、闫梅等:《中国城市场强格局演化及空间自相关特征》,《地理研究》2012年第8期。
⑧ 熊正贤:《城市综合实力定位与辐射范围的测算——以重庆涪陵区为例》,《统计与信息论坛》2009年第1期。

二、研究对象、方法和数据

(一) 研究对象

本研究主要以郑州市为研究对象,分析郑州市在全国范围内的辐射范围特征。依据《中国城市统计年鉴-2017》,我国有 297 个城市(包含地级市、副省级市和直辖市),受数据采集制约,本研究涉及郑州市在内的 292 个城市。

郑州市位于河南省中部偏北,是河南省的省会,国家历史文化名城,中国中部地区重要的中心城市,国家重要的综合交通枢纽,是国家发展与改革委员会支持建设的国家中心城市。郑州是全国重要的铁路、高速公路枢纽城市,同时也是航空、电力、邮政、电信的主要枢纽城市,是中部地区重要的工业城市。近年来,郑州市高新技术产业迅猛发展,持续保持逐年上升的增长势头。[①] 目前有汽车、装备制造、煤电铝、食品、纺织服装、电子信息等六大优势产业。氧化铝产量占全国总产量的 50%,拥有亚洲最大、最先进的大中型客车生产企业,冷冻食品占全国市场份额的 40% 以上。得益于其独特的地理位置,郑州也是历史上著名的商埠,至今仍是中部地区重要的物资集散地。郑州商品交易所是三大全国性商品交易所之一,"郑州价格"一直是世界粮食生产和流通的指导价格。郑州市 2016 年生产总值 7994.2 亿元,2017 年的 GDP 增速为 8.2%,超过除重庆外的其他七个国家中心城市,2018 年生产总值破万亿,成功晋级"万亿俱乐部",实现了历史性跨越。近年来,郑州市与周边省市联系越来越密切,空间作用越来越强,具有较好的国家中心城市建设前景。

(二) 研究方法

近年来,部分学者根据城市间交通方式的种类和级别、人们出行方式的选择和对出行成本的考虑等,用最短距离和根据平均时速计算最短时间,对不同交通出行方式给定不同权重,重新构建引力模型中的城市间距离。[②] 部分学者对引力模型进行了改进,关于引力模型"质量"构建了相应的指标体系,运用熵值法、主成分分析等对指标体系做出处理,给城市做"体检",使其较为全面地反映城市发展水平。对于引力模型的"分母",王焕等用两地间各种运输方式的权重、时速、货币成本等来表达以往惯用的距离;[③] 李江苏等以货币

[①] 杨威:《基于动态偏离—份额法的河南省高新技术产业竞争力分析》,载苗长虹主编《黄河文明与可持续发展 第 9 辑》,河南大学出版社,2014,第 12-20 页。

[②] 芮海田、吴群琪:《高铁运输与民航运输选择下的中长距离出行决策行为》,《中国公路学报》2016年第 3 期;何永明、裴玉龙:《基于出行费用的超高速公路经济性评价》,《公路》2018 年第 1 期;董春、张玉、刘纪平等:《基于交通系统可达性的城市空间相互作用模型重构方法研究》,《世界地理研究》2013 年第 2 期。

[③] 王焕、徐逸伦:《山东半岛城市群城市流研究》,《世界科技研究与发展》2007 年第 4 期。

和时间的组合成本修正模型距离参数;①董春等结合不同交通方式的线路长度,以客货运量比作为系数,重新定义了城市间交通距离成本。② 可见,学者们一直在实践中对引力模型进行改进,改进后的引力模型各有优势,为本研究提供相关借鉴。

根据前人的研究,为更好地体现城市间的空间相互作用强度,从而判断国家中心城市辐射范围,在本研究中对引力模型进行一定程度的修改。

1. 引力模型中城市综合质量测度

城市综合质量代表城市的综合发展水平和竞争力,已有研究中多用人口、GDP 或二者乘积衡量,在国民经济和社会发展的大背景下,经济、信息、技术等要素在城市间的联系也日益增强,单一的指标已经无法全面地反映城市综合质量。有学者从政治、经济、文化、社会、环境等方面来对城市综合发展水平或城市经济发展水平进行测度,但多数指标并非从两地的空间相互作用视角选取,因此在引力模型中城市综合质量测度时,不能盲目套用指标。

从空间相互作用形成的基本要素分析,影响空间相互作用的因素可以归类为始发地的辐射带动力、接受地的吸引力、城市间的资源流通力。③ 本研究参考许芸鹭、雷国平的关于辽中南城市群空间联系测度中的城市综合指标体系,④以及其他学者构建城市综合质量评价指标体系中高频率出现的指标和可替代性指标,从空间相互作用的角度出发,构建引力模型中适用的城市综合质量指标体系。

熵值法最大的特点为直接利用决策矩阵所给的信息计算权重,不引入决策者的主观判断。本研究在数据标准化的基础上,选用熵值法计算权重,进一步计算各城市的综合质量。步骤如下:

①数据标准化。本文采用极值法标准化数据。

②计算熵值。设有 n 个指标,m 个被评价对象,则第 j 个指标熵的计算公式为:

$$E_j = -k \sum_{i=1}^{m} P_{ij} \ln(P_{ij}) (j=1,2,\cdots,n) \tag{1}$$

式(1)中:常数 $k = 1/\ln(m)$,$0 \leqslant E_j \leqslant 1$,即 E_j 最大为 1,P_{ij} 为标准化后的指标值。

③确定指标权重。计算公式为:

$$w_j = \frac{d_j}{\sum_{j=1}^{n} d_j} (j=1,2,\cdots,n) \tag{2}$$

式(2)中:$d_j = 1 - E_j$;当 $d_j = 0$ 时第 j 属性可以剔除,其权重等于 0。

④计算城市综合发展质量。计算公式:

$$Q_i = \sum_{j=1}^{m} w_j x_{ij} (i=1,2,\cdots,m) \tag{3}$$

---

① 李江苏、骆华松、曹洪华:《基于引力模型分析城区与郊区空间相互作用——以昆明市为例》,《经济问题探索》2008 年第 12 期。

② 董春、张玉、刘纪平等:《基于交通系统可达性的城市空间相互作用模型重构方法研究》,《世界地理研究》2013 年第 2 期。

③ 关伟、代涛:《辽宁沿海经济带成长中的经济与环境协调问题》,《辽宁师范大学学报》(自然科学版)2013 年第 3 期。

④ 许芸鹭、雷国平:《辽中南城市群空间联系测度》,《城市问题》2018 年第 11 期。

2. 引力模型中城市间"距离"量化

城市间交通方式是否多元化,很大程度上反映了城市间经济来往密切程度。两个城市之间可能会存在公路、铁路、航空等多种交通方式,而在多种交通方式下的空间"距离"不仅指该交通方式的线路长度距离,还应包括该线路的运行时间距离。无论是时间距离还是线路运行距离都可以转化为社会经济发展背景下人们的出行成本。因此,本文将不同交通方式的线路运行最短时间与人均时间成本的乘积视为时间成本,把不同交通方式的线路运行距离与每千米的运行成本的乘积视为货币成本。结合城市间距离远近、人们出行方式选择,以及不同收入人群对出行成本的承受度,对分段距离给予不同交通方式相应的权重,对引力模型进行修正。即:

$$d_{ij} = \sqrt{\sum_{f=1}^{n} \lambda_{ij} T_{ij} C_{ij}} \quad (n=1,2,3,4) \tag{4}$$

式(4)中:d_{ij} 为 i 地与 j 地之间的"距离",λ_{ij} 代表 i 地与 j 地之间第 f 种交通方式的权重,T_{ij} 代表 i 地与 j 地之间第 f 种交通方式的时间成本,C_{ij} 代表 i 地与 j 地之间第 f 种交通方式所需要的货币成本,其计算公式为:

$$C_{ij} = L_{ij} P_{ij} \tag{5}$$

式(5)中:L_{ij} 代表 i 地与 j 地之间第 f 种交通方式的最短线路长度距离,P_{ij} 代表 i 地与 j 地之间第 f 种交通方式行驶每千米所需要的费用;

$$T_{ij} = t_{ij} T_{mean} \tag{6}$$

式(6)中:t_{ij} 代表 i 地与 j 地之间的第 f 种交通方式最短运行时间,T_{mean} 为单位时间成本即人均时间价值,是指每个人平均每小时能创造的时间价值,其可根据统计年鉴的年度人均 GDP 与年度人均工作时间的比值计算求得。[①] 2016 年我国人均 GDP 是 54139 元,扣除法定节假日全年工作天数是 250 天,按每天工作 8 小时计算,全年工作时长为 2000 小时,则 2016 年的人均时间成本 T_{mean} 约为 27.07 元/小时。

3. 修正后的引力模型

引力模型中另一个重要参数是对距离指数 b 的选择,理论上认为,b 等于 1 或 2。经研究显示,b 值可以在 0.5—3.0 的幅度内变化,其原因在于远距离运输,不同货物的可运输性不同,从而影响 b 的取值。本研究中,b 的取值为 2。

综上所述,引力模型重构为:

$$I_{ij} = \frac{M_i M_j}{d_{ij}^b} = \frac{Q_i Q_j}{\sum_{f=1}^{n} \lambda_{ij} T_{ij} C_{ij}} \quad (n=1,2,3,4) \tag{7}$$

(三)支撑数据

本研究参考已有文献资料,从辐射带动力、城市吸引力、资源流通力三个角度出发,选取 19 个指标构建引力模型中适用的城市综合质量指标体系(表 1)。表 1 中指标数据来源于 2017 年国家统计年鉴、各省市统计年鉴、中国城市统计年鉴、2016 年中国城市建设

---

① 郭春江:《高速铁路与民航客运量分担博弈模型研究》,硕士学位论文,北京交通大学交通运输学院,2010,第 41 页。

年鉴以及各地级市国民经济和社会发展统计公报。

表 1　引力模型中城市综合质量评价指标体系

一级指标	二级指标	单位
辐射带动力	GDP	亿元
	固定资产投资	亿元
	社会消费品零售总额	亿元
	第三产业占GDP比重	%
	第二产业占GDP比重	%
	一般公共预算收入	亿元
城市吸引力	建成区面积	km²
	城镇居民人均可支配收入	元
	在校大学生人数	人
	年末城镇单位从业人数	万人
	年末常住人口	万人
	建成区绿化覆盖率	%
	生活垃圾无害化处理率	%
	污水处理率	%
资源流通力	客运总量	万人
	货运总量	万吨
	邮政业务收入	万元
	电信业务收入	万元
	进出口总额	亿美元

郑州至全国各城市可能有高速公路、普铁、高铁、航空等四种主要交通运输方式，文中对2016年郑州至国内291个城市能直达的高速公路、普铁、高铁和航空的线路最短运行距离和最短运行时间进行了收集整理。在最短运行时间方面，高速公路最短时间来自于高德地图，普铁和高铁最短时间来自于12306网站，航空最短运行时间来自于携程网。在最短运行距离方面，高速公路的最短距离来自于高德地图显示的高速公路最短距离；普铁和高铁的最短距离基于国家建成的铁路网数据，在ArcGIS中测距所得；航空的最短距离根据民航平均时速和最短运行时间计算得出，本文借鉴丁金学等人研究中的750km/h[1]以及何永明等人研究中的550km/h[2]，取两者的均值（650km/h）作为民航平均速度。

高速公路、普铁、高铁等每千米的运行成本借鉴何永明等人的研究成果，求其均值；民

---

[1] 丁金学、金凤君、王姣娥等：《高铁与民航的竞争博弈及其空间效应——以京沪高铁为例》，《经济地理》2013年第5期。
[2] 何永明、裴玉龙：《基于出行费用的超高速公路经济性评价》，《公路》2018年第1期。

航每千米的运行成本根据国务院批准公布的《民航国内航空运输价格改革方案》,确定民航的基准价为平均每客千米 0.75 元,各种出行方式费用见表 2。

表 2 不同出行方式费用比较

出行方式	高速公路	普铁	高铁	民航
费用(元/km·人)	0.32	0.18	0.51	0.75

三、结果与分析

(一)引力模型中城市综合质量

运用熵值法对包含北京、上海、天津、深圳、郑州等 9 个国家中心城市的 292 个地级以上城市的 19 个二级指标数据矩阵进行计算,计算每个指标所占权重,对每个指标的值与其权重的乘积求和,即为引力模型中城市综合质量评价值,运用 ArcGIS 中的自然断裂法对该值进行分类。

从分类结果可以看出:①城市综合质量最高的城市,分别是深圳市和北京市;②城市综合质量较高的城市,分别是广州、上海、杭州、天津、重庆、成都、苏州;③城市综合质量高的城市,分别是东莞、武汉、南京、郑州、西安、厦门、宁波、佛山、济南、长沙、福州、合肥、泉州、温州、沈阳、昆明、无锡、揭阳、青岛、南通、南昌、长春、哈尔滨、湛江、石家庄、大连;④城市综合质量一般的城市,包括江门、珠海、保定、南宁、中山、贵阳、烟台、太原、徐州、常州、金华、新乡、绍兴、嘉兴、扬州、唐山、台州、潍坊、呼和浩特、南阳、泰州、兰州、乌鲁木齐、盐城、惠州、汕头、运城、济宁、邵阳、洛阳等 71 个地级以上城市;⑤城市综合质量较低的城市,占研究范围比重最大,包括茂名、荆州、德州、湘潭、绥化、云浮、岳阳、肇庆、滁州、吉林、大庆、南充、绵阳、亳州、平顶山、聊城、上饶、湖州、巴中、鞍山、十堰、常德、九江、渭南、滨州、泸州、银川、达州、淮南、焦作、拉萨、莆田、秦皇岛、宜春、包头等 186 个地级以上城市;⑥其他区域为数据缺失区域,这些区域多为自治州、自治区、省直管县级市等,受数据收集制约未纳入研究范围。总体来看,郑州市城市综合质量在研究范围内的 292 个城市中排名第十三名,城市综合质量高,辐射带动力、城市吸引力、资源流通力较强。

(二)引力模型中城市间"距离"

郑州市至其他城市存在高速公路、普铁、高铁、航空四种主要交通出行方式,且存在一种、两种、三种和四种交通运输方式的组合。美国学者特朗·恩格提出在出行方式选择上:0—500km 公路占优势,500—1000km 铁路占优势,1000km 以上民航占优势;① 芮海田和吴群琪在关于人们在出行时对高铁和民航的选择倾向研究中发现:0—500km 人们更偏向选择高铁,500—1000km 人们对高铁和民航的选择比例相当,1000km 以上人们更

---

① 特朗·恩格:《美国和欧洲支线航空公司的发展》,《民航经济与技术》1999 年第 11 期。

偏向选择民航;①何永明、裴玉龙在关于不同交通方式出行成本的研究中发现:客运成本≈普通火车成本＜自驾汽车成本＜高铁成本＜民航成本。②

在以上研究的基础上,根据郑州至其他城市空间距离的远近、出行方式的成本以及人们对不同距离出行方式的选择,对郑州至291个城市以高速公路距离为基础分为0－500km、500－1000km、1000km以上三个距离段,再根据不同交通方式的组合对权重λ进行假设(表3)。

表3 郑州到其他城市分距离分交通方式的权重

距离(km)	运输方式权重												
	一种	两种	λ_1	λ_2	三种	λ_1	λ_2	λ_3	四种	λ_1	λ_2	λ_3	λ_4
0－500	$\lambda=1$	R+T	0.50	0.50	R+T+G	0.33	0.33	0.33	R+T+G+A	0.30	0.30	0.30	0.10
		R+G	0.60	0.40	R+G+A	0.45	0.45	0.10					
		T+G	0.50	0.50	R+T+A	0.50	0.40	0.10					
					T+G+A	0.45	0.45	0.10					
500－1000	$\lambda=1$	R+T	0.40	0.60	R+T+G	0.30	0.35	0.35	R+T+G+A	0.10	0.35	0.35	0.20
		R+G	0.40	0.60	R+G+A	0.30	0.40	0.30					
		T+G	0.50	0.50	R+T+A	0.30	0.40	0.30					
		R+A	0.40	0.60	T+G+A	0.30	0.40	0.30					
		T+A	0.60	0.40									
		G+A	0.50	0.50									
>1000	$\lambda=1$	R+T	0.30	0.70	R+T+G	0.10	0.45	0.45	R+T+G+A	0.10	0.20	0.35	0.35
		R+G	0.30	0.70	R+G+A	0.10	0.45	0.45					
		T+G	0.50	0.50	R+T+A	0.10	0.40	0.50					
		R+A	0.30	0.70	T+G+A	0.20	0.40	0.40					
		T+A	0.40	0.60									
		G+A	0.50	0.50									

说明:表中R、T、G、A分别代表公路、普铁、高铁、航空。

根据表3中郑州至其他城市分段距离,存在的不同交通出行方式组合的权重,把不同交通方式的时间成本和货币成本代入公式(4)后求平方,计算不同城市到郑州市的引力模型中的"分母",即d_{ij}^2。

对d_{ij}^2进行分类,d_{ij}^2值越大,代表郑州至其他城市的交通可达性越低,反之亦然;从分类结果可以看出,郑州至其他城市交通通达性较好的城市包括河南省内的地级市,与河南省紧邻的河北、山东、陕西大部分地级市,其他省份的省会城市和其他几个国家中心城市。

---

① 芮海田、吴群琪:《高铁运输与民航运输选择下的中长距离出行决策行为》,《中国公路学报》2016年第3期。
② 何永明、裴玉龙:《基于出行费用的超高速公路经济性评价》,《公路》2018年第1期。

(三)空间相互作用力

根据以上得出的郑州市以及其他各个城市的"质量"Q 和到郑州市的"距离"d_{ij}^2 值,代入公式(7)得出郑州市和其他 291 个地的空间相互作用力 I_{ij}。

通过对空间相互作用力在 SPSS 中的聚类分析和在 ArcGIS 中自然断裂法分析的综合比较,将郑州的辐射范围分为 5 个等级的理想状态辐射区:①一级辐射区:新乡、开封;②二级辐射区:许昌、洛阳、北京、焦作;③三级辐射区:商丘、安阳、周口、驻马店、邯郸、平顶山、天津、西安、石家庄、菏泽、晋城、南阳、上海、徐州、漯河、南京、深圳、濮阳、鹤壁;④四级辐射区:信阳、济南、邢台、杭州、苏州、亳州、合肥、广州、济源、济宁、保定、运城、长治、成都、襄阳、重庆、三门峡、太原、孝感、长沙、宿州、临汾、聊城、无锡、南昌;⑤五级辐射区:渭南、泰安、阜阳、临沂、青岛、宁波、南通、常州、枣庄、六安、盐城、淮安、宿迁、扬州、淮南、连云港、黄冈、宜昌、淄博、咸阳、德州、十堰、潍坊、唐山、蚌埠等。

通过对不同辐射区研究分析发现,一、二级辐射区内除洛阳和北京外,其他城市均为郑州大都市区的城市。这些城市与郑州市存在普铁、城际铁路、高铁、高速公路、城际公交等多种交通干线。如郑州与开封之间的重要公路包括连霍高速、郑民高速、郑开大道、郑开物流通道等;铁路包括郑徐高铁、郑开城际铁路、陇海铁路等。北京作为我国的首都、国家中心城市,城市综合质量在研究范围内排名第二,仅次于深圳,辐射带动力、城市吸引力、资源流通力极强,郑州和北京存在公路、普铁、高铁、航空等多种方便快捷的交通线路,郑州与北京的相互作用力很强。考虑北京作为首都,也是我国最重要的国家中心城市,尽管郑州与北京的相互作用力很强,但北京作为郑州的辐射范围可能性较低,相反郑州是北京的辐射范围。

三级辐射区内二分之一为河南省地级市,其余为河北省、山西省、陕西省、江苏省等与河南省邻近省份的省会城市和地级市,以及天津、上海和深圳。其中绝大部分城市距离郑州市较近,少部分距离较远城市的城市综合质量较高,空间相互作用力都相对较高。但空间相互作用力大并不代表这些城市能成为郑州市的有效辐射范围,只能说明其与郑州市的空间联系较强。如三级辐射区中的天津、西安、上海,它们本身为国家中心城市,与郑州的空间联系较强,很难成为郑州的辐射范围;再如石家庄距北京较近,城市各方面受北京影响较大,所以其应为北京的辐射范围。结合现实情况,将郑州的非有效辐射范围排除后,三级辐射区内的城市包括商丘、安阳、周口、驻马店、邯郸、平顶山、菏泽、晋城、南阳、徐州、漯河、濮阳、鹤壁。

四级辐射区包括个别河南省内地级市、紧邻河南省省份城市以及距河南更远一些的浙江、江西、湖南、四川等省份的省会城市和地级市。这些城市有以下三种情况:①与郑州市的空间距离相对较近,交通便利;②城市综合质量高,经济、社会、文化水平较高,辐射带动力、城市吸引力、资源流通力较强;③前二者皆有。其中广州、成都、重庆与郑州一样,同为国家中心城市,空间相互作用力在一般水平层面,空间相互联系尚可,难于成为郑州的有效辐射范围;杭州、苏州距上海较近,受上海市各方面影响较强;同样长沙、南昌受武汉市各方面影响较强;还有一些城市位于两个或多个国家中心城市中间,在本文现在研究的基础上暂时无法确定其位于哪个国家中心城市的辐射区,有待进一步研究。

五级辐射区包含城市数量庞大，且与郑州的空间相互作用力较低，与郑州空间距离远，很难成为郑州的有效辐射范围。

四、结论与讨论

（一）结论

国家中心城市在国民经济发展和战略布局中具有重要作用。在已有研究基础上，本研究运用熵值法测度引力模型中城市的综合质量；基于时间和货币成本表征交通可达性，以量化引力模型中城市间的"距离"。对郑州市的辐射范围进行测度，采用聚类分析将郑州市的辐射范围划分为5个等级；深入剖析了郑州市辐射范围的特征，为郑州乃至其他国家中心城市建设，提升城市辐射能力提供相关决策依据。得出如下结论：

一、二级辐射区空间相互作用力最强，包括新乡、开封、许昌、洛阳、北京、焦作，其中开封、新乡、许昌、焦作为郑州大都市区内城市；洛阳为河南省内城市，城市综合发展质量良好，与郑州的交通可达性强；北京作为首都城市、国家中心城市，城市综合质量高，与郑州的交通可达性较强。这些城市至郑州的交通可达性普遍高，交通种类多、出行速度快、交通线路稠密。

三级辐射区空间相互作用力较强，半数的城市为河南省地级市，其余多为与河南省紧邻省份的省会城市和地级市。三级辐射区包括商丘、安阳、周口、驻马店、邯郸、平顶山、天津、西安、石家庄、菏泽、晋城、南阳、上海、徐州、漯河、南京、深圳、濮阳、鹤壁。多数城市距离郑州较近，交通可达性较高，如商丘、安阳、周口、驻马店、平顶山、南阳、濮阳、鹤壁等；少数城市距郑州相对较远，但城市综合质量高，如天津、上海、深圳等。

四级辐射区空间相互作用力一般，包括个别河南省内地级市、紧邻河南省省份城市，以及距河南更远一些的浙江、江西、湖南、四川等省份的省会城市和地级市。这些城市与郑州市，或交通可达性相对较高，或城市综合发展质量相对较高，或二者皆有。

五级辐射区空间相互作用力较弱，绝大部分城市距离郑州市较远，交通可达性不强；或自身经济实力不强，城市综合发展质量相对较低；或者自身经济实力较强但地理优势、产业优势与郑州市有很大不同，无法与其很好地构成联系，很难成为郑州市的有效辐射范围。

在理想状况下（即不排除其他8个国家中心城市，及其可能的辐射范围），对于研究中的全国291个城市，郑州的辐射范围为50个城市，均在一、二、三、四级辐射区内且有一般及以上的空间相互作用力，郑州对五级辐射区的241个城市空间相互作用力较弱。然而，在现实中，应将其他几个国家中心城市（北京、天津、西安、上海、成都、重庆）及其可能的辐射城市（石家庄、南京、杭州等）排除在外，郑州市的有效辐射范围仅包括河南省内所有地级市和河南省周边省份的部分地级市。

（二）讨论

本文从辐射带动力、城市吸引力、资源流通力三个维度，构建引力模型中城市综合质量评价指标体系,运用熵值法量化城市综合发展质量。本文根据城市间距离远近、人们出行方式选择,以及不同收入人群的出行成本承受度等方面,对城市间的距离进行分段,给予不同交通方式相应权重;结合高速公路、普通铁路、高铁、航空等主要交通方式的时间成本和货币成本,综合表征城市间的交通可达性,对引力模型中的"距离"进行量化。通过这两方面的改进,使引力模型的应用更加接近于城市间空间联系的现实,为城市间中长距离空间相互作用的研究提供依据。

然而,本研究基于修正后的引力模型,测度了理想状态下郑州市的辐射范围。研究中虽然定性地判断了现实中郑州市和其他国家中心城市之间的竞争关系以及一城受多城影响等因素,但并未对其进行计量分析,这为本研究开展后续工作提供了思路和方向。在今后研究中,采用修正后的引力模型,将测度环绕郑州市的其他5个国家中心城市(北京、天津、上海、武汉、西安)的辐射范围,综合考虑郑州市与周边其他5个国家中心城市间的竞争关系以及一城受多城影响等因素,科学划定郑州与其他5个国家中心城市辐射范围的边界或分裂点。

Analysis of the Radiation Range of National Central City Based on Improved Gravity Model
—A Case Study of Zhengzhou

Li Jiangsu　Song Yingying　Meng Linlin　Li Mingyue

Abstract:National Central City plays an important role in China's economic development and overall national development strategy. This paper improve the gravity model though using entropy method to measure the comprehensive quality of cities, and characterizing the traffic accesibility by time and money costs. Taking Zhengzhou as a case, this paper aims to study the radiation range of National Central City. The result shows that:①Ideally, Zhengzhou contains five levels of radiation range. The first and second level radiation areas have the strongest spatial interaction, including cities of Zhengzhou Metropolitan Area, Luoyang and Beijing, which have the highest degree of traffic accessibility with Zhengzhou. ②The third level radiation area has strong spatial interaction, and half of its cities belong to Henan Province. Most of the cities are close to Zhengzhou, while some are far away from Zhengzhou, but the comprehensive quality of the cities is high. ③The fourth level radiation area has general spatial interaction, including some cities of Henan Province and some cities in the surrounding provinces of Henan Province. These cities either have a relatively high degree of traffic accessibility with Zhengzhou, or have a high quality of comprehensive urban development. ④The fifth level radiation area contains a large number of cities, and its spatial interaction with Zhengzhou is low, so it is difficult to become the effective radiation area of Zhengzhou.

⑤ In reality, the radiation range of Zhengzhou should exclude other National Central Cities and cities radiated by them. Eventually, the radiation range of Zhengzhou includes all the cities in Henan Province and some cities in the surrounding provinces of Henan Province.

Key words: National Central City; the gravity model; radiation range; Zhengzhou

基于"核心—边缘"理论的城市群核心区识别*
——以中原城市群为例

刘 勇 乔增轩 张 航 齐 莹

摘要:核心区与边缘区的划分对于城市群的健康发展尤为重要。本文基于"核心—边缘"理论界定了城市群核心区的内涵,从多指标城市等级综合评定、城市差异化腹地范围识别、城市兴趣点(POI)数据的验证和修正等方面对现有的城市群边界识别方法进行了优化,提出了城市群核心区边界识别的四步流程,并以中原城市群为案例进行了实证研究,发现:①多指标综合评定城市等级能够更加有效识别城市群中心城市;②差异化识别城市影响范围能够更加准确"锁定"城市群核心区范围;③基于多元数据(导航、班车、POI等)能够进一步验证和精细化识别城市核心区范围。以期完善城市群研究体系,提高城市群规划的科学性与准确性,丰富"核心—边缘"理论在城市群规划领域的应用。

关键词:城市群;核心区;"核心—边缘"理论;中原城市群

作者简介:刘勇(1985—),男,河南遂平人,博士,硕士生导师,河南大学黄河文明与可持续发展研究中心暨黄河文明省部共建协同创新中心专职研究人员,主要从事区域发展研究。

一、引言

经济全球化背景下,城市群是国家参与全球竞争和承接产业转移的核心地域单元,也是区域经济发展中最具活力和潜力的增长点,[1]已经成为我国推动新型城镇化的主体形态。城市群的发展不仅主宰着国家经济发展的命脉,也主导着我国新型城镇化的未来。[2]

---

* 本文为国家自然科学基金项目(41701129)、河南省重点研发与推广专项软科学研究项目(192400410253)、河南省教育厅科学技术研究重点项目(18A170005)、河南省博士后科学基金项目研究成果。
① 方创琳:《城市群空间范围识别标准的研究进展与基本判断》,《城市规划学刊》2009年第4期。
② 方创琳、毛其智、倪鹏飞:《中国城市群科学选择与分级发展的争鸣及探索》,《地理学报》2015年第4期。

学术界和政府部门围绕城市群的规划,如城市群结构体系①、科学选择②、空间发育范围界定③等开展了一系列深入的研究。城市群作为区域的概念,必然存在区域内部社会经济文化发展的不均衡性④。正如胡序威所认为,"城市群里不能把中心城市越做越大,城市群必须要考虑对周边地区的带动作用"⑤,核心区作为城市群内部的增长极,在不同的城市群发展阶段,在权力分配、资金流动、技术创新和人口流动等方面与边缘区存在着不同的极化效应和扩散效应作用关系。⑥因此,城市群内部核心区与边缘区的划分对于城市群的健康发展显得尤为重要。

城市群作为高度一体化和同城化的"区域"概念已经成为各界的共识,⑦同时诸多的研究也均表明城市群内部存在着"核心－边缘"的圈层经济结构。随着城市群研究的开展,国内外先后出现了 Town Cluster、Megalopolis、global city-region,⑧大都市区、大都

---

① 苗长虹、胡志强:《城市群空间性质的透视与中原城市群的构建》,《地理科学进展》2015 年第 3 期;史雅娟、朱永彬、冯德显等:《中原城市群多中心网络式空间发展模式研究》,《地理科学》2012 年第 12 期;方创琳、宋吉涛、张蔷等:《中国城市群结构体系的组成与空间分异格局》,《地理学报》2005 年第 5 期。

② 方创琳、毛其智、倪鹏飞:《中国城市群科学选择与分级发展的争鸣及探索》,《地理学报》2015 年第 4 期;宁越敏:《论中国城市群的界定和作用》,《城市观察》2016 年第 1 期。

③ 潘竟虎、戴维丽:《基于网络分析的城市影响区和城市群空间范围识别》,《地理科学进展》2017 年第 6 期;潘竟虎、刘伟圣:《基于腹地划分的中国城市群空间影响范围识别》,《地球科学进展》2014 年第 3 期;王丽、邓羽、牛文元:《城市群的界定与识别研究》,《地理学报》2013 年第 8 期;陈群元、宋玉祥:《城市群空间范围的综合界定方法研究——以长株潭城市群为例》,《地理科学》2010 年第 5 期。

④ J. Agnew, "Time into Space: The Myth of 'Backward' Italy in Modern Europe," *Time & Society*, 1996, 5(1): 27-45.

⑤ 方创琳、毛其智、倪鹏飞:《中国城市群科学选择与分级发展的争鸣及探索》,《地理学报》2015 年第 4 期。

⑥ M. Timberlake, "The Polycentric Metropolis: Learning from Mega-City Regions in Europe," *Journal of the American Planning Association*, 2008, 74(3): 384-385; A. D. Wallis, "Evolving Structures and Challenges of Metropolitan Regions," *National Civic Review*, 1994, 83(1): 40-53; J. Schönharting, A. Schmidt, A. Frank, et al., "Towards the Multimodal Transport of People and Freight: Interconnective Networks in the RheinRuhr Metropolis," *Journal of Transport Geography* 2003, 11(3): 193-203.

⑦ J. A. Agnew, "Arguing with Regions," *Regional Studies*, 2012, 47(1): 6-17; E. D. Weitz, "The Realms of Identities: A Comment on Class and Politics in Milan," *Social Science History*, 1995, 19(2): 289-294.

⑧ G. C. O. Tomorrow, "Garden Cities of To-morrow, by Ebenezer Howard," *University of Adelaide Library*, 2014; A. J. Scott, *Global City-Regions: Trends, Theory, Policy*. Oxford: Oxford University Press, 2001; J. Gottmann, "Megalopolis or the Urbanization of the Northeastern Seaboard," *Economic Geography*, 1957, 33(3): 189-200.

市伸展区、巨型城市区①等概念,城市群的整体性、内部垂直性以及横向联系和城市之间协作是认知城市群的基础。② 同时,城市群作为区域概念,其内部的空间结构组织形式也被越来越多的学者所关注,并形成了一系列的理论。例如从早期的中心地理论,到增长极理论,再到后来的"核心－边缘"理论和点－轴渐进扩散理论③,无不强调了城市群的整体性、系统性和秩序性。诸多实证研究也进一步证实了城市内部存在圈层经济结构。例如皖江城市群、滇中城市群、珠三角城市群以及鄱阳湖城市群的研究表明"核心－边缘"理论能够有效解决城市群空间范围不明确情况下的城市群边界识别、城市群核心区时空动态范围演变、特殊地形区域城市群空间范围识别等问题。④ 上述案例明确了"核心－边缘"理论在实践中能够有效划分城市群空间圈层经济结构,并为城市群社会经济发展和空间规划提供有效依据。

目前城市群相关范围的界定主要关注城市群空间边界的识别,主要有实证法和模型法两类,这两种方法都遵循中心城市识别、城市之间社会经济联系评估、城市影响范围确定等步骤。⑤ 实证法主要基于社会经济属性数据,按照城市群测定的相关指标体系划分城市群范围。如周一星、姚士谋、方创琳、宁越敏等先后提出了城市群的界定标准,⑥随后以胡序威、苗长虹、李凯等学者运用城市群相关界定标准分别对中国沿海城镇密集带、中国城市群发育形态以及中国典型城市群进行了城市群空间范围识别。⑦ 模型法主要通过

---

① 张晓明:《长江三角洲巨型城市区特征分析》,《地理学报》2006年第10期;顾朝林、于涛方、陈金永:《大都市伸展区:全球化时代中国大都市地区发展新特征》,《规划师》2002年第2期;周一星、史育龙:《建立中国城市的实体地域概念》,《地理学报》1995年第4期。
② Ray Hudson, "Regions and Regional Uneven Development Forever? Some Reflective Comments upon Theory and Practice," *Regional Studies*, 2007, 41(9): 1149-1160; T. G. Mcgee, "The Emergence of Desakota Region in Asia: Expanding a Hypothesis," *Extended Metropolis Settlement Transition in Asia* (January 1991).
③ 崔功豪、魏清泉、刘科伟:《区域分析与区域规划》,高等教育出版社,2006,第298-320页。
④ 施益军、刘晓龙、徐之雄:《滇中城市群区域范围界定及其空间发展模式研究》,《现代城市》2014年第4期;梅志雄、徐颂军、欧阳军等:《近20年珠三角城市群城市空间相互作用时空演变》,《地理科学》2012年第6期;刘耀彬、王鑫磊、刘玲:《基于"湖泊效应"的城市经济影响区空间分异模型及应用——以环鄱阳湖区为例》,《地理科学》2012年第6期;余瑞林、刘承良:《皖江城市群空间范围的界定》,《华东经济管理》2010年第4期。
⑤ 陈守强、黄金川:《城市群空间发育范围识别方法综述》,《地理科学进展》2015年第3期。
⑥ 方创琳:《城市群空间范围识别标准的研究进展与基本判断》,《城市规划学刊》2009年第4期;宁越敏:《论中国城市群的界定和作用》,《城市观察》2016年第1期;周一星、史育龙:《建立中国城市的实体地域概念》,《地理学报》1995年第4期;姚士谋、陈爽、陈振光:《关于城市群基本概念的新认识》,《城市研究》1998年第6期。
⑦ 李凯、刘涛、曹广忠:《城市群空间集聚和扩散的特征与机制——以长三角城市群、武汉城市群和成渝城市群为例》,《城市规划》2016年第2期;胡序威:《中国区域规划的演变与展望》,《地理学报》2006年第6期;苗长虹、王海江:《中国城市群发展态势分析》,《城市发展研究》2005年第4期。

城市相互作用模型方法来划分城市群空间范围。① 例如黄建毅等运用加权 Voronoi 图法对黑龙江省城市经济影响区范围进行时空动态识别；②王丽等将场模型与引力模型相结合，将交叠后的区域作为城市群空间范围；③高晓路等将"点—轴系统"理论纳入到城市群空间范围识别中，提出了城市群边界识别的四步骤；④潘竟虎等运用网络分析法对全国发育较为成熟的 15 个城市群空间范围进行识别研究。⑤ 尽管"科学界定城市群边界是完善城市群研究体系的基础，也是落实区域空间布局和发展规划的前提"得到了学术界和政府部门的广泛认可，然而，由于我国政府对于经济发展的主导作用，大部分城市群的划定往往大于城市群的理论范围，⑥同时国家层面还没有制定城市群划分标准，目前城市群边界范围的界定尚未形成统一意见，而且城市群处于动态的演化发展过程中，⑦具有边界模糊的特征，因而城市群空间范围的识别本身存在着一定的相对性和时代性。⑧ 事实上，相比于城市群空间范围的界定，除了整体性、系统性和秩序性，城市群核心区的识别还更加强调核心区与边缘区之间的相互作用关系即极化效应和扩散效应，核心区内部的城市相对均质，存在更强的整体性和联系性，因而城市群空间范围的识别可以借鉴城市群核心区范围的识别。

综上所述，城市群作为国家和区域的战略核心得到了高度的关注和研究，然而对于城市群内部核心区的识别关注则略显不足。在理论上，即使是"核心—边缘"理论也并未明确给出核心区与边缘区的内涵界定与识别方法。在已有的边界识别方法上，实证法利用社会经济属性数据进行测度，对于城市间要素流关注不足，无法有效地对城市间的相互作用和本质联系进行分析；模型法将社会经济属性数据和城市间相互作用模型结合，从城市规模实力和城市间联系强度进行分析，尽管能够为城市群核心区范围的识别提供一定的参考，但仍存在中心城市识别指标相对单一、城市影响的衰变规律相对一致、缺乏对识别出来范围的有效验证等问题。因此，本文拟在城市群核心区内涵界定的基础上，对城市群空间范围的识别方法进行优化，并尝试采用城市兴趣点数据（POI）对识别范围进行精细化修正，探索一条相对客观实用的城市群核心区识别流程，以期完善城市群研究体系，提高城市群规划的科学性与准确性。

---

① D. Martin, "Automatic Neighborhood Identification from Population Surfaces," *Computers Environment & Urban Systems*, 1998, 22(2):107-120.
② 黄建毅、张平宇、刘毅：《1990 年以来黑龙江省城市经济影响区范围变化研究》，《经济地理》2010 年第 7 期。
③ 王丽、邓羽、牛文元：《城市群的界定与识别研究》，《地理学报》2013 年第 8 期。
④ 高晓路、许泽宁、牛方曲：《基于"点—轴系统"理论的城市群边界识别》，《地理科学进展》2015 年第 3 期。
⑤ 潘竟虎、戴维丽：《基于网络分析的城市影响区和城市群空间范围识别》，《地理科学进展》2017 年第 6 期。
⑥ 陈群元、宋玉祥：《城市群空间范围的综合界定方法研究——以长株潭城市群为例》，《地理科学》2010 年第 5 期。
⑦ 姚士谋、陈振光、叶高斌等：《中国城市群基本概念的再认知》，《现代城市》2015 年第 2 期。
⑧ 潘竟虎、刘伟圣：《基于腹地划分的中国城市群空间影响范围识别》，《地球科学进展》2014 年第 3 期。

二、城市群核心区内涵界定及其范围识别方法

（一）城市群核心区内涵界定

根据缪达尔和赫希曼等人有关区域间经济增长和互相传递的理论，弗里德曼于1966年提出"核心—边缘"理论[①]，之后又进行了修改和提炼，但是只形成一种相对的概念，并未对"核心"和"边缘"进行明确界定。尽管如此，对于区域经济发展和空间结构变化，由于"核心—边缘"理论有着较高的解释价值，诸多研究都将该理论运用到实践中去，力图解释城市—乡村、发达—落后地区、发达—发展中国家等之间的关系。[②] 已有研究认为，城市群的形成演化是各城市之间竞争与共生相互作用的结果，[③]如前文所述，诸多学者也探讨了城市群内部"核心—边缘"结构。综合现有研究，本文认为城市群核心区内涵包括以下三个方面：(1)地域临近性。城市之间的相互作用必须发生在特定的地域内，从合理的通勤时间角度看，脱离开有效通勤时间，这种相互作用会被弱化。同时，城市的衰减效应也决定了城市之间相互作用的距离效应。(2)经济结构的相对均衡性。城市群在核心区极化效应带动下，城市之间的要素不断加速流动，从而达到空间结构向集聚型方向发展，形成较高阶段空间不均衡的稳态，而核心区内部的相对均衡性是实现极化和扩散效应的前提。(3)内部城市联系的相对紧密性。城市群核心区主要由核心城市与地域临近性上的中心城市及其各自的腹地组成，核心区内各个城市通过共生关系，不断加强交通、通信、基础设施之间的互联互通，形成系统共生体，边缘区的城市则合理定位自身现阶段在城市群中的位置与职能，努力加强与核心区的沟通联系，从而保证了城市群的整体性、系统性和秩序性。

（二）城市群核心区范围识别方法

城市群核心区范围的识别需要综合的科学判断流程，基于上述城市群核心区的内涵，同时对已有城市群边界识别方法进行优化，本文提出城市群核心区识别的4个步骤（图1）。

---

① J. Friedmann, *Urbanization Planning and National Development*. London: Sage Publications, 1973.
② 崔功豪、魏清泉、刘科伟：《区域分析与区域规划》，高等教育出版社，2006，第313-315页。
③ 马远军、张小林：《城市群竞争与共生的时空机理分析》，《长江流域资源与环境》2008年第1期。

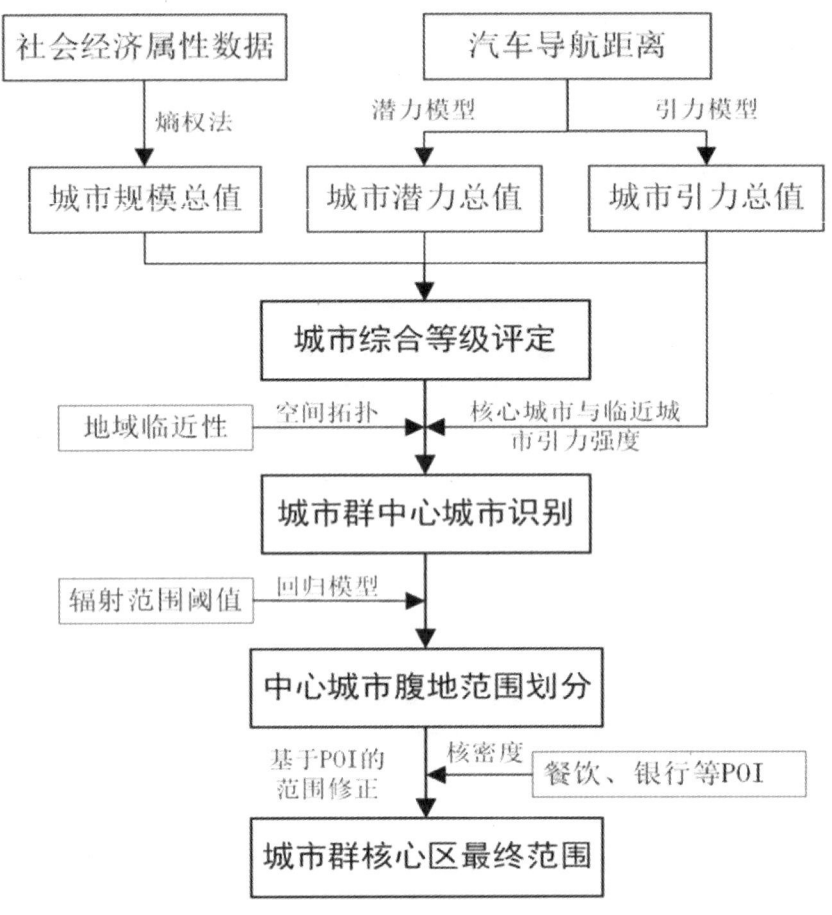

图 1 城市群核心区识别步骤流程图

1. 城市综合等级评定

城市群的形成依赖于功能分工合理、城市等级次序优良、基础设施良好的城市等级规模。已有研究主要依据城市属性计算城市规模值作为城市等级划分的标准,较少考虑城市自身的潜力和城市的引力强度。事实上,不同等级城市间要素的流通是城市群形成的前提与基础,[1]也是衡量城市群体系发育的重要指标。[2] 因而,兼顾城市自身引力和潜力对城市进行综合等级划分能够更加充分衡量城市经济结构的相对均衡性和联系的相对紧密性,进而提高城市群中心城市识别的效率。据此,本文从城市规模总值、潜力总值和引

---

[1] 姚士谋、陈爽、陈振光:《关于城市群基本概念的新认识》,《城市研究》1998年第6期。
[2] 周一星、张莉、武悦:《城市中心性与我国城市中心性的等级体系》,《地域研究与开发》2001年第4期。

力总值三个方面综合评定城市群各个城市的综合等级。① 选取社会经济属性,采用熵权法②评定城市的规模总值;基于统计数据,同时结合百度地图汽车导航距离数据,分别采用潜力模型[公式(1)]和引力模型[公式(2)]评定城市的潜力总值和引力总值。最终结合三个指标,利用ArcGIS自然断裂点法,筛选出等级较高的城市作为城市群核心区的候选城市,并以第一、二等级的城市作为城市群的核心城市。

$$P_k = \sum_i M_i f(d_{ik}) \tag{1}$$

潜力模型主要反映了各个中心空间单元的潜力总值,决定了其在城市群中的地位和等级,表征城市未来的发展趋势。式中:k为一任意地点,M_i为城市的综合规模得分,d_{ik}为i、k两地距离,f为距离衰变函数。

$$F_{ij} = \sum_i GM_iM_j/d_{ij}^a \tag{2}$$

引力模型表征了城市之间的联系强度,能够识别出城市群联系较强的中心城市。式中:F_{ij}为i城市与j城市之间的引力值,G为引力常数,通常取1,d_{ij}为两城市之间的距离,a为摩擦系数,通常取2。

2. 城市群中心城市识别

中心城市主要由核心城市与次等级城市组成,它们之间由于在经济、技术与文化环境方面有着相似性,因此共同遵循地域临近性的原则。③ 中心城市的识别能够为进一步精准识别城市群的影响范围奠定基础。中心城市之间的紧凑程度是城市群发育程度的重要体现,也是城市群中心城市识别的前提。④ 假如识别的中心城市之间距离过大,城市之间的联系不够强烈,城市群范围就会被肆意扩展。基于此,本文运用ArcGIS空间拓扑分析法,对步骤(1)中筛选出的核心城市做面状缓冲区,初步选定中心城市所覆盖的城市范围;再依据核心城市与次等级城市之间的引力强度值,剔除综合等级较低的城市,最终确定城市群中心城市覆盖范围。

3. 中心城市腹地范围划分

城市与腹地之间存在着劳动力、资本、市场与技术之间的转移,城市主要作为腹地劳动力、资本、技术的承接地,而腹地成为城市产业的转移地。⑤ 同时,城市之间、城市与腹地之间的相互作用以及不同等级规模的城市距离衰减效应也不相同。目前由于划分方法的差异,对城市群腹地识别存在着标准不统一、识别效果不理想的问题。针对这一问题,本文将城市等级与城市腹地识别有机结合,首先采用场模型,基于城市综合等级和衰减后的城市距离[公式(3)]计算得到每个中心城市的场值;然后依据城市综合等级确定城市影

---

① 王丽、邓羽、牛文元:《城市群的界定与识别研究》,《地理学报》2013年第8期;邓羽、刘盛和、蔡建明等:《中国中部地区城市影响范围划分方法的比较》,《地理研究》2013年第7期。
② 高晓路、许泽宁、牛方曲:《基于"点—轴系统"理论的城市群边界识别》,《地理科学进展》2015年第3期。
③ 方创琳:《城市群空间范围识别标准的研究进展与基本判断》,《城市规划学刊》2009年第4期;姚士谋、陈振光、叶高斌等:《中国城市群基本概念的再认知》,《城市观察》2015年第1期。
④ 方创琳、祁巍锋、宋吉涛:《中国城市群紧凑度的综合测度分析》,《地理学报》2008年第10期。
⑤ 王丽、邓羽、牛文元:《城市群的界定与识别研究》,《地理学报》2013年第8期。

响范围,代入城市场值与导航距离的回归方程,得到不同等级城市的场值阈值;最后以场值阈值划分出不同城市腹地覆盖范围,将中心城市腹地范围覆盖次数大于等于2的城市作为中心城市腹地的初步范围。

$$T_i = 1.09 \times e^{0.649 \times \ln d_i} \tag{3}$$

由于城市对腹地的影响范围遵循距离衰减效应,且与城市规模存在正向关联。参照已有文献①,选取公路客流的Pareto最佳衰减模型计算各个城市的腹地衰减距离。式中,T_i为衰减过后的距离,d_i为城市之间实际导航距离。

4. 基于POI城市群核心区范围修正

兴趣点(POI)反映了城市基础设施及人口分布等信息异质性的圈层结构。已有部分学者将POI数据应用到城市相关边界的识别上,如许泽宁等利用POI数据对全国地级以上城市建成区边界进行识别。② 事实上,POI数据从基础设施现状角度准确反映了城市的空间边界,能够对基于属性数据识别的城市边界进行很好的验证。因此,本文采用核密度分析方法,通过设置合理带宽,基于POI点密度刻画出城市基础设施的空间分布结构,对上述基于城市统计属性数据识别出的中心城市腹地范围进行验证和修正,进一步精确划分城市群核心区的范围。

三、中原城市群核心区范围识别

(一)研究区域及数据来源

中原城市群作为国家级七大城市群之一,从最早的"经济隆起带"再到全省的"城市群",最后形成了跨省级行政区划的大中原城市群,中原城市群的范围由最初的9个地级市已经扩展为包括河南、山西、河北、山东、安徽5个省的30个地级市,正处于城市群发育的关键时期,科学准确划分城市群内部的空间结构关系到中原城市群的健康发展。而在这一过程中,中原城市群的范围被地方利益所求不断"扩大化",中原城市群的构建出现了"迷失"。作为实体地域的中原城市群空间边界的识别成为中国城市群在培育与构建过程中普遍存在的问题。根据《中原城市群发展规划》,中原城市群以河南省郑州市、开封市、洛阳市、平顶山市、新乡市、焦作市、许昌市、漯河市、济源市、鹤壁市、商丘市、周口市和山西省晋城市、安徽省亳州市为核心发展区。联动辐射河南省安阳市、濮阳市、三门峡市、南阳市、信阳市、驻马店市,河北省邯郸市、邢台市,山西省长治市、运城市,安徽省宿州市、阜阳市、淮北市、蚌埠市,山东省聊城市、菏泽市等中原经济区其他城市。

本文将县以及县级市作为基本的空间单元,共计228个空间单元(将开封县合并到开封市区)。县、县级市以及市辖区的数据主要来自《河南统计年鉴2016》《山西统计年鉴2016》《河北经济年鉴2016》《山东统计年鉴2016》《安徽统计年鉴2016》,部分县缺失数据

---

① 王成金:《中国交通流的衰减函数模拟及特征》,《地理科学进展》2009年第5期。
② 许泽宁、高晓路:《基于电子地图兴趣点的城市建成区边界识别方法》,《地理学报》2016年第6期。

在各个县政府网站上进行采集得到。城市间通勤距离数据从百度地图汽车导航地图查询获得。

(二) 中原城市群核心区范围识别

1. 城市综合等级评定

首先,参考已有文献①,选取财政收入(亿元)、固定资产投资总额(亿元)、社会消费品零售总额(亿元)、人口密度(人/平方千米)、常住人口(万人)、第三产业比重、国民生产总值(亿元)、人均可支配收入(万元)共计8个社会经济属性指标,运用熵权法计算各个空间单元的城市规模得分。其次,根据城市规模值,利用潜力模型与引力模型计算出各中心城市的潜力总值与引力总值。最后,利用自然断裂点分类法,保证组间差距最大,将中心城市的规模得分、潜力总值与引力总值进行标准化加总分为5个等级,得到城市综合等级值。

仅从城市规模来看,以郑州市区为主核心,以邯郸、聊城、新乡、菏泽、洛阳、宿州、南阳、阜阳为副核心,中原城市群已经形成较为有序的城市规模等级结构,围绕主核心郑州市存在明显的圈层结构。城市的潜力和引力表征了城市群内城市之间的联系和辐射强度,结合城市潜力总值和引力总值指标,中原城市群城市综合等级分布的"核心—边缘"结构更加明显。以"郑州—洛阳"为主核心区,邯郸市为副核心区,其余城市为边缘区,中原城市群正在处于工业化成熟的早期阶段。

2. 城市群中心城市识别

地级市是各个地级市空间单元的经济、政治、文化的主要核心,由此,以地级市作为城市群识别的主要着力点,原则上将综合规模值的前三等级中心城市作为城市群的候选城市。主要包括郑州市区、邯郸市区、洛阳市区、焦作市区、济源市区、晋城市区、长治市区、新乡市区、开封市区、许昌市区、平顶山市区、漯河市区、濮阳市区、淮北市区,共计14个中心城市。

首先,基于地域临近性原则,运用ArcGIS空间拓扑分析法,以核心城市为中心,进行拓扑分析,利用等时交通线原理,得到核心城市的辐射范围。原则上选取2h作为城市群的一般通勤时间,根据《公路工程技术标准》(JTG B01—2003)规定的公路设计速度,设定国道的行车速度为70km/h。所以将国道平均车速70km/h作为平均行车速度,也就是140km所包括的中心城市。其次,充分考虑核心城市与地域临近性城市引力强度,进一步修正城市群中心城市的数量。最后,经过空间拓扑和引力值的综合分析,本文最终选取的中心城市是郑州市区、开封市区、洛阳市区、新乡市区、许昌市区、焦作市区、平顶山市区、漯河市区、济源市区、晋城市区。需要说明的是,虽然鹤壁市区位于郑州市区2h核心城市交通圈,但考虑到郑州市区与鹤壁市区引力值较低,所以暂时不考虑将鹤壁市区纳入

---

① 王丽、邓羽、牛文元:《城市群的界定与识别研究》,《地理学报》2013年第8期;陈群元、宋玉祥:《城市群空间范围的综合界定方法研究——以长株潭城市群为例》,《地理科学》2010年第5期;高晓路、许泽宁、牛方曲:《基于"点—轴系统"理论的城市群边界识别》,《地理科学进展》2015年第3期。

中原城市群中心城市,这一点与何利[①]的研究结果一致。

3. 中心城市腹地范围划分

腹地反映了核心城市的极化和扩散效应的影响范围,合理划分腹地能够有效控制大城市的无序扩张,也能够进一步明确城市群的核心范围。腹地范围的叠加次数能够反映出城市群中心城市相互作用的范围,叠加次数大于等于2的范围表明该区域同时受到两个或多个中心城市共同辐射的影响。基于此,本文采用场强模型对上述10个中心城市的腹地范围进行叠加。对于场强模型的阈值问题,将衰减后的场值与距离做回归分析,根据城市规模等级的不同,将一级城市设置为3h,二级城市设为2.5h,其余等级城市均设为2h(表1)。最终,用每个中心城市得到的阈值为界线,将叠加次数大于等于2的腹地与中心城市作为城市群核心区的初步范围。

表1 中原城市群核心城市潜力阈值(县级市)

中心市区	距离边界(km)	潜力阈值
郑州市区	210	11.229
洛阳市区	175	5.678
开封市区	140	3.242
平顶山市区	140	2.867
新乡市区	140	3.570
焦作市区	140	2.605
许昌市区	140	2.132
漯河市区	140	2.845
济源市区	140	2.833
晋城市区	140	2.650

4. 基于POI核心区范围修正

城市群内基础设施的空间分布能够有效反映城市人口、经济的集中程度以及城市功能区之间的联系,因而能够进一步修正城市群的核心区范围。本文利用百度地图POI数据,选取反映出基础设施空间分布且具有普遍性的兴趣点数据,主要把餐馆、大厦、学校、银行作为POI数据的主要类型。运用核密度分析法,依据POI的平均距离,经反复测试,将带宽设置为1.5km,搜索半径设置为40km,得到的城市群经济空间的分层结构。与初步识别的中原城市群核心区范围进行叠加,考虑到现有政策的实施以行政区为基本单元,将叠加范围内面积不足本县全域面积一半的县进行剔除,最终得到POI修正后的中原城市群核心区范围,包括郑州市、开封市、洛阳市、平顶山市、新乡市、焦作市、许昌市、漯河市,以及这些地级市所辖属的部分县。

---

① 何利:《中原城市群经济引力空间格局研究》,《技术经济与管理研究》2017年第3期。

四、讨论

（一）城市群核心区识别范围比较

从识别范围来看，基于本文流程得到的中原城市群核心区范围与《中原城市群发展规划》中所划定的范围相比，主体地级市基本一致，由于城市经济发展水平及城市间联系强度等原因，济源、鹤壁、商丘、周口、晋城、亳州未进入本文流程所识别的核心区，这也一定程度反映了规划的战略性和超前性。与王丽等[①]所识别的城市群范围相比，由于后者同时考虑了城市群内部的基础条件、相互联系、首位城市和城市体系，更倾向于城市群识别的整体性，因而所识别的城市群范围明显大于本文中原城市群核心区。此外，本文基于城市场值与距离的回归模型，差异化地识别了不同中心城市的腹地范围，因而得到了更为精确的城市群核心区。与邓羽等[②]所识别的范围相比，本文识别的核心区范围更加连续化，这是由于后者仅采用了单一的引力模型或者改进的场模型，同时存在自然地形的阻隔，郑州与晋城、济源的联系强度并没有达到中原城市群核心城市所能影响到的范围。因此，城市群及其腹地的识别需要考虑地域临近性及空间单元的完整性，不能割裂地理空间单元连续性而简单地"跳过"腹地。

（二）基于属性数据的验证

方创琳基于国内外城市群认识的比较分析，提出了我国城市群空间范围识别的十大基本判断标准。依据该标准对中原城市群核心区进行有效验证。本文基于POI修正后的中原城市群核心区空间单元数共计30个，包括8个中心城市（郑州、开封、洛阳、焦作、新乡、平顶山、漯河、许昌），9个县级市和13个县。核心区范围内常住人口总数3065.13万，城镇人口1805.43万；城镇人口大于100万的中心城市有4个，城镇化率58.9%；人均GDP为49603.07元，GDP中心度47.4%，经济密度6204万元/平方千米。此外，为了进一步验证相关流要素的影响，以公路客流为例，从河南省交通运输厅网站上，查询郑州市区到各个城市群核心区各中心城市的发车频次与间隔时间，最终得到郑州市区到各个中心城市的发车频次与时间间隔表（表2），不难发现郑州市到各个中心城市，也就是外围2h经济圈的发车时间间隔都没有超过1h。因此，与方创琳提出的城市群空间范围标准相比，除了经济外向度和路网密度未能测度外，其余城市群标准全部符合。

---

① 王丽、邓羽、牛文元：《城市群的界定与识别研究》，《地理学报》2013年第8期。
② 邓羽、刘盛和、蔡建明等：《中国中部地区城市影响范围划分方法的比较》，《地理研究》2013年第7期。

表 2　河南省公路客运汽车表（2017 年 4 月 29 日当天）

中心城市	发车频次（次）	平均发车间隔时间（分）
新乡市区	90	10
开封市区	312	15
洛阳市区	25	30
平顶山市区	56	25
漯河市区	34	30
焦作市区	15	50
许昌市区	17	50

（三）模型方法与 POI 识别范围比较

引力模型和场模型的计算均基于社会经济统计数据，因而所识别的范围以基本行政单元为界限。而基于 POI 数据更为真实地反映了城市基础设施及人口经济活动的圈层分布规律，一方面能够验证模型方法所识别的城市群核心区范围，另一方能够突破行政单元边界的限制。基于此，本文中原城市群核心区识别的案例发现，模型所识别的核心区范围与 POI 所识别的范围大致相当，仅在核心区边缘县的部分边界存在差异，表明基于 POI 数据的修正能够进一步精细化识别城市群核心区范围，并对基于社会经济统计数据所识别的范围进行有效验证。

五、结论

核心区作为城市群发展的增长极，其实际边界的有效界定，对于未来城市群核心区与边缘区互动以及制定城市群发展战略都有着较高的科学和实践价值。本文以中原城市群为例，基于"核心－边缘"理论，从多指标城市等级综合评定、城市差异化腹地范围识别等方面对现有的城市群边界识别方法进行了优化，并采用城市兴趣点（POI）数据的核密度制图方法对城市群核心区识别范围进行了进一步验证和修正。理论上进一步验证了"核心－边缘"理论在城市群规划方面的适用性，实践上对于落实国家新型城镇化规划与主体功能区规划提供科学依据。本文得到如下结论：

（1）多指标综合评定城市等级能够更加有效识别城市群中心城市。城市群城市等级规模的评价是认识城市群内部城市规模结构的基础，需要从多种角度去评价，本文从城市的中心性、潜力总值和引力总值 3 个指标综合考察中心城市所处的等级，能够更加清晰全面地认识和评价城市的综合等级规模，有助于进一步科学地选取中心城市。

（2）差异化识别城市影响范围能够更加准确"锁定"城市群核心区范围。中心城市及其腹地构成了城市群内部的核心区，存在较强的极化效应和扩散效应，与边缘区存在着权力分配、资金流动、技术创新和人口流动的不平衡关系。本文基于场模型的改进，将城市的等级规模与城市的影响范围结合起来，克服了将单一核心城市衰变规律作用于所有城市腹地识别的问题,通过阈值能够较好地体现城市等级规模与城市腹地距离衰减效应的有效递变。

(3)基于多元数据(导航、班车、POI等)的修正能够进一步验证和精细化识别城市核心区范围。本文选用汽车导航距离计算城市之间的通勤距离,避免了因采用欧式距离忽略地形因素的不足,能够更加准确地计算城市的中心性、引力值和潜力值。此外,基于POI数据的修正能够突破传统的行政界线,更加精细化划分城市核心区范围。

尽管本文基于已有研究提出的界定识别方法能够实现统一标准下城市群核心区范围的精细化划分,且以中原城市群为例进行了实例验证,但仍存在以下不足亟需改进。首先,基于本模型方法求算虽然能够识别城市群的影响范围,但是城市之间要素流的考虑并不够充分,因而难以完全表征城市之间的真实联系。其次,选用汽车导航距离虽然真实可靠地反映了城市之间的通勤距离,但城市之间的交通联系方式是多元化的,需要从距离选取方面着手,利用多种交通方式的距离衡量城市群中心城市之间的可达性。再次,尽管基于回归模型差异化地度量了中心城市的影响范围,但选取中心城市覆盖次数大于2次的空间单元作为腹地,存在一定的主观因素。最后,作为空间实体地域的城市群必然与外界有着密切联系,在城市群的识别研究中需要从两种角度去综合识别城市群影响范围,一种以核心城市为中心向外辐射式的影响范围识别,另一种是从外围核心城市的影响范围去"切割"出城市群的影响范围。将这两种角度纳入到城市群范围识别研究中,更有利于全面认识城市群影响范围,也能够为城市群的空间规划带来充分的科学依据,同时能够为未来城市群范围识别发展方向提供有利参考。

Delineating the Scope of Urban Agglomeration Metroplan Area Based on the Core-Periphery Theory
—A Case of Zhongyuan Urban Agglomeration

Liu Yong Qiao Zengxuan Zhang Hang Qi Ying

Abstract: The division of core area and periphery zone is particularly important for the healthy development of urban agglomeration. This paper defines the connotation of the core area of urban agglomeration based on the Core-Periphery theory. Then, this study improves the existing methods for identificating the urban agglomeration boundary through evaluating the city grading based on multi-index, identifying the different hinterland scope based on urban scale. Moreover, we use the urban point of interest data to verify and correct the range identified according to the steps described earlier. This paper selects Zhengzhou urban agglomeration as case study area, identify the core area. The conclusions are as follows: ①The core city of urban agglomeration could be identified more effectively through the multi-index comprehensive assessment of the city grading; ② The core cities of urban agglomeration could be demarcated more accurately based on the influence areas of different city rank; ③ Employing multi-source data (navigation, shuttle, POI, etc.) can further verify and refine the identification or urban core area. The paper is valuable to improve the system of urban agglomeration research, formulate scientificity and accuracy plans for the development of urban agglomeration, and enrich the application of Core-Periphery theory in urban agglomeration research.

Key words: urban agglomeration; core area; Core-Periphery theory; Zhongyuan urban agglomeration

黄河流域生态保护

济南城市生态韧性与社会韧性耦合研究

张 帅 王成新 姚士谋

摘要： 韧性研究是了解人地关系的重要视角，明晰城市生态韧性与城市社会韧性之间耦合规律有利于促进城市的高质量发展，同时也是建设新型城镇化的内在要求。本文以济南市为例，构建城市生态—社会韧性评价指标体系，运用熵值法和城市韧性测度模型法对城市生态韧性与城市社会韧性进行评价，并运用耦合度模型对二者的耦合度与耦合协调度进行测度。结果表明：①从城市生态韧性水平来看，呈现波动上升的趋势，2005—2008年波动较大，之后逐年上升，但在2017年出现小幅下降；②从城市社会韧性水平来看，2005—2009年呈现先上升后逐渐下降的趋势，2009—2017年呈现不断上升的趋势；③从二者之间的耦合度与耦合协调度来看，其中耦合度的变化从2005—2009年呈现M形的变化趋势，2009—2017年呈现S形的变化趋势；耦合协调度的变化则呈现先上升后相对平稳再下降，之后不断上升的趋势。此研究为济南市在以后制定经济社会发展和生态环境保护政策方面提供一定的参考，对于支撑城市长期可持续发展具有一定的指导意义。

关键词： 城市生态韧性；城市社会韧性；耦合分析；济南市

作者简介： 张帅（1992—），男，山东济南人，山东师范大学地理与环境学院博士研究生，研究方向为城市地理与区域可持续发展。王成新（1971—），男，山东新泰人，山东师范大学地理与环境学院院长，教授，博士生导师，研究方向为区域发展与城市规划。姚士谋（1940—），男，广东梅州人，中国科学院南京地理与湖泊研究所研究员，博士生导师，研究方向为城市与区域经济发展。

1992年联合国环境与发展大会召开，会议首次在可持续发展问题上达成一致，并通过了包括"国际全球环境变化的人文因素计划"（International Human Dimensions Programme on Global Environmental Change，IHDP）在内的一系列重大国际研究计划，而韧性（resilience）作为 IHDP 的核心概念受到越来越多的关注。① 韧性概念最初起源于机械学，之后 Holling 将其引入生态学领域，其演化大致经历了工程韧性、生态韧性和社会－生态韧性，2012 年 Davoudi 将社会－生态韧性又定义为演化韧性。② 学界对韧性认知经历的两次修正与完善，标志着对韧性概念与内涵的理解达到新高度。

根据空间尺度，韧性研究主要包括社区韧性③、城市韧性④和区域韧性⑤等。目前来看，城市作为地理学以及可持续性科学的重要研究对象之一，自从农业革命以来，一直是人地关系相互作用十分强烈的地区，随着人类社会的不断发展，追求以人为本的社会发展与生态环境保护成为人地关系的主要矛盾之一。韧性理论与城市系统的结合，对于指导城市系统有序合理发展具有重要意义。对城市韧性的研究，国外学者开始较早，主要是对

---

① 方修琦、殷培红：《弹性、脆弱性和适应——IHDP 三个核心概念综述》，《地理科学进展》2007 年第 5 期。
② C. S. Holling, "Resilience and Stability of Ecological Systems," *Annual Review of Ecology and Systematics*, 1973, 4 (1): 1-23; C. Folke, "Resilience: The Emergence of a Perspective for Social-ecological Systems Analyses," *Global Envi ronmental Change* 16, no. 3 (2006): 253-267; S. Davoudi, "Resilience: A Bridging Concept or a Dead End?," *Planning Theory and Practice*, 2012, 13 (2): 299-333.
③ 刘佳燕、沈毓颖：《面向风险治理的社区韧性研究》，《城市发展研究》2017 年第 12 期；欧阳虹彬、叶强：《社区更新机制的弹性：英国模式对中国的启示》，《城市发展研究》2015 年第 12 期；王冰、张惠、张韦：《社区弹性概念的界定、内涵及测度》，《城市问题》2016 年第 6 期。
④ 孙阳、张落成、姚士谋：《基于社会生态系统视角的长三角地级城市韧性度评价》，《中国人口·资源与环境》2017 年第 8 期；郑艳、翟建青、武占云等：《基于适应性周期的韧性城市分类评价——以我国海绵城市与气候适应型城市试点为例》，《中国人口·资源与环境》2018 年第 3 期；李博、张帅：《沿海城市弹性演变趋势与影响因素分析——以大连市为例》，《辽宁师范大学学报》（自然科学版）2017 年第 2 期；刘江艳、曾忠平：《弹性城市评价指标体系构建及其实证研究》，《电子政务》2014 年第 3 期；蔡建明、郭华、汪德根：《国外弹性城市研究述评》，《地理科学进展》2012 年第 10 期；李博、张帅、王艺：《辽宁省城市弹性及其空间分异测度》，《城市问题》2018 年第 8 期；张鹏、于伟、张延伟：《山东省城市韧性的时空分异及其影响因素》，《城市问题》2018 年第 9 期；张明斗、冯晓青：《中国城市韧性度综合评价》，《城市问题》2018 年第 10 期；钱少华、徐国强、沈阳等：《关于上海建设韧性城市的路径探索》，《城市规划学刊》2017 年第 7 期；戴伟、孙一民、韩·迈尔等：《气候变化下的三角洲城市韧性规划研究》，《城市规划》2017 第 12 期；徐振强、王亚男、郭佳星等：《我国推进弹性城市规划建设的战略思考》，《城市发展研究》2014 年第 5 期。
⑤ 彭翀、袁敏航、顾朝林等：《区域弹性的理论与实践研究进展》，《城市规划学刊》2015 年第 1 期；陈梦远：《国际区域经济韧性研究进展——基于演化论的理论分析框架介绍》，《地理科学进展》2017 年第 11 期；徐媛媛、王琛：《金融危机背景下区域经济弹性的影响因素——以浙江省和江苏省为例》，《地理科学进展》2017 年第 8 期；胡晓辉、张文忠：《制度演化与区域经济弹性——两个资源枯竭型城市的比较》，《地理研究》2018 年第 7 期；孙久文、孙翔宇：《区域经济韧性研究进展和在中国应用的探索》，《经济地理》2017 年第 10 期。

相关概念与内涵的界定,①而关于定量测度韧性水平以及城市子系统韧性之间耦合关系的研究不多;由于国内学者的研究起步较晚,因此成果也相对较少。随着城市化和工业化的不断推进,城市在不断发展的同时也面临着各种问题和挑战。其中作为城市核心的社会子系统和生态子系统发展的不和谐问题日益凸显,严重制约了社会的可持续发展和生态环境的改善。为了协调城市系统中社会发展与生态环境保护之间的矛盾,学术界进行了一定的研究,展亚荣和盖美对滨海旅游地社会—生态系统恢复力进行测度及协调发展的研究,樊贤璐和徐国宾基于生态—社会服务功能协调发展度对湖泊健康进行相应的评估。②

改革开放40多年来,中国城市在变大变强的同时,面临的自然因素、人文因素以及各种不确定性因素的干扰也在不断增加,人地关系矛盾日益尖锐。韧性研究对于解决城市面临的各种问题,有其独特的优势,同时也是协调人地关系的重要途径,开展韧性研究以及城市子系统韧性之间耦合研究有利于促进城市的可持续发展。随着中国城市化进程的持续推进,关注城市发展的焦点逐渐由经济增长转向社会发展,社会发展是城市发展的最终目的,而生态环境是社会发展的重要基础。因此,研究两者韧性之间的关系十分必要。本文以济南市为例,构建济南市城市生态—社会韧性评价指标体系,运用熵值法和城市韧性模型法分别对城市生态韧性水平和城市社会韧性水平进行测度,之后运用耦合模型测度城市生态韧性与城市社会韧性之间的耦合度和耦合协调度,并分析其变化的具体原因。这对于协调人地关系之间的矛盾,推动新型城镇化建设,实现城市可持续发展具有积极意义。

一、研究区与研究方法

(一)研究区概况

济南作为山东省省会,位于山东省西北部,是山东半岛城市群核心城市之一,交通便利,地理位置优越。截止到2017年,济南市常住人口城镇化率达到70.53%;每万人在校

---

① 顾永清:《试论城市的动态规划》,《城市规划汇刊》1994年第1期;F. Berkes, J. Colding, F. Carl, *Navigating Social-ecological Systems: Building Resilience for Complexity and Change*. Cambridge: Cambridge University Press, 2003, p. 416; M. Bruneau, E. C. Stephanie, T. E. Ronald, et al., "A Framework to Quantitatively Assess and Enhance the Seismic Resilience of Communities," *Earthquake Spectra*, 2003, 19(4): 733-752.; D. Paton, D. Johnston, "Disasters and Communities: Vulnerability, Resilience and Preparedness," *Disaster Prevention and Management*, 2001, 10(4): 270-277; A Rose and D. Lim, "Business Interruption Losses from Natural Hazards: Conceptual and Methodological Issues in the Case of the Northridge Earthquake,"*Environmental Hazards: Human and Social Dimensions*, 2002, 4(1): 1-14.

② 展亚荣、盖美:《滨海旅游地社会—生态系统恢复力测度及协调发展研究》,《地域研究与开发》2018年第5期;樊贤璐、徐国宾:《基于生态—社会服务功能协调发展度的湖泊健康评价方法》,《湖泊科学》2018年第5期。

大学生数达到 1241 人;R&D 经费支出占 GDP 比重逐年上升,从 2006 年的 1.93% 增加到 2017 年的 2.67%;城镇登记失业率呈下降趋势;刑事案件立案数持续降低;济南成功入选全国文明城市,社会安定和谐发展。同时济南的生态环境问题也得到不断改善,人均公园绿地面积和建成区绿化覆盖率不断升高;万元 GDP 二氧化硫排放强度逐年降低,生活垃圾无害化处理率自 2014 年来一直保持在 100%。(以上数据均来源于济南市统计年鉴)济南也肩负着重要的使命,打造区域性经济、金融、物流中心和科技创新中心,建设现代泉城;而且在 2018 年 1 月,国务院正式批复了《山东新旧动能转换综合试验区建设总体方案》,同时支持济南建设国家新旧动能转换先行区。

(二)指标体系与数据来源

城市生态-社会韧性是指城市生态与社会复合系统的韧性,主要反映城市生态环境与社会发展状况,由城市生态韧性和城市社会韧性共同构成。城市的生态环境与社会发展是紧密联系不可分割的整体,生态环境为人类生存提供条件,为了满足社会生活的需要,人类开发、利用和改善生态环境,两者相互依存,相互促进,但在不同的发展时期,两者也存在一定的矛盾与冲突。本文依据国内外对韧性城市概念与内涵的研究,[①]从城市生态韧性与城市社会韧性两个维度建立与之对应的 19 项评价指标(表 1),构建济南市城市生态-社会韧性综合评价指标体系。

城市生态韧性表征城市生态环境发展状况,济南市生态环境风险具体表现在城市水资源、耕地资源、公共绿化面积等基本生态基底要素的减少和"三废"污染排放的增加及其不当处理等,其结果必然会导致城市生态环境承载能力下降。这就对城市的绿化面积、资源的高效合理利用与保护、废物的排放与处理等提出了较高要求,在开发建设的同时要保障城市的生态安全,以确保在生态环境的承载范围之内。针对上述生态环境存在的风险问题,采用绿化率、绿地面积、人均水资源、人均耕地面积以及废物的排放与处理等指标来表征城市生态韧性水平的高低。具体指标包括:人均公园绿地面积、建成区绿化覆盖率、人均耕地面积、人均水资源量、万元 GDP 二氧化硫排放强度、工业固体废物综合利用率、污水处理厂集中处理率和生活垃圾无害化处理率。本文在实际评价过程中,综合考虑了上述 8 个生态韧性子指标,根据绿化率和绿地面积越大、人均资源量越多以及废物的排放越少、处理越到位,对城市生态韧性贡献越大的原则,确定济南城市生态环境因子对城市生态韧性的影响度。

[①] 李博、张帅:《沿海城市弹性演变趋势与影响因素分析——以大连市为例》,《辽宁师范大学学报》(自然科学版)2017 年第 2 期;李博、张帅、王艺:《辽宁省城市弹性及其空间分异测度》,《城市问题》2018 年第 8 期;M. Bruneau, E. C. Stephanie, T. E. Ronald, et al., "A Framework to Quantitatively Assess and Enhance the Seismic Resilience of Communities," *Earthquake Spectra*, 2003, 19(4):733-752; D. Paton, D. Johnston, "Disasters and Communities: Vulnerability, Resilience and Preparedness," *Disaster Prevention and Management*, 2001, 10(4):270-277; A. Rose and D. Lim, "Business Interruption Losses from Natural Hazards: Conceptual and Methodology Issues in the Case of the Northridge Earthquake," *Environmental Hazards: Human and Social Dimensions*, 2002, 4(1):1-14.

城市社会韧性表征城市社会发展状况,社会发展是城市发展的最终目的,以人为本,实现人的全面发展是社会和谐的必然前提。社会安定程度、科教水平、生活水平和人口发展状况是城市社会韧性的具体体现。社会安定程度是城市社会发展的保障,是实现和谐社会的重要环节,城镇登记失业率越低、刑事案件立案数越少等说明社会的安定程度越高;R&D经费支出占GDP比重越高、每万人在校大学生数越多说明城市的科教水平越高,科技发达,接受高等教育能提高居民技能素质与应对风险的能力;人均住房面积、恩格尔系数等侧重考虑居民的生存需求,提供正常生活条件,当发生危机灾害时,每万人拥有医生数能够为居民的健康生存保驾护航;人口城镇化率和人口密度反映城市人口发展状况,人口城镇化率高、人口密度相对越大,越有利于人口的统一管理,从而提高应对不确定因素的能力。具体指标包括:城镇登记失业率、每万人拥有医生数、每万人在校大学生数、城乡居民收入差异度、R&D经费支出占GDP比重、刑事案件立案数、人口城镇化率、人口密度、人均住房面积、居民最低生活保障人数、恩格尔系数。本文在实际评价过程中,综合考虑了上述11个社会发展子指标,根据社会安定程度越高、科教水平越发达、生活水平越高和人口发展状况越好对城市韧性贡献越大的原则,确定出济南城市社会发展因子对城市韧性的影响度。

表1 城市生态－社会韧性评价指标体系

准则层	指标层	单位
城市生态韧性	人均公园绿地面积	平方米
	建成区绿化覆盖率	%
	人均耕地面积	亩
	人均水资源量	万立方米/人
	万元GDP二氧化硫排放强度*	千克
	工业固体废物综合利用率	%
	污水处理厂集中处理率	%
	生活垃圾无害化处理率	%
城市社会韧性	城镇登记失业率*	%
	每万人拥有医生数	人
	每万人在校大学生数	人
	城乡居民收入差异度*	—
	R&D经费支出占GDP比重	%
	刑事案件立案数*	件
	人口城镇化率	%
	人口密度	人/平方千米
	人均住房面积	平方米
	居民最低生活保障人数*	人
	恩格尔系数*	%

注:*表示负向型指标,其余为正向型指标。

具体数据来源于2006－2018年的《中国城市统计年鉴》、《山东省统计年鉴》和《济南市统计年鉴》以及2006－2017年的《山东省城镇化发展报告》和《济南市国民经济和社会发展统计公报》。

(三) 主要方法

1. 熵值法确定权重系数

为了避免个人主观因素对评价结果造成影响,本文采用客观赋权法中常用的熵值法确定指标权重[①]。熵值法计算步骤具体如下:

(1) 构建原始指标数据矩阵。m 个样本,X_{ij} 为第 i 年第 j 个指标的指标值。

(2) 采用极差标准化对数据进行处理,消除原始数据量纲的影响,转换为可比较的数据序列。

正向评价指标,其函数为:
$$Y_{ij} = (X_{ij} - X_{jmin})/(X_{jmax} - X_{jmin})$$

负向评价指标,其函数为:
$$Y_{ij} = (X_{jmax} - X_{ij})/(X_{jmax} - X_{jmin})$$

式中:X_{ij} 为指标的统计值,X_{jmax} 和 X_{jmin} 分别为同一指标的最大值和最小值,i 为第 i 个样本,j 为第 j 个指标。

(3) 计算第 j 项指标下第 i 年指标值的比重 P_{ij}。
$$P_{ij} = Y_{ij} / \sum_{i=1}^{m} Y_{ij}$$

(4) 计算第 j 项指标的信息熵 E_j。
$$E_j = -k \sum_{i=1}^{m} P_{ij} \ln P_{ij}, 其中, k = 1/\ln m 。$$

(5) 计算第 j 项指标的效用值 D_j。
$$D_j = 1 - E_j$$

(6) 计算第 j 项指标的权重。
$$W_j = D_j / \sum D_j$$

2. 城市韧性测度模型

将城市生态与社会韧性准则层各指标的标准化值与其权重相乘再求和,得到济南市城市生态韧性和城市社会韧性指数,具体计算公式如下:

$$CRI_s = \sum_{i=1}^{n} r_i W_i$$

式中:CRI_s 表示城市生态-社会韧性准则层测度指数,W_i 表示指标的权重,n 表示准则层所包含的指标数,r_i 表示指标的量化指标值,s 表示准则层。

[①] 王靖、张金锁:《综合评价中确定权重向量的几种方法比较》,《河北工业大学学报》2001 年第 2 期。

借鉴相关学者有关脆弱性和韧性的分级研究①，并依据研究区的实际情况以及研究需要将城市韧性指数分为5级，依次为低度水平、较低水平、中度水平、较高水平和高度水平(表2)。

表2 城市韧性测度分级标准

韧性分级	1级	2级	3级	4级	5级
	低度水平	较低水平	中度水平	较高水平	高度水平
韧性指数CRI	0≤CRI<0.3	0.3≤CRI<0.5	0.5≤CRI<0.7	0.7≤CRI<0.9	0.9≤CRI<1

3. 耦合度模型

来源于物理学的耦合概念是指两个或两个以上的系统通过相互作用而彼此影响以致协同的现象。② 在过去的研究中，系统耦合度一般应用于城镇化与生态环境的耦合、人口与土地城镇化的耦合③等，主要反映两个系统之间的相互作用、彼此联系的强度，关于协调的研究主要集中在工业化、城镇化、农业现代化的协调，以及城乡协调等。④ 而耦合协调度则反映两个系统之间耦合状况基础上的协调程度，本文将城市生态韧性与社会韧性进行耦合分析。具体计算公式如下：

$$C = f(x)^k * g(y)^k / [\alpha f(x) + \beta g(y)]^{2k}$$

$$T = \alpha f(x) + \beta g(y)$$

$$D = \sqrt{C * T}$$

式中：C 表示两个系统之间的耦合度；$f(x)$ 为研究区城市生态韧性指数，其值越大表明生态韧性水平越高；$g(y)$ 为研究区城市社会韧性指数，其值越大表明社会韧性水平越高；k 为调节系数，一般取值为1—5，根据计算结果，$k=4$ 时，区分度较为明显；α 和 β 为待定系数，考虑到济南生态环境的保护和社会发展问题同等重要，取 $\alpha=\beta=0.5$；T 为城市生态韧性与社会韧性的综合指数；D 为城市生态韧性与社会韧性的耦合协调度。C 与 D 的取值范围均为0—1。C 和 D 的值越大，表示城市生态韧性与社会韧性的耦合度及耦合协调度越高。借鉴相关学者的研究成果，曹诗颂和刘浩等人对系统之间耦合度与耦合协调度等级的划分，同时根据研究区的实际情况和研究需要，本研究将耦合度 C 与耦合协

---

① 苏飞、张平宇：《石油城市经济系统脆弱性评价——以大庆市为例》，《自然资源学报》2009年第7期；李博、杨智、苏飞：《基于集对分析的大连市人海经济系统脆弱性测度》，《地理研究》2015年第5期；孙阳、张落成、姚士谋：《基于社会生态系统视角的长三角地级城市韧性度评价》，《中国人口·资源与环境》2017年第8期。

② 李静怡、王艳慧：《吕梁地区生态环境质量与经济贫困的空间耦合特征》，《应用生态学报》2014年第6期。

③ 曹诗颂、赵文吉、段福洲：《秦巴特困连片区生态资产与经济贫困的耦合关系》，《地理研究》2015年第7期；刘浩、张毅、郑文升：《城市土地集约利用与区域城市化的时空耦合协调发展评价——以环渤海地区城市为例》，《地理研究》2011年第10期。

④ 董栓成：《工业化、城镇化、农业现代化协调发展评价体系研究——以河南省为例》，载苗长虹主编《黄河文明与可持续发展 第7辑》，河南大学出版社，2014，第50-58页；李玉江、邱加萍：《农村劳动力转移与城乡协调发展区域研究——以山东、河南两省为例》，载苗长虹主编《黄河文明与可持续发展 第1卷(第2期)》，河南大学出版社，2008，第71-88页。

调度 D 的具体划分如下(表3)。

表3　耦合协调度的分类以及判别标准

耦合等级	低度耦合	中度耦合	高度耦合	极度耦合
耦合度 C	[0,0.3)	[0.3,0.6)	[0.6,0.9)	[0.9,1]
耦合协调度 D	[0,0.3)	[0.3,0.6)	[0.6,0.8)	[0.8,1]

二、韧性水平分析

首先运用熵值赋权法计算得到济南市城市生态－社会韧性准则层和指标因子的权重(表4)。由表4可知,城市生态－社会韧性准则层中,城市社会韧性的权重大于城市生态韧性,其中城市社会韧性的权重为0.779,城市生态韧性的权重为0.221,城市社会韧性的权重大约是城市生态韧性权重的3.52倍。在指标层中,具体指标的权重也有显著不同。之后运用城市韧性测度模型对济南市城市生态韧性和城市社会韧性分别进行测度(图1)。

表4　城市生态－社会韧性评价指标体系中准则层与具体指标的权重

准则层	权重	指标层	权重
城市生态韧性	0.221	人均公园绿地面积	0.151
		建成区绿化覆盖率	0.228
		人均耕地面积	0.055
		人均水资源量	0.121
		万元GDP二氧化硫排放强度*	0.084
		工业固体废物综合利用率	0.080
		污水处理厂集中处理率	0.095
		生活垃圾无害化处理率	0.185
城市社会韧性	0.779	城镇登记失业率*	0.140
		每万人拥有医生数	0.135
		每万人在校大学生数	0.023
		城乡居民收入差异度*	0.061
		R&D经费支出占GDP比重	0.093
		刑事案件立案数*	0.047
		人口城镇化率	0.074
		人口密度	0.128
		人均住房面积	0.097
		居民最低生活保障人数*	0.075
		恩格尔系数*	0.129

注:*表示负向型指标,其余为正向型指标。

(一)城市生态韧性水平

运用城市韧性测度模型对济南城市生态韧性与城市社会韧性分别进行测度(图1)。从图1中可以看出,济南城市生态韧性水平变化趋势整体上呈现上升趋势。具体城市生态韧性水平从 2005—2006 年呈现明显的下降,2006—2008 年在波动中略有上升,2008—2010 年呈现快速上升的趋势,2010—2016 年呈现波动中不断上升的趋势,2016—2017 年则呈现下降趋势。从韧性水平的分级来看,济南城市生态韧性水平在连续年份中有较大不同,2005 年、2007 年和 2009 年处于较低水平,2006 年和 2008 年处于低度水平,2010 年处于中度水平,2011—2015 年以及 2017 年处于较高水平,2016 年处于高度水平。济南城市生态韧性呈现出不稳定的增长态势,尽管整体是上升的,但在某些年份,由于政策环境等因素的影响导致城市生态韧性水平有所下降。

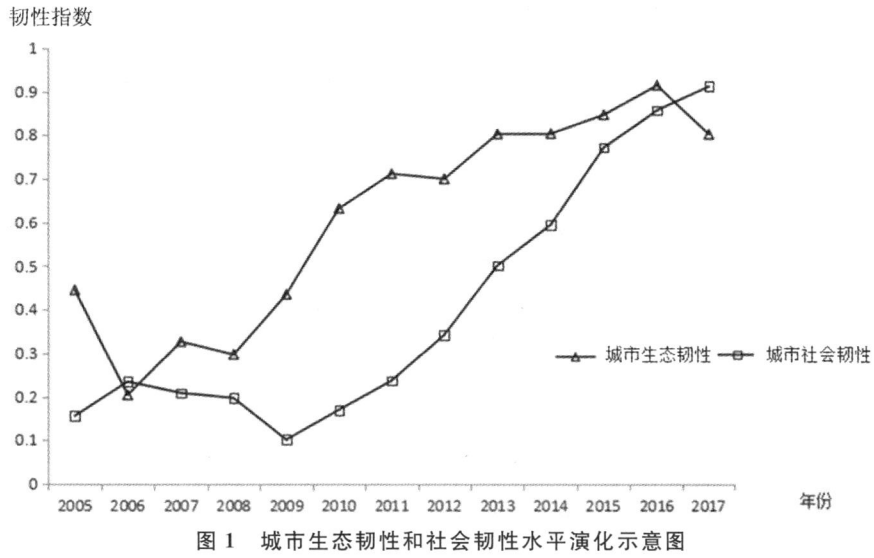

图 1 城市生态韧性和社会韧性水平演化示意图

2005—2006 年城市生态韧性水平下降是由人均耕地资源有所下降以及生活垃圾和污水处理率的下降导致的,说明不可再生资源的减少以及废物的处理不当是主要原因;2006—2008 年先上升后有所下降的变化趋势主要是由绿化覆盖率、人均水资源状况和生活垃圾无害化处理率的变化造成的;2008—2010 年城市生态韧性快速上升主要是由人均耕地面积的增加、万元 GDP 二氧化硫排放强度的降低以及污水处理厂集中处理率的升高引起的,在这几年济南市加强了城市绿化和垃圾废物的处理能力;2010—2016 年绿化率和绿化面积、万元 GDP 二氧化硫排放强度和污水处理厂集中处理率的变化是导致济南城市生态韧性变化的主要原因;2016—2017 年城市生态韧性下降的主要原因是人均资源的减少和工业固体废物综合利用率的下降。

(二)城市社会韧性水平

从图 1 中可以看出,济南城市社会韧性水平变化呈现先上升后下降,之后不断上升的趋势。城市社会韧性水平从 2005—2006 年呈现上升的趋势,2006—2008 年平稳中略有下降,2008—2009 年出现下降的趋势,2009—2017 年呈现持续上升的趋势。从韧性水平的分级来看,济南城市社会韧性水平在 2005—2011 年处于低度水平,2012 年处于较低水平,2013—2014 年处于中度水平,2015—2016 年处于较高水平,2017 年处于高度水平。济南市社会韧性水平在 2009 年之后呈现快速增长,表明在 2008 年经济危机之后,随着经济的逐步复苏,社会状况也得到了极大的改善。

2005—2006年城市社会韧性水平的上升是由每万人拥有医生数、每万人在校大学生数、R&D经费支出占GDP比重、恩格尔系数的变化造成的;2006—2008年呈现相对平稳的变化是城乡居民收入差异度、R&D经费支出占GDP比重、人口密度和恩格尔系数的变化引起的;2008—2009年呈现下降趋势主要与城镇登记失业率下降、R&D经费支出占GDP比重下降、刑事案件立案数的增加和居民最低生活保障人数的增加以及恩格尔系数的上升密切相关,说明2008年的经济危机对济南造成一定的冲击,影响居民的就业和生活;2009—2017年呈现持续上升的趋势是由社会安定程度提高、科教水平提高、生活水平上升和人口发展状况的改善共同作用造成的,近些年来济南市出台了一系列的招商引资计划,使得像文旅城、云顶大厦等很多大项目落户济南,打造齐鲁科创大走廊,同时出台了一系列的人才引进优惠政策和社会保障措施,促进社会和谐发展,使得城市社会韧性水平持续提升。

(三) 城市生态韧性与社会韧性耦合分析

从图2中可以看出,2005—2017年济南城市生态韧性与社会韧性的耦合度与耦合协调度变化趋势在2005—2011年差别较大,2011—2017年其变化趋势较为相似。从耦合度来看,从2005—2009年呈现M型的变化趋势,2009—2017年呈现S型的变化趋势。具体从2005—2006年呈现快速上升的趋势,之后2006—2008年先下降后略有上升,2008—2009年呈现快速下降的趋势,2009—2017年呈现先快速上升后上升缓慢,之后略有下降的趋势。从耦合度等级来看,济南城市生态—社会韧性的耦合等级在2009—2010年处于低度耦合,2005年、2011年处于中度耦合,2007—2008年和2012—2013年处于高度耦合,2006年和2014—2017年处于极度耦合。从耦合度的变化趋势可以看出,济南的生态环境改善与社会发展之间的关联程度变化较大。

从耦合协调度来看,其整体的变化基本上呈现先上升后相对平稳再下降,之后不断上升的趋势,具体从2005—2006年呈现快速上升的趋势,与社会的快速发展和生态环境的改善密切相关;2006—2008年相对平稳,2008—2009年快速下降,这个时间段的变化与2008年的经济危机联系密切,由于经济危机对社会造成的影响,以及生态环境保护政策在这一时期的调整,共同造成了耦合协调度的变化;2009—2017年呈现出先快速上升后上升缓慢,之后略有下降的趋势,这主要是由社会的进步和生态环境的改善引起的。耦合协调度的评价结果相对于耦合度更加全面和稳定,耦合协调度能从整体上考察城市的生态韧性与社会韧性水平以及两者的耦合程度。城市生态韧性和社会韧性的耦合协调度越高,说明两者整体发展水平越高,生态环境的改善与社会发展的协调程度就越好,越能相互促进;反之,则存在一方对另一方的阻碍限制,或者两者相互制约。从耦合协调度等级来看,济南城市生态—社会韧性的耦合协调度等级在2009—2010年处于低度耦合协调,2005—2008年和2011—2012年处于中度耦合协调,2013—2014年处于高度耦合协调,2015—2017年处于极度耦合协调。表明近几年来,济南市生态环境的改善与社会发展呈现出逐步协同的态势。

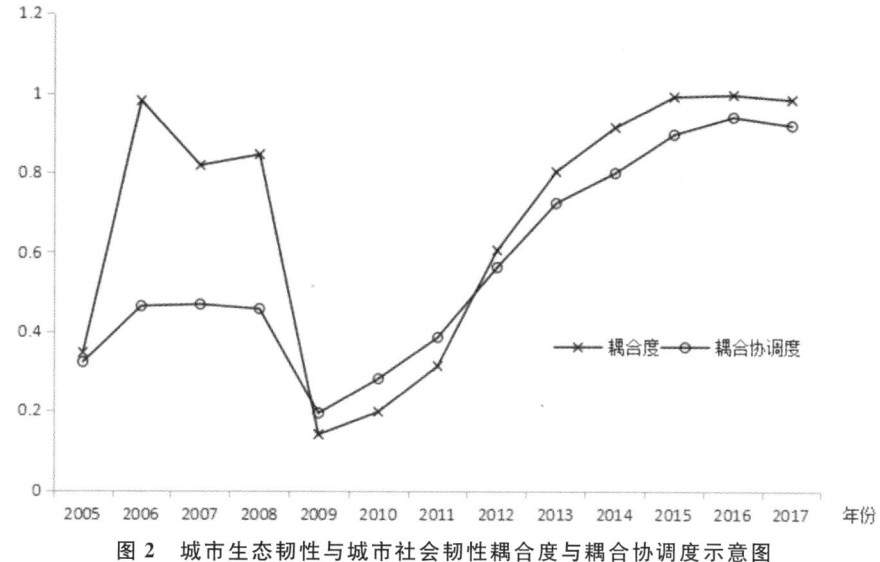

图 2 城市生态韧性与城市社会韧性耦合度与耦合协调度示意图

三、结论

济南的发展不仅对自身,而且对整个山东省的发展具有重大意义。开展济南市城市生态和社会韧性测度及其耦合研究,是提升城市发展质量,实现城市可持续发展的重要途径。通过构建济南市城市生态—社会韧性评价指标体系,运用熵值赋权法、城市韧性测度模型对济南市城市生态韧性和城市社会韧性水平进行评价,并运用耦合度模型对城市生态韧性与城市社会韧性之间的耦合度与耦合协调度进行评价,结果表明:

(1)济南城市生态韧性与城市社会韧性变化趋势不一致。从 2005—2017 年城市生态韧性的变化趋势大致呈现上升趋势,2005—2006 年出现下降趋势,2006—2016 年在小幅波动中不断上升,2016—2017 年出现下降趋势。城市社会韧性从 2005—2006 年呈现上升的趋势,2006—2009 年则呈现不断下降的趋势,2009—2017 年呈现持续上升的趋势。2005—2017 年济南城市生态韧性与社会韧性水平的变化整体上呈现上升的趋势,由低度水平上升到较高水平和高度水平,造成其变化的原因是多方面的。

(2)济南城市生态韧性与社会韧性的耦合度与耦合协调度的变化趋势有一定差异。其中耦合度的变化从 2005—2009 年呈现 M 型的变化趋势,2009—2017 年呈现 S 型的变化趋势;耦合等级在 2009—2010 年处于低度耦合,2005 年、2011 年处于中度耦合,2007—2008 和 2012—2013 年处于高度耦合,2006 年和 2014—2017 年处于极度耦合。耦合协调度的变化则呈现先上升后相对平稳再下降,之后不断上升的趋势;耦合协调等级在 2009—2010 年处于低度耦合协调,2005—2008 年和 2011—2012 年处于中度耦合协调,2013—2014 年处于高度耦合协调,2015—2017 年处于极度耦合协调。

本文对济南城市生态韧性与城市社会韧性进行了测度,并对城市生态韧性与城市社会韧性之间的耦合度与耦合协调度进行了测算与分析。由于部分数据难以获取及作者水平所限,缺乏对区域中的不同城市之间在空间上的对比分析以及城市生态韧性、城市社会韧性与城市经济韧性和城市工程韧性之间的深入分析。今后将通过改进和完善具体的评价指标体系并提升相应的技术手段来对其进行更加全面与深入的研究。

Study on the Coupling of Urban Eco-Resilience and Social Resilience in Jinan

Zhang Shuai Wang Chengxin Yao Shimou

Abstract: Resilience research is an important perspective to understand the relationship between man and land. To clarify the coupling law between urban ecological resilience and urban social resilience is conducive to promoting the high-quality development of cities, and is also the inherent requirement of building a new type of urbanization. Taking Jinan as an example, this paper establishes an evaluation index system of urban eco-social resilience, evaluates urban eco-resilience and urban social resilience by using entropy method and urban resilience measurement model, and measures the coupling degree and coupling coordination degree of the two by using coupling degree model. The results show that: ① From the perspective of urban ecological resilience level, there is an upward trend of fluctuation, which fluctuates greatly from 2005 to 2008, and then increases year by year, but decreases slightly in 2017; ② From the perspective of urban social resilience level, there is a tendency to rise first and then decline gradually from 2005 to 2009, and an upward trend from 2009 to 2017; ③ From the coupling degree and coordination between the two, in terms of degree, the change of coupling degree shows M type trend from 2005 to 2009, S type trend from 2009 to 2017, and the change of coupling coordination degree shows the trend of first rising, then relatively stable, then declining, and then rising.

Key words: urban ecological resilience; urban social resilience; coupling analysis; Jinan City

宁夏沿黄生态经济带建设研究*

李文庆

> **摘要：**宁夏位于黄河上游，是我国西北地区重要的生态屏障，在我国生态安全格局中占有重要地位。沿黄生态经济带是宁夏经济发展的核心区，也是宁夏经济社会发展的精华地带。本文论述了宁夏沿黄生态经济带建设概况，包括生态经济的内涵和建设目标，宁夏沿黄生态经济带建设情况及存在的主要问题；分析了宁夏沿黄生态经济带建设路径，坚持生态优先、打造黄河流域生态保护先行区，坚持绿色发展、建设黄河流域高质量发展示范区，完善宁夏沿黄生态经济带制度体系；提出了加强党政领导责任，推进宁夏沿黄生态经济带产业转型升级，加强生态环境综合整治，促进各级领导干部履职尽责等对策建议。
>
> **关键词：**宁夏；沿黄生态经济带；建设
>
> **作者简介：**李文庆（1964—），男，河北孟村人，宁夏社会科学院农村经济研究所（生态文明研究所）所长、研究员，研究方向为产业经济学和生态经济学。

习近平总书记在河南省郑州市主持召开黄河流域生态保护和高质量发展座谈会并发表重要讲话，党的十九届四中全会提出的坚持和完善生态文明制度体系，为宁夏沿黄生态经济带生态保护和高质量发展指明了方向。宁夏回族自治区党委十二届八次全会提出，全面学习贯彻党的十九届四中全会和习近平总书记视察宁夏时的重要讲话精神，坚持走出一条新路子，建设美丽新宁夏。我们要把生态环境保护作为一项重大政治任务，守好改善生态环境的生命线，推进黄河流域宁夏段生态环境质量逐步好转，推动宁夏沿黄生态经济带生态保护和高质量发展取得明显成效。

一、宁夏沿黄生态经济带建设概况

坚持走绿色发展之路，大力发展生态经济，促进区域经济发展与生态保护之间的协调，实现经济发展和生态保护"双赢"。

（一）生态经济的内涵

生态经济是指在生态系统承载能力范围内，合理利用自然资源，维护自然资源的生态

---

* 本文为国家社会科学基金一般项目"生态文明建设中筑牢民族地区生态屏障研究"（项目编号：19BMZ148）阶段性成果。

平衡,实现自然生态与人类社会的动态协调的经济。生态经济的本质,是遵循生态规律和经济规律,把经济发展建立在生态环境可承受、自然环境可持续利用的基础之上,实现经济发展和生态保护"双赢",兼顾经济效益、社会效益和生态效益,建立经济、社会和生态环境良性循环的复合系统。

(二)国家黄河流域重大战略给宁夏发展带来的发展机遇

黄河流域是我国重要的生态屏障,在我国高质量发展方面具有十分重要的战略地位。2018年9月,在宁夏回族自治区成立60周年之际习近平总书记"建设美丽新宁夏,共圆伟大中国梦"的题词,寄予了对宁夏最美好的祝愿、最殷切的期望。2020年1月,中央财经委员会第六次会议将黄河流域生态保护和高质量发展,同京津冀协同发展、长江经济带发展、粤港澳大湾区建设、长三角一体化发展,一起确定为重大国家战略,会议强调推进黄河"几"字弯都市圈协同发展,为宁夏沿黄生态经济带发展带来了重大机遇。近年来,宁夏回族自治区党委、政府把"绿水青山就是金山银山"的发展理念融入经济社会发展中,努力写好新时代黄河流域生态保护和高质量发展的大文章。不断加强生态文明建设,大力推进黄河流域宁夏段水生态修复,统筹做好山水林田湖草综合治理,筑牢国家西部生态安全屏障。推动宁夏沿黄生态经济带高质量发展,发挥基础条件较好的优势,创新经济发展路径,大力发展生态产业,使生态优势转化为经济发展优势和富民优势。发挥区位优势,加强区域联动协作,加强宁蒙陕甘毗邻地区经济协作,共同推进黄河"几"字弯都市圈协同发展。

(三)宁夏沿黄生态经济带建设基本情况

宁夏位于黄河上游,是我国西北地区重要的生态屏障,在我国生态安全格局中占有重要地位。黄河流经青海、四川、甘肃后,自中卫市沙波头区黑山峡小观音进入宁夏,过境397公里,由石嘴山市惠农区头道坎麻黄沟出境流入内蒙古自治区,其间冲淤形成了宁夏平原,得黄河之利,成就了"天下黄河富宁夏"的宁夏沿黄生态经济带。宁夏近90%的水资源来自黄河,60%的耕地灌溉用黄河水,78%的人口喝黄河水,宁夏沿黄生态经济带集中了全区66%的人口、80%的城镇,创造了87%的经济总量,生产了74%的粮食。多年来,宁夏坚持生态优先理念,统筹山川城乡协调发展、绿色发展,形成以沿黄生态经济带为经济发展核心区、以中南部地区为生态核心区的新格局。

1. 经济发展情况

宁夏沿黄生态经济带包括银川、石嘴山市全域,吴忠市利通区、青铜峡市,中卫市沙坡头区和中宁县,是宁夏经济发展的核心区,也是全区经济社会发展的精华地带。2018年,宁夏沿黄生态经济带土地面积28978.91平方公里,占全区土地面积的43.65%;人口449.63万人,占全区总人口的65.95%;地区生产总值3211.17亿元,占全区地区生产总值的86.67%;一般公共预算收入284.45亿元,占全区一般公共预算收入的68.12%。其中的银川市,土地面积8847.61平方公里,占全区土地面积的13.33%;人口222.54万人,占全区总人口的32.64%;地区生产总值1901.48亿元,占全区地区生产总值的51.32%;一般公共预算收入181.17亿元,占全区一般公共预算收入的43.39%,银川市在全区经济发展中占据"半壁江山"。

从城乡居民收入状况来看,银川市城镇居民人均可支配收入超过全区平均水平,其他市(县、区)均未达到全区平均水平;在农村居民人均可支配收入中,宁夏沿黄生态经济带农村居民人均可支配收入均超过全区平均水平。

表1 宁夏沿黄生态经济带基本情况分析表(2018年)

地区	土地面积(平方公里)	人口(万人)	生产总值(亿元)	一般公共预算收入(亿元)	城镇居民人均可支配收入(元)	农村居民人均可支配收入(元)
全区	66400	681.79	3705.18	417.59	31895	11708
银川市	8847.61	222.54	1901.48	181.17	35586	14160
石嘴山市	5208.13	80.30	605.92	23.92	30583	14000
利通区	1414.58	41.48	194.69	37.66	29828	14906
青铜峡市	2438.32	29.70	158.77	7.23	27591	14199
沙坡头区	6877.44	41.06	187.69	25.34	28694	12194
中宁县	4192.83	34.85	162.62	9.13	27271	12180
合计	28978.91	449.63	3211.17	284.45	——	——
占全区比重	43.65%	65.95%	86.67%	68.12%	——	——

(根据区统计局《两会统计服务手册2019》《宁夏统计年鉴2018》整理。)

2. 生态环境状况

宁夏沿黄生态经济带大气环境质量整体呈改善趋势,重点推进中央环保督察整改工作,坚决打好污染防治攻坚战,推动解决了一大批群众身边的生态环境问题。坚持源头治理,聚焦燃煤、扬尘、机动车和重点行业污染治理,实施一系列强化措施,组织开展煤质管控专项行动,加大对煤炭生产企业的监管力度,全面清理非法售煤网点,加强用煤单位储备煤监管,依法查处生产销售不合格煤炭的违法行为。开展秋冬季大气污染综合治理攻坚行动,推动全区环境质量持续改善,确保完成国家和自治区确认的环境空气质量和主要污染物减排目标任务。

宁夏以沿黄生态经济带作为重点区域,以保护黄河、集中式饮用水源地综合整治、黑臭水体综合整治等为重点,深化流域水污染治理和水生态保护,自2017年以来,黄河宁夏段干流实现了二类进二类出,有效保护了母亲河。统筹推进水污染防治,全面实施河长制湖长制,大力支持黄河干支流、重点入黄排水沟、"一河两湖"综合治理和省级及以上工业园区污水处理设施建设。为了不断改善黄河水质,宁夏坚持流域上下联动治理,全力以赴治"差水"、保"好水",主要措施包括集中治理工业园区污染,排查取缔"九小"企业和直排口;采取控源截污、生态修复、末端治理等治理措施,加强入黄排水沟综合整治;加快城镇污水处理设施及配套管网建设,推进污泥处理处置,提高城市污水再生利用水平。针对城市黑臭水体治理,宁夏各地将通过改造排水管道、封堵排水口、敷设截污管道、设置调蓄设施等措施,大力实施排污口专项整治,并因地制宜选择岸带修复、植被恢复、水体净化等措施,逐步恢复河道生态功能。

在加强自然生态保护方面,宁夏在全国率先制定生态保护红线并首批通过国家审核,率先在全国开展生态保护红线管理地方立法;连续两年扎实开展"绿盾"自然保护区清理整治专项行动,开展贺兰山生态环境综合整治行动。紧紧依托三北防护林、退耕还林、天然林保护等国家重点林业工程,扎实推进生态移民迁出区生态修复与建设、主干道路大整治大绿化、防沙治沙综合示范区建设等工程,生态面貌不断改善,优美生态环境成为宁夏亮丽名片。始终把防沙治沙工作摆在突出位置,持之以恒地推进防沙治沙工作,稳步推进全国防沙治沙综合示范区建设,积极培育壮大沙产业,着力促进农民增收,努力实现沙退民富。

二、宁夏沿黄生态经济带建设中的主要问题与目标

(一) 宁夏沿黄生态经济带建设中的主要问题

过去一个时期,宁夏沿黄生态经济带主要依靠高强度的投资、资源和能源开发的发展模式实现了经济的快速增长,但也付出了大量的资源消耗和环境污染的代价,积累了许多生态风险和矛盾。

1. 生态环境压力较大

宁夏沿黄生态经济带是全区重要的工业区,以能源为依托的发展模式具有结构单一化、重型化、资源型的特征,倚重倚能的发展模式还没有得到根本性转变。近年来,以重化工业为主的产业结构对区域环境质量提出了严峻的挑战,城市机动车数量的增加,使城市空气质量和水环境受到一定程度的影响。工业园区已成为沿黄生态经济带的主要产业集聚区,发展了现代能源、化工、现代纺织、设备制造、冶金、建材等行业,但一些工业园区环境治理滞后,环境污染问题突出,环境治理难度较大。

2. 农业发展方式粗放

一是农业标准化水平不高,创新水平不够,农产品质量不高,产业链不长,农产品附加值低。二是农药、化肥依赖度较高,大量施用化肥依然是沿黄生态经济带种植业发展的主要手段,粮食生产对化肥的大量施用已形成严重依赖。三是畜禽养殖区生产经营总体水平较低,水产养殖业产生了大量未得到有效处理的污染物,农村环境面源污染较为严重。

3. 资源利用效率低下

随着工业化和城镇化的加快推进,宁夏沿黄生态经济带城市单位工业用地产出明显低于全国平均水平,但单位GDP能耗明显高于全国平均水平。与资源利用效率较低相对应,宁夏沿黄生态经济带单位工业产值废水排放量和单位工业产值二氧化硫排放量都高于全国平均水平,沿黄生态经济带环境质量面临严峻挑战。

4. 生态保护资金缺口大

宁夏作为经济欠发达地区,经济发展较为滞后,生态环境较为脆弱,污染治理成本相对较高。由于多年来资金投入不足,生态环境建设资金缺口较大,欠账较多,一些群众反映的突出问题,特别是个别中央环保督察反馈问题整改资金落实缓慢,如一些药企异味扰

民、饮用水水源地保护区内污染企业搬迁等。

(二) 宁夏沿黄生态经济带建设的主要目标

1. 宁夏沿黄生态经济带建设的实质：实现人与自然和谐共生

人类既受惠于自然，又受到自然的约束。因此，人类既要适应自然、利用自然，又要保护好自然环境。从经济学的角度来说，一是减少经济发展的自然损耗，尽可能对自然灾害侵袭有所防范与规避，增强人类应对自然灾害的能力，增进人与自然和谐共生。二是经济发展与生态环境相协调，在经济发展中注意保护好自然环境，节约各种自然资源尤其是基本资源，经济发展既要在生态环境承载能力范围之内，又不对生态环境造成破坏，对经济活动与开发项目，要在控制中精选，把握好经济发展与生态环境的协调。三是减少经济活动的自然成本，要努力实现在经济发展中减排降耗，大力发展低碳经济和循环经济，积极发展节能、节材、环保产业，调整产业结构，改变生产方式，倡导环保生活。

2. 宁夏沿黄生态经济带建设的目标：实现可持续发展和高质量发展

自20世纪中后期以来，人类面临严重的资源危机、环境危机，国际学术界和各国政府提出了可持续发展理念。为了实现可持续发展目标，需要注重以下要点：一是环境保护，将环境保护放在经济发展的优先位置，运用经济、法律等手段保护环境。二是在工业领域推广清洁生产，最大限度地减少生产废弃物，循环利用生产中排放的废弃物，实现资源综合利用，减少环境污染。三是推动科技进步，科学技术是解决资源、环境危机，实现可持续发展的基本手段，重点发展清洁生产技术、资源循环利用技术、新能源和新材料技术以及生态环境保护技术，实现人类的可持续发展。

三、宁夏沿黄生态经济带建设路径

宁夏沿黄生态经济带在全区经济发展和生态安全格局中占有重要地位，要按照习近平总书记讲话和题词精神为指引，维护区域生态安全，促进经济社会与生态环境可持续发展。

(一) 坚持生态优先，打造黄河流域生态保护先行区

1. 严守生态保护红线

严守生态安全的生命线，全方位、全地域、全过程开展生态文明建设。优化开发区域，确保资源、生产、消费等与经济社会发展相匹配相适应。在发展经济的同时，必须强化节能减排，大力发展循环经济，加强资源综合利用，构建以沿黄生态经济带为核心、工业园区为支撑、各地工业协调发展的产业格局。

2. 加强黄河宁夏段保护

水是生命之泉、农业命脉、工业血液。宁夏作为黄河中上游地区，要加强黄河及支流、湖泊水资源保护，加强水生态系统保护与修复，健全河流湖泊休养生息制度，改善河湖水生态质量。以岸线管控和水质保护为重点，以河长(湖长)制为牵引，以流域生态综合治理为抓手，进一步健全完善区、市、县、乡四级配套政策措施，强化基层河长工作机构，推广民

间河长、志愿河长等模式,着力加强水资源红线保护、水域岸线保护、水土保持生态建设、水利风景区建设、入河湖污染物防治、流域水文化建设等措施,健全河流湖泊休养生息制度,从制度上保障和维护黄河宁夏段的安全。今后一段时间,要全力打好水污染防治攻坚战,促进宁夏河湖水资源休养生息、水资源合理利用和水环境保护有机统一。

3. 保护自然生态

宁夏率先在全国范围内制定了加强自然生态保护和生态保护红线并通过国家审批,启动了首批生态保护红线管理地方立法;扎实开展"绿盾"行动,自然保护区清理工作稳步推进。开展贺兰山生态环境整治专项行动,紧紧抓住国家实施三北防护林工程、退耕还林工程、天然林保护工程等国家重点林业工程,稳步推进生态移民区生态恢复与建设、主干道大整治大绿化、防沙治沙综合示范区建设等工程,生态面貌不断改善。始终把防治荒漠化放在突出位置,坚持不懈地推进荒漠化防治工作,建设防沙治沙综合示范区。

4. 打好污染防治攻坚战

坚持全民共治,源头防治,打好污染防治攻坚战,铁腕整治环境污染。实施蓝天、碧水、净土三大行动,强化燃煤污染、烟尘污染治理,强化扬尘污染防治,强化机动车污染、空气异味综合整治,强化重污染天气应对。加快水环境污染防治,强化城镇污水处理,构建城乡饮用水安全保障体系。深化土壤污染防治,推进工业固体废物综合利用,严控农业面源污染。

5. 积极探索生态补偿机制

根据国家主体功能区的划分,要牢固"资源有价""生态补偿"的理念,实行资源有偿使用制度和生态补偿制度,坚守生态保护、耕地、水资源三条红线,全面实施退耕还林、天然林保护、湿地保护等重点生态工程,深入推进林权制度改革,加快建立生态补偿机制,扩大国家补偿范围,实行最严格的林草保护制度,使生态补偿成为生态建设的有效保证和稳定农民增收的有效途径。

(二)坚持绿色发展,打造黄河流域高质量发展示范区

1. 大力发展绿色经济

绿水青山具有生态、经济、社会多重效益,蕴含着巨大的经济价值和增值空间。积极打造"绿色银行",注重做好治山理水、显山露水的大文章,统筹山水林田湖草系统治理,大力实施生态修复工程,保护好贺兰山、六盘山、罗山自然保护区,持续推进天然林保护、三北防护林、封山禁牧、退耕还林还草、防沙治沙等生态建设工程。推动生态与经济、历史文化深度融合,逐步培育发展以生态产品为核心的文旅经济、观光经济、休闲经济、民宿经济,赋予生态要素新内涵、新功能、新价值,使绿水青山真正转化为富民增收的金山银山。

2. 推动产业转型发展

要着力推动绿色、循环、低碳发展,培育壮大节能环保产业、清洁生产产业、清洁能源产业,更加注重培育循环经济产业链,促进资源节约与高效利用。大力发展绿色农业,以脱贫富民为目标,推进全区农业布局生态化、标准化、现代化,促进一、二、三产业融合发展。大力发展低碳循环工业,优化工业布局,引导关联度紧密的产业向工业园区集聚,提高产品科技含量和附加值,促进企业转型升级。大力发展绿色服务业,加快发展生产性服

务业,改造提升生活性服务业,积极发展全域旅游,全面提高服务业整体素质和水平。

3. 发展高效生态农业

培育和发展高效生态农业对于减少资源消耗与环境污染具有战略意义。围绕黄河流域宁夏段建设特色农业长廊,大力发展特色优势农业。推进宁夏沿黄生态经济带"高品质粮油"品牌建设,生产无污染、无公害的绿色食品和有机食品,实现资源利用高效化、生态化。

4. 构建生态工业体系

加大资源型产业绿色化技术攻关,以宁夏煤炭及相关资源为基础,以宁东能源化工基地为中心,推动能源清洁化转型,开发和推广应用洁净煤技术,建设清洁能源输出基地。推进产业联动发展,鼓励煤炭生产、煤化工、石油、电力、冶金等关联度较强的重点产业发展产业链,构建产业集群。促进企业清洁生产,加强废水、废气、废渣、余热等回收再利用。大力发展资源综合利用、节能环保产业、清洁生产产业,提高节能环保技术水平。

5. 培育和发展全域生态旅游产业

宁夏沿黄生态经济带丰富的自然与人文生态资源赋予了其发展生态旅游的资源优势,一要以生态经济为指导,坚持旅游资源生态化开发,实现经济效益、社会效益、生态效益的协调统一。二要在传统工业、传统农业及相关产业中融入旅游业的成分,围绕旅游产业内部食、住、行、游、购、娱等各要素构建生态旅游主导产业,充分发挥旅游业的前向与后向拉动作用,促进全域生态旅游协调发展。三要与黄河上游毗邻地区加强旅游合作,依托西北风情旅游联合会,加快整合黄河上游旅游资源,共建旅游产品体系,实现区域旅游资源优势互补、客源互送、共同发展。

(三) 完善宁夏沿黄生态经济带建设制度体系

宁夏沿黄生态经济带长期以来由于资源禀赋和历史原因,产业结构以重工业为主体,产业结构重型化特征突出,生态环境非常脆弱。我们要以十九届四中全会精神为指导,加强战略谋划,不断完善生态文明制度体系。

1. 实行最严格的生态环境保护制度

建立健全宁夏沿黄生态经济带国土空间规划和用途统筹协调管控制度,坚守生态保护红线,坚决摒弃损害甚至破坏生态环境的发展模式,坚决摒弃以牺牲生态环境换取一时一地经济增长的做法,承担起维护西北乃至全国生态安全的重要使命。以防治大气污染为重点,加强生态环境综合整治,加快解决大气、水、土壤污染等突出问题,深入实施蓝天、碧水、净土"三大行动",全面开展城乡环境保护和污染治理,加强对重点流域、重点区域和重点企业以及农村面源污染的整治,改善区域生态环境质量。

2. 全面建立资源高效利用制度

健全资源节约集约循环利用政策体系,以发展绿色经济体系为途径,加快构建生态环境技术服务体系,推进传统产业技术升级,着力解决宁夏沿黄生态经济带高投入、高污染、低产出的产业现状,大力发展绿色农业、低碳循环工业和现代服务业,提高资源利用效率。

3. 健全生态保护和修复制度

加强对重要生态系统的保护和永续利用,大力实施生态保护与修复工程,加强黄河流域宁夏段的生态保护和系统治理,持续推进天然林保护、三北防护林、封山禁牧、退耕还林还草、防沙治沙等生态建设工程,筑牢西北地区重要生态安全屏障。以自然保护区为载体,以风景名胜区、湿地公园、森林公园、地质公园等为重要组成部分,将林地、湿地、荒漠生态空间治理以及生物多样性纳入保护范围,加强自然生态保护与修复制度建设,让宁夏的天更蓝、地更绿、水更美、空气更清新。

4. 严明生态环境保护责任制度

只有实行最严格的制度才能为生态文明建设提供可靠保障。当前,宁夏沿黄生态经济带生态环境保护与治理中还存在一些问题,如"先污染后治理""边污染边治理"等误区以及部分企业环保设施不配套、环保设备时开时停等行为,大都与制度不完善、机制不健全有关,必须把严明生态环境保护责任制度作为推进生态文明建设的重中之重,积极推进生态环境保护综合行政执法,开展领导干部自然资源资产离任审计,着力破解制约宁夏沿黄生态经济带建设的制度障碍,推动生态环境保护责任制度的不断完善。

四、宁夏沿黄生态经济带建设的政策建议

党的十九大以来,生态文明建设的重要性更加显著,"青山绿水就是金山银山"的理念已深入人心。坚持人与自然和谐共生,加快生态文明体制改革,建设好宁夏沿黄生态经济带,为新时代美丽中国建设作出应有贡献。

(一)强化党政同责和一岗双责,推进宁夏沿黄生态经济带建设

时刻牢记守土有责、守土负责、守土尽责,坚持源头严控、过程严管、后果严惩,进一步完善生态经济长效投入机制、科学决策机制、政绩考核机制、责任追究机制。严格生态环保执法司法,对各类生态违法行为零容忍,引导全社会树立生态文明意识,倡导绿色生活理念,为共建宁夏沿黄生态经济带凝聚全社会力量。

(二)大力发展"生态+"产业,促进宁夏沿黄生态经济带产业转型

绿色发展代表着产业发展方向,着力构建科技含量高、资源消耗低、资源污染少的生态经济体系。大力发展"生态+"旅游,加强生态保护和修复,在山水林草湖上做文章,建设绿色空间相隔、湖泊水系相通、绿地环绕相拥的沿黄旅游带,加快构建全域旅游发展格局。大力发展"生态+农业",结合乡村振兴战略,大力发展观光农业、休闲农业、创意农业,打造绿色生态农业产业链,大力发展有机农业,扩大绿色、有机、无公害农产品供给,推进全区农业布局特色化、发展生态化、方式标准化、设施现代化,促进沿黄生态经济带一、二、三产业的融合发展。大力发展"生态+制造业",倡导绿色生产方式,优化工业布局,积极发展低碳循环工业,引导关联度紧密的产业向工业园区集聚,提高产品科技含量和附加值,促进传统产业转型升级。

(三)以防治大气污染为重点,加强生态环境综合整治

宁夏产业结构以煤基工业为基础,重化工业为特征,改善空气环境压力较大。加快解

决大气、水、土壤污染等突出问题,实行最严格的生态环境保护制度,深入实施蓝天、碧水、净土"三大行动",实施生态环境综合整治工程,打好污染防治攻坚战,强化大气污染协同控制,全面改善宁夏沿黄生态经济带环境质量,把天蓝、地绿、水净、空气清新、宜居宜业这张名片打造得更加亮丽,为"美丽中国"建设作出新贡献。

(四) 以离任审计为抓手,促进领导干部履职尽责

领导干部如何践行新发展理念,在经济发展的同时确保自然资源适度开发、生态环境不断改善,已成为评价其任职期间成绩的一个重要方面。要强化地方党委、政府及其相关部门的生态保护责任,在政绩考核中应增加和细化生态质量改善和污染减排在各地各级政府效能考核中的分值,严格落实生态保护内容考核指标。将经济责任审计和自然资源资产在离任审计中有机结合,合理分析并界定审计中发现的问题及对应责任,强化结果运用、责任追究和工作问责,落实"一票否决"制度,促进各级领导干部履职尽责。

Research on the Construction of Ningxia's Ecological Economic Belt along the Yellow River

Li Wenqing

Abstract: Ningxia, located in the upper reaches of the Yellow River, is an important ecological barrier in northwest China and occupies an important position in China's ecological security pattern. The ecological economic belt along the Yellow River is the core area of Ningxia's economic development, and is also the essence area of Ningxia's economic and social development. This paper discusses the general situation of the construction of the ecological economic belt along the Yellow River in Ningxia, including the connotation and construction objectives of the ecological economy, the construction of the ecological economic belt along the Yellow River in Ningxia and the main existing problems. This paper analyzes the construction path of Ningxia's ecological economic belt along the Yellow River, insists on giving priority to ecology, creates a leading area for ecological protection in the Yellow River basin, insists on green development, builds a high-quality development demonstration area in the Yellow River basin, and improves the system of Ningxia's ecological economic belt along the Yellow River. This paper puts forward some countermeasures and suggestions, such as strengthening the leadership responsibility of the party and government, promoting the industrial transformation and upgrading along the Yellow River ecological economic belt in Ningxia, strengthening the comprehensive improvement of the ecological environment, and promoting the leading cadres at all levels to perform their duties and fulfill their responsibilities.

Key words: Ningxia; along the Yellow River ecological economic belt; construction

黄河沿岸滩区的规划变迁、法治进程与治理体系

徐 可

摘要：2019年9月，习近平总书记在黄河流域生态保护和高质量发展座谈会上提出了"以水而定、量水而行、因地制宜、分类施策"和"抓好大保护、推进大治理"的要求，引领了黄河流域的空间规划、法治进程与治理体系的共生促进与相互融合的方向。黄河沿岸村镇与"黄河滩区""黄河故道""黄河湿地"等国土资源高度重叠而自成体系，近二十年来国土规划主题历经"滩区建设""精准扶贫""特色小镇""生态保护"的数次演变，同期我国预算法、招标投标法、政府投资条例、城乡规划法、环境保护法的制定与修订也勾画出法治进程的轮廓，沿岸农村治理体系也产生了深刻的变化，由此构成了"规划—法治—治理"的互动关系，有望形成新时期"水治文明"，其核心在于价值理念上的"从善如流"与体制机制上的"因势利导"，以促进沿岸村镇群众的"重叠共识"，形成法治的"软环境"并启动"诱致性"制度变迁与文明进步。

关键词：黄河沿岸；规划；法治；治理

作者简介：徐可（1969—），男，开封人，郑州财经学院经济研究所所长、研究员，经济学博士、博士后，民建河南省委文化旅游委员会常务副主任。

中原地区是河洛文化与黄河文明的发祥地，"治水文明"可谓中原文明不可分割的有机构成。也是东方"水利—农耕"社会的特殊类型的文明形态，具有漫长的演化历史。例如魏特夫就从"治水社会"出发系统论述了东方基于农业生产和组织的专制制度。[①]

沿黄许多村镇因水而兴废，"治水文明"历经变迁在当代呈现出向"法治文明"加速演化的趋势。聚焦于"郑州—开封—商丘—徐州"黄河沿岸村镇与滩区故道近二十年来开发与治理，在这特殊的"历史窗口期"也能够窥测其中土资源的价值增值、区域发展的理念更替，以及背后所隐含的法治进程与治理文明。黄河不仅书写了中国的古代史而且还正在书写着当代史，沿黄村镇的基层治理是源远流长的流动文化，在传承过程中不断呈现出基层治理中水治文明的创新。

一、早期开发：从"财经纪律"到"投资条例"

黄河滩区与故道幅员辽阔，但由于黄河频繁改道致使不少地方成为"黄泛区"，从而城

---

① 魏特夫：《东方专制主义》，中国社会科学出版社，1989。

镇荒芜,人口外迁,珍贵的国土资源在近代很长一段时期得不到充分利用。但是近年来随着沿黄建设项目的规划与立项,这种情况迅速得到改观,沿岸不少区域再次成为政府投资的"热土"。

我国积极财政政策历经"抗冲击""促增长""可持续"的政策演变,①黄河沿岸早在二十年前就有过最初"抗冲击"的建设高潮。早期开发商在推动项目尽快开工和投产,大量集中拨付财政资金也需要以财经纪律的方式进行监督和约束,但缺乏对预算程序的规制和资金绩效的考量。1998年以来为了应对亚洲金融危机,我国首次实施积极的财政政策,中央财政对公共基础设施加大投资力度,开始对淮河以及中原地区的黄河滩区、商丘和苏北黄河故道进行开发与整治。十年之后,2008年,中央财政为了"促增长"宣布四万亿元投资政策,继续实施扩大内需的公共投资政策,进一步加大了黄河滩区与故道的整治力度。而在这些区域的早期开发治理中,首要解决的是交通不便的问题,交通建设在当时处于核心位置。这两次应对危机的政府投资项目旨在以投资拉动内需,因此表现为一系列的应急措施,由中央财政紧急筹措资金并迅速拨付项目单位,同时要求"及时拨款""当年开工",因此从资金管理、项目实施、事后审计监督都以"特事特办"的态度迅速推行并开展了针对"滞留资金"的专项检查工作。我国1994年颁布的预算法及其实施条例刚刚实施且只做了原则性的规定,而我国招标投标法到了2001年才开始实施。因此当时政府资金筹措、拨付程序、施工单位选择只能依据财经纪律进行规范。由于"特事特办"的要求,当时项目普遍存在着"突击上马"的现象,导致黄河故道的应急项目存在着诸多问题,诸如边勘察、边设计、边施工的"三边工程",为套取更多项目资金的"钓鱼工程"等。

当时招投标"走过场"和项目的变更与调整更是普遍现象,这给完工后的工程决算审计带来很多困难。我国的审计法于1995年开始实施,1997年国务院颁布的审计法实施条例规定"财政投资的工程项目"必须纳入审计范围,同时规定"项目预算调整超过10%"则需要重新审计;由此造成了不少"财政纪律"部分规定与"审计法规"之间的冲突。这在2009年由财政部门牵头开展的"扩大内需工程项目专项检查"工作中有着集中的表现。这些项目取得显著效果的同时也暴露出许多投融资体制、项目实施与管理等多方面问题。

随后,"新农村建设"全面开启了以"村村通"为主导项目的大规模基础设施建设。2015年实施的新修订的预算法旨在"将全部政府支出关进制度的笼子",强调"预算透明",对地方债务、国库管理、法定支出、人大预算审查与监督等事项都做了明确的规定。2017年修订的招标投标法、2018年修订的招标投标法实施条例对招投标的程序做了严谨的规范,扎牢了制度的笼子。

毋庸置疑,近年来我国政府投资的增速已经超过了投资制度建设的速度,从而涌现出不少临时性、应急性、补救性的"权宜之计"。随后,财政政策也由"促增长"转向"可持续",2019年4月14日国务院颁布了《政府投资条例》,对政府举债以及其他行为进行限制。尽管其强化了政府投资的规范性,但是很多条文过于抽象,配套制度没有跟进,一经公布就引发了不少讨论。2019年5月国家发改委下发《关于做好〈政府投资条例〉贯彻实施工作的通知》,提出了"全面清理不符合《条例》的现行制度""加快《条例》配套制度建设""以

---

① 薛涧坡、张网:《积极财政政策:理论发展、政策实践与基本经验》,《财贸经济》2018年第10期。

贯彻《条例》为契机做好投融资体制改革相关工作"的要求。当前的沿黄项目占地广、投资大、周期长,牵涉多方利益,因此亟待架构有效的投融资体制与日常管理体系。从省级政府到村镇的科层组织,从地方政府到黄委会的条块关系,都需要规范与协调。如何在公益性项目中规范多元化投融资行为,同时处理好"条块关系",树立不同层级政府与部门的主体责任,不仅需要正式制度的"法律条文",更需要地方政府、社会组织、村民代表多方参与的"协同机制"。①

因此,黄河流域高质量发展的投资体制应由"自上而下"转向"上下互动"。如果仅凭借国家意志实施,许多公共建设项目有可能会沦为"公地的悲剧"。而基层治理中大量秩序与规则例如乡规民俗都是自发演化而形成,完善乡村基层治理也许要通过各个利益主体,在不同诉求表达中经过充分博弈由冲突实现合作。

二、精准扶贫:从"政策发动"到"自我发展"

黄河滩区从开封到商丘分布着连片贫困地区,国土资源日益稀缺导致沿黄建设标准也在不断提高,开发重点也由早期"交通建设"先是转向"防洪泄洪",然后转向"土地整治"、"农田治理"和"综合治理"。例如开封县袁坊村因防洪需要的"整体搬迁",这也成为"搬迁扶贫"的早期实践。从20世纪90年代末期开始,黄河滩区的"农业开发"与"扶贫开发"相结合,逐步从中原到苏北形成了"易地搬迁""特色农业""旅游扶贫"等模式。当前"扶贫工作"中的法治问题主要表现在三个方面。

一是政策缺少持续性。迄今为止,涉及扶贫资金持续性投入的规范性文件并不多,只有1997年的《国家扶贫资金管理办法》、2011年修订的《财政专项扶贫资金管理办法》以及2017年的《中央财政专项扶贫资金管理办法》三部行政文件,制度供给明显不足,况且"资金管理"只是扶贫工作的冰山一角。当前的"精准扶贫"仍然靠政策行事或者以"对口支援""结对子"的方式推动实施,存在着"政绩驱动"的人为因素,缺乏公众监督,也造成了"一地一策"的区域不均衡。

因此,当前亟待由"政策扶贫"转向"长效机制"。《中国农村扶贫开发纲要(2011—2020年)》提出"加快扶贫立法,使扶贫工作尽快走上法制化轨道"的目标,但时至今日未能实现。2015年11月中共中央与国务院《关于打赢脱贫攻坚战的决定》以及2018年6月《关于打赢脱贫攻坚三年行动的指导意见》中对扶贫各项工作目标、标准、程序都做出了明确要求,因此适宜于用法律的形式固定下来并形成长效机制。

二是部门之间各自为政,缺少统筹与整合。当前的扶贫模式多种多样,涉及的部门也很多,例如"金融扶贫""开发扶贫""教育扶贫""搬迁扶贫"等,这就难免缺乏统筹与整合。为了解决这一问题,国务院2017年印发《关于探索建立涉农资金统筹整合长效机制的意见》,规定"针对当前涉农资金多头管理、交叉重复、使用分散等问题","支持连片特困地区县和国家扶贫开发工作重点县把专项扶贫资金、相关涉农资金和社会帮扶资金捆绑集中使用"。这在执行过程中需要统筹协调不同部门之间财权与事权。

---

① 徐干、徐双敏:《公共政策协商机制的价值内涵与建构路径》,《学习与实践》2019年第5期。

扶贫工作具有强大的"政治势能",应以此为抓手统筹整合与协调区域内的建设项目[①],以"国家项目"带动"地方项目",以"大项目"带动"小项目"。黄河沿岸许多扶贫工程是水利项目,这就需要在土地规划、建设规划、防洪防汛规划之间进行协调。2016年修订的水法规定"(水利)专业规划由县级以上人民政府有关部门编制,征求同级其他有关部门意见后,报本级人民政府批准","流域范围内的区域规划应当服从流域规划,专业规划应当服从综合规划",这种规定旨在减少制度摩擦。水利项目具有跨区域的综合性,为此各地方政府与部门应加强区域与部门之间的协调,可以参考"河长制"的模式打破区域与部门之间的分割藩篱,进行统筹规划与管理。

三是"村级议事"与"乡村治理"的机制不够完善。扶贫工作离不开基层社会治理,其中"扶智"与"扶志"更离不开"自发治理"与自我激励。这不仅体现在文化风俗上更体现在广大群众对公共事务的参与上。面对农村基础设施建设中的公共品选择,"自下而上"显然比"自上而下"的决策更有效率、更为"精准"。早在1988年村民委员会组织法就将"村委会"和"村民会议"列入乡村权力结构,2010年10月在修订中进一步明确了"村委会"在"办理本村的公共事务和公益事业"方面的权利与职责。然而当前农村公共事务的"村级议事"并没有全面开展起来,一方面村民自治的边界模糊导致政府权力与自治权力难以明确区分;另一方面村干部、致富能人、家族势力的影响无处不在,也影响了"村级议事"的有效实施。

习近平总书记也多次强调"扶贫要先扶'志'和'智'",因贫困问题研究而获得诺贝尔经济学奖的迪顿也曾说,减贫离不开可靠的政府治理、法治、税收制度、产权保护、公众信心。唯有唤醒个体的致富动机才能够根除贫困,"政府投资"与"公众信心"之间还需要有效的措施予以贯通。当前"黄泛区"中连片贫困县的扶贫工作推动力度非常大,不少贫困县已经宣布"摘帽"。在消除"绝对贫困人口"基础上,目前迫切需要以"基层治理"的方式推进"协商民主"与"村级议事",解决农村公共品供给决策中的投票问题,通过村民对项目决策的自我表达和自主选择,对项目建设的投劳和自筹部分资金,对项目使用的自我管理,把扶贫工作由政府的"政策推动"转向村民的"自我治理—自我造血—自我发展",而这些恰恰是黄河沿岸村镇高质量发展的社会基础。

三、生态环境:从"规划限制"到"以水定城"

黄河滩区故道作为郑州中心城市的"外围区域",其生态涵养价值也越来越显现。随着中原城市群、郑州国家中心城市、徐州淮海经济区中心城市与徐州都市圈建设进程的提速,中心城市人口规模不断扩大,环境与生态的承载压力逐步加大,因此,从规划、法治和治理的维度减缓生态承载压力,提升生态涵养对于黄河滩区的持续发展尤为重要。

从城市发展与治理的政策角度看,国务院2007年12月发布《关于促进资源型城市可持续发展的若干意见》提出"可持续发展长效机制"的"发展规划",开始实施了"培育壮大

---

① 邢成举、李小云:《精准扶贫与新型地方政府形塑》,《北京工业大学学报》(社会科学版)2020年第1期。

接续替代产业""加强环境整治和生态保护"等措施,随后又先后将枣庄、淮北、徐州贾汪区等列为资源枯竭城市给予补助以促进转型发展。

从国土资源整体利用的规划角度看,我国在"十一五"规划中首次将国土资源开发划分为"优先、重点、限制、禁止"四类"主体功能区",2011年《全国主体功能区规划》正式发布,从此地方政府也开始着手各地的国土资源的空间战略规划,这有望与现行城乡建设规划一起构成详略不同的多层次的"规划体系",按照分权原则为下级政府预留出规划空间。

从环境保护的立法角度看,2012年党的十八大报告提出要把生态文明融入经济建设、政治建设、文化建设、社会建设的全过程与全方面,从此环保立法开始提速,2014年修订的环境保护法加大了行政处罚力度,设立了"按日计罚"的措施,并将民间力量有序地纳入环境治理的机制中,设立了环保公益诉讼制度。同时,国务院依据环境保护法第二十九条"国家在重点生态功能区、生态环境敏感区和脆弱区等区域划定生态保护红线,实行严格保护"之规定,出台了《关于划定并严守生态保护红线的若干意见》,将森林、草原、湿地等重要生态空间用统一的红线来管控。这是用"底线思维"的方式来贯彻国土规划中的环保理念与"生态红线"。

2017年12月习近平总书记到徐州潘安湖神农码头调研采煤塌陷区治理情况时说:"资源枯竭地区经济转型发展是一篇大文章,实践证明这篇文章完全可以做好。"这可谓是2019年9月黄河流域生态保护与高质量发展座谈会的讲话精神的前奏。

党的十八大以来,党中央提出了"节水优先、空间均衡、系统治理、两手发力"的治水思路,河南省政府于2018年底提出了水资源、水生态、水环境、水灾害"四水同治"的治水原则,统筹规划构成黄河水治的系统工程。另外,黄河滩区作为郑州都市圈的"外围",其生态涵养价值也在提升。按照国务院2015年《关于推进海绵城市建设的指导意见》,我们应在都市综合规划中按照人口流动趋势做好生态容量预判,借鉴"海绵城市"的思路,将黄河滩区作为生态涵养与水循环的蓄水池,一并纳入"都市圈—生态圈"的有机组成部分。具体来说就是编制水资源消耗、涵养、疏泄的综合平衡表,疏解中心城市的生态与环境承载压力,以"规划红线"的底线思维方式来解决经济发展与环境保护,资源利用与生态涵养的一系列矛盾。

针对当前郑州"大都市圈"建设,有人提出围绕"郑州—新乡—开封"三地进行水系调整,将郑州龙子湖与新乡凤湖贯通起来,将黄河与三地河流湖泊形成一体化的"水系生态走廊"。① 无论该项规划建议能否实现,像雄安新区那样"以水定城",围绕水资源进行城市规划,已经成为新型发展理念。

以此为指导,都市圈建设可以采取"倒逼规划"的方法,也就是在水资源的硬约束下,测算人口容量与环境承载力,在此约束条件下进行项目分解规划与建设。

四、水治文明:从"上善若水"到"因势利导"

从黄河滩区建设项目的规划思路变迁历程来看,其背后还透露着区域发展理念与法

---

① 李庚香:《把黄河变内河 加快郑州大都市区建设》,《河南日报》2019年9月6日,第14版。

治文化的演进,具有显著的时代特征。长期以来发展区域经济成为地方政府的头等大事,"文化"往往成为经济发展的手段与工具。然而在当前新的历史时期,我们需要重新考量经济资源、文化资源与水资源三者的相互关系。

中原地区漫长的治水过程中,由大禹治水时期自然力量主宰的"水治"缓慢过渡到封建社会时期由伦理力量主宰的"人治",都经历了漫长的演化过程。然而在当代黄河沿岸与黄河滩区建设的二十年历程中,法律构建行为规范的"法制"向依法治理的"法治"进程却面临着快速的转型。

"法制"的内涵是"法律制度",而"法治"的内涵是"依法治理","法治"更强调治理的合法性与程序的正当性。我国治水主题的不断交接更替背后呈现出基层的"水治文明"进程缩影。"水治文明"是在中国传统水文化基础上的治理文明。"水治文明"的话题在二十年来的规划变迁当中有着丰富的内容:一是法律制度从无到有逐步齐备;二是政策、制度与法律相互协调并逐步纳入法治的轨道运行;三是社会公众参与基层自治的意识逐步觉醒与提高。"上善若水""善治如水""从善如流",这些由治水而产生的"水治文明"包含了丰富的社会治理思想。在"依法治国"的推进过程中显然基层治理是"法治中国"的社会基础,构成社会经济发展的软环境,继而需要通过当代的"黄河文化"将"水治文明"浸润到"法治"当中,把浸润万物的"水"作为其无形而有力的社会基础。

据此,黄河沿岸村镇基层治理有两大核心内容,一是价值理念上的"从善如流",二是机制体制上的"因势利导"。这需要社会公众的普遍认可接受从而成为社会行为规则,也需要政府扮演关键角色。当然,政府并不是万能的,政府行为也应该受到事前规则的约束,这些规则可以使得个人明确预期到政府将会采取哪些措施,从而根据这种预期进行个人事务的决策。西方经济学理性预期学派也持有类似观点。

近期,中牟官渡镇在乡村治理中坚持村民自治,完善村民待遇、宅基地审批、责任田调整"三项制度"的具体经验和做法引人关注,[①] 为基层治理提供了当代注解。"三项制度"的最大亮点在于基层党组织引导村民的集体协商,一方面通过基层党建树立正确的价值观念(从善如流),一方面又针对群众的核心利益进行充分疏导(因势利导)。所谓"水治文明"恰恰是"集体协商"的最好注解,这是人们在相互依存条件下通过竞争冲突、协调妥协、相互承认并最终形成合作规则的社会背景,也是"强制性制度变迁"向"诱致性制度变迁"转换的社会基础。

该"三项制度"目前已由河南省政府"建议推广",当前农村基层治理应该充分利用"水治文明"潜移默化的作用,使基层政府与社会自发治理之间相互协同,在"上善若水"的境界层次上,"因势利导"地引领沿黄村镇的转型与可持续发展。

[①] 喻新安、辛世俊、陈东辉:《乡村治理有效的成功实践——官渡镇实施"三项制度"创新基层社会治理的调查与思考》,《河南日报》2019年7月22日,第5版。

The Reform Procession of Plan, Legal and Governance System in the Yellow River Beach

Xu Ke

Abstract: At the end of 2019, General Secretary Xi Jinping put forward the requirements of water to be determined and used, measures to be taken according to local conditions and classification, great protection and governance to be promoted at the Yellow River basin ecological protection and high-quality development symposium, which leads the diretion of the promotion and mutual fusion of the spatial plan, legal and governance system in the Yellow River Beach. Villages and towns alongside the Yellow River, also called the floodplains, the original course, and the wetlands, overlapped into an independent self-system upon their land resources. The theme of plan on projects changed as "flood infrastructure", "poverty alleviation", "characteristic towns" and "ecological protection" in recent two decades, together with the legislations and amendments of the law issued as budget, tenders and bids, government investment, urban and rural plan, environmental protection, converged into the progressive path of governance system. The interaction between the plan, the law, and the governance formed into a sort of water-typed civilization around the virtue by moral enlightenment and beneficial guidance, thus aroused amiable commonsense and soft-circumstances from the inhabitants, induced further progression of civilization and improvement of institution spontaneously.

Key words: the Yellow River beach; plan; the rule of law; governance

论先秦儒家的生态思想及其现代意义

刘 怡

摘要：先秦儒家思想中蕴含着丰富的生态思想。先秦儒家天人合一的世界观主张人与自然和谐共生,人们应当效法天道好生的原则,成己成物,肩负起参赞天地化育的生态职责。先秦儒家倡导仁民爱物,拓展了人们的道德空间,又从"以时禁发"的时间限制、禁止"伤萌幼之类"的种类限制、禁止"竭泽而渔"的规模限制等方面确立了保护自然资源的行为规范,虞衡制度则是保障人与自然关系的政治法律保障,"以民为本"是处理人与自然关系的最终目的。先秦儒家丰富的生态思想能够为当今生态文明建设提供丰富的思想资源。

关键词：先秦儒家；生态思想；天人合一；仁民爱物

作者简介：刘怡(1989—),男,湖南益阳人,西北大学中国思想文化研究所博士生,主要从事先秦思想史和环境哲学研究。

生态兴则文明兴,生态衰则文明衰。面对全面深化改革过程中所面临的突出的生态问题,党的十八大以来,以习近平总书记为核心的党中央以鲜明的人民立场和强烈的历史担当,把生态文明建设摆在改革发展和现代化建设全局位置,持续不断推动生态文明建设纵深发展,将生态文明建设作为中华民族永续发展的根本大计,深刻回答了为什么建设生态文明、建设什么样的生态文明、怎样建设生态文明的重大理论和实践问题,形成了习近平生态文明思想,成为习近平新时代中国特色社会主义思想的重要组成部分,为推动我国生态文明建设迈上新台阶指明了方向。习近平总书记指出:"中华民族向来尊重自然、热爱自然,绵延5000多年的中华文明孕育着丰富的生态文化。""我们中华文明传承五千多年,积淀了丰富的生态智慧。"习近平总书记充分肯定中华优秀传统文化中蕴藏着丰富的生态思想。作为中国优秀传统文化的重要组成部分,儒家生态思想源远流长,内涵丰富。儒家思想中的"天人合一""万物一体""仁民爱物""厚德载物""民胞物与"等优秀文化基因,能够为生态文明建设提供精神资源。

一、"天人合一"的生态观念

"天人合一"是儒家生态思想的核心内容。从自然观上讲,"天人合一"的本质就是强

---

* 本文为2018年陕西省教育厅哲学社会科学重点研究基地项目(I8JZ057)、西北大学研究生自主创新项目(YZZ17074)研究成果。

调人与自然的和谐共生、协调发展。《中庸》说:"万物并育而不相害,道并行而不相悖。"人类与天地自然、生命万物不是相互对立、相互争斗的关系,而是息息相关、并行不悖、并育不害的关系。人与万物同处于天地自然当中,能够达到和谐共生的境界。与西方人类中心主义割裂人与自然的关系不同,中国哲学的基本特征是认识到人与自然的和谐统一。"天人合一"首要的意思就是认识到天地、人、万物是相互联系、相互依存的整体,在这个统一体中,一切生命都积极参与到有机整体的大化流行中,杜维明认为这是一种"存有的连续性"①。

人与自然的关系,是"生"的连接。自然既是创造生命的根源,也是生命活动的场景,并能为生命提供物质资源。孔子说:"天何言哉?四时行焉,百物生焉,天何言哉?"(《论语·阳货》)人类及自然万物都是天地大化流行的产物。荀子也说:"天地者,生之本也……无天地,恶生?"(《荀子·礼论》)天地是产生万物的根源,是万物存在的本根,没有天地的化育作用,就没有生命的创造产生。《周易》以"生生"之道贯穿天地万物之间的联系。"天地之大德曰生。"(《周易·系辞下》)"大哉乾元,万物资始,乃统天。""至哉坤元,万物资生,乃顺承天。"(《周易·象传》)天地通过云行雨施、昼夜变化、六位四时等方式化育生成万物,使万物能运行流动于宇宙之间,保障万物的滋养生长。天地自然不仅能创造生命,其本身就是一个充满生机的生命体,不是一堆毫无生息的机械物质。正因此,人类不能将自然视为只具有工具价值的物质体,而应当视作有内在价值的生命体。仁者乐山、智者乐水。古代圣贤钟情于山水的乐趣,从中感受到青山秀水活泼泼的生机。自然既是生命创造的根源,也是充满生命气息的主体,人与自然构成生命共同体。蒙培元先生指出,"'生'的问题是中国哲学的核心问题,体现了中国哲学的根本精神",这种"'生'的哲学"的基本含义就是它是一种生成论哲学而非西方式的本体论哲学,是生命哲学而非机械论哲学,就人与自然的关系而言,它是生态哲学。② 这种"生",既是一种生成之"生",也是生命之"生",更是生态之"生"。

人与自然的关系是动态的,而非静止的。《周易》提倡"生生之谓易",既描述了人类活动生生不息的创造活动,也是对自然日新月异的写照。"天地之道,恒久而不已也。"(《周易·恒·象》)天地自然始终处于永恒的运动变化过程中,而且,这种运动变化是有规律的。人类能够认识和掌握自然变化的规律。人与自然的互动表明,一方面人类应当在尊重自然规律的基础上,充分发挥人的主观能动性,因地制宜、因时制宜合理利用自然、改造自然,另一方面,人类要保护好自然、修复好自然,积极有效地对自然环境进行适当的、合理的调整与治理。人既不是顺从自然的奴隶,也不是征服自然的主人。人因自然而更有活力,自然因人而更有灵气。天地自然不仅是人类活动的场景,也是人类行为的规范者,同时也是人类道德伦理的源泉。天道是人道的参照,是人道的标准。人道效法天道,不仅能够提升人的道德修养,实现人类社会秩序的安定,而且也能够妥善处理人与自然的关系,实现人与自然和谐共生的境界。

---

① 杜维明:《试谈中国哲学中的三个基调》,《中国哲学史研究》1981年第1期。
② 蒙培元:《人与自然——中国哲学生态观》,人民出版社,2004,第4-5页。

二、"成己成物"的生态职责

天人合一的宇宙观将人与自然纳入到一个有机整体中,确立了人与自然和谐共生的基本原则。天道好生的基本原则不仅化育了世间万物,而且能够确定万物的基本价值。《中庸》说:"中也者,天下之大本也;和也者,天下之达道也。致中和,天地位焉,万物育焉。"儒家认为"中和"之道是天地的根本原则,达到中和的境界,就能使天地各守其位,能使万物得其化育。天地至诚,不仅能够化育万物,而且也内在地肯定万物之本性。就此而言,成己成物乃是天地的本然之道。诚如泰勒所说,所有有生命的物体都有其自身的善,所有生命都是"生命的目的中心",每个生命都有其善,因为作为生命,它有方向,有目标,有目的。有生命的物体都有其不断生长与完善的潜力,这种潜力是实现生命物体自身的方向、目标、目的的价值。这种价值既是对事物内在价值的肯定,也是天道好生之德的体现。

在人与自然的关系中,儒家认为人类是自然界的一员,又强调人类是非常特殊的成员。"惟天地万物父母,惟人万物之灵。"(《尚书·泰誓上》)"人者,天地之心也。"《礼记·礼运》人既是一个自然人,更是一个道德人。换言之,人不仅是有血有肉、有感情的生命体,而且也是有良知良能、有道德心性、有使命担当、有责任意识的主体。但儒家所说的人性之灵,并不是近代以来西方人类中心意义上所说的人为自然的主宰,而是强调人能够参悟天道、遵循天道进而"与天地参"。《说卦传》曰:"昔者圣人之作《易》也,将以顺性命之理。是以立天之道,曰阴与阳;立地之道,曰柔与刚;立人之道,曰仁与义。"天地之道在于以阴阳刚柔和合化育万物,而人道的主旨就在于法天地之道,行仁义而利万物。人类需要促成万物价值的实现,以实现天道好生的道德目的。

人类能够而且应当担当起维护自然和谐、保持自然平衡的职责,这是人类的使命。正是出于这种使命感,《中庸》提出了"成物"说:"诚者非自成己而已也,所以成物也。成己,仁也;成物,知也。""惟天地至诚,故能尽其性,能尽其性,则能尽人之性,能尽人之性,则能尽物之性,能尽物之性,则可以赞天地之化育,可以赞天地之化育,则可以与天地参矣。"成己是成就人之性,成物是成全万物之性,两者相辅相成。成己是成物的前提和基础,成物是成己的拓展和提升。孟子亦说:"尽其心者,知其性也。知其性,则知天矣。"(《孟子·尽心上》)天道的运行流转能够创造世间万物,在天道的支配下,万物各得其本性,各依其本性而有序地发展。人如果能够修身养性,使人道契合于天道,则可"尽人之性",在"尽人之性"的基础上推而广之,扩散至世间万物,则可以"尽物之性",让物性得到充分的发展,促成万物的生长。观天地化育之成效,赞叹天地化万物之功德,人类由此而能参与到"生生不息"的天地化育过程中。人类既要追求"成己""成人",也要力求"尽物""成物",既要推己及人,也要推己及物。成己与成物是紧密相连的统一体。这既是天道好生的基本要求,也是人性拓展的逻辑结果。

"成物"是人类承担生态职责的具体要求。荀子认为成物是圣王明君的重要职责。"故天地生君子,君子理天地;君子者,天地之参也,万物之总也,民之父母也。"(《荀子·王制》)"天地生之,圣人成之。"(《荀子·富国》)"天生人成"思想的提出不仅确立了人类的重要地位,更重要的是明确了人在促成万物生长方面的作用和职责,规定了人类维护自然平衡的重要义务。人类社会的和谐稳定乃是人与自然和谐的前提与基础。人与自然的和谐,首先是人与人、人与社会的和谐,换言之,人与自然关系的解决,核心在人,基础在人。

三、"仁民爱物"的道德依据

《中庸》将人性与物性相联系,使两者的联系更为紧密,客观上为儒家的道德学说向物的方面延伸提供了前提基础。孟子正是在此基础上将儒家的忠恕之道推向万物,最终发展成"仁民爱物"说。"君子之于物也,爱之而弗仁;于民也,仁之而弗亲。亲亲而仁民,仁民而爱物。"(《孟子·尽心上》)孟子建立了亲、民、物三种不同的道德体系,三者分别是在处理血缘人伦关系、社会关系、人与万物的关系,实质上是处理人与人、人与自然关系的总原则,其中"爱物"思想侧重于探究人与万物之间的关系。

孟子"爱物"思想的提出,将动物纳入到道德体系的框架内。伦理的关系不限于亲情人伦、社会关系,更进一步拓展到人与自然万物的关系,打破了人与自然万物之间的界限,更加密切了人与万物的直接关系。孔子积极倡导仁者"爱人",大大提升了人的价值,孟子进一步高扬"爱物",将"爱"的思想扩大到非人类世界,开启了怜爱非人类世界的路径。这是他对孔子仁爱思想的一大发展。"如果说孔子的'爱有差等'观念尚限于在人伦之间分别亲疏,那么,孟子的仁爱等级论已经将讨论范围扩大到人之外的世界。"[1]乔清举教授详细考察了"道德共同体"的概念,并依此指出儒家"道德共同体的范围本来就包括动物和植物,直至无机物如泥土瓦石之类。这叫做'德及禽兽''泽及草木''禽兽草木广裕''恩及于土''恩及于金石''恩至于水''化及鸟兽''顺物性命'等"[2]。不仅儒家的仁德能够扩展至非人类世界,实际上,儒家的义、孝、恕等德目也可以不断向非人类世界拓展。荀子认为:"夫义者,内节于人,而外节于万物者也;上安于主,而下调于民者也;内外上下节者,义之情也。"(《荀子·强国》)义是调节内外上下关系的重要原则,对内而言,可合于人,对外而言则可合乎于物。《孔子家语》也将人道推向非人类世界:"柴于亲丧,则难能也,启蛰不杀,则顺人道,方长不折,则恕仁也。"(《孔子家语·弟子行》)春天不杀蛰伏的动物,就是遵循人道,不攀折生长的树枝,就是宽和仁恕。儒家将人伦社会道德进一步向万物推进,使其忠恕之道既能落实到人类社会,又进而能推向宇宙万物,这是儒家伦理道德"推己"之道的必然趋势,也是其仁爱道德伦理的必然走向。

仁爱的范围由人际关系而扩展至人与万物、人与自然的关系,将人际伦理拓展至生态伦理,从而增强了人类道德的视野,也肯定人类道德的提升对于协调人与自然和谐关系的作用。作为天地化生的一员,人类应当效法天地之大德,以德配天,这既是对天道的遵循,也是合理实现人类自我价值的重要环节。以此为契机,儒家逐步提出仁爱天地万物的伦理体系,并最终发展出"民胞物与""万物一体"的价值观。万物一体的概念使儒家能够在天道的引导下,更加人性化地关注"物"特别是动物的生存状况,关心动物的生命。从这方

---

[1] 方旭东:《为何儒家不禁止杀生——从孟子的辩护谈起》,《哲学动态》2011年第10期。
[2] 乔清举:《儒家生态思想通论》,北京大学出版社,2013,第19页。

面来讲,儒家仁民爱物、万物一体的观念具有十分重要的生态意义。

四、"以时禁发"的生态保护

儒家历来重视遵循自然规律,合理利用资源,保护自然资源,反对滥用自然资源,为此制定了一系列行为规范。许多学者从"以时禁发"的时令、政府机构的设置、政策法令的颁布、苑囿园池的建设、节制消费的观念等方面深入考察了先秦儒家文献中动物保护的基本方式。① 大致来说,先秦儒家对动物的保护主要体现在"以时禁发"的时间限制、禁止"伤萌幼之类"的种类限制、禁止"竭泽而渔"的规模限制等方面。

其一,"以时禁发"的时间限制。《夏小正》《诗经·豳风·七月》《礼记·月令》《吕氏春秋》《管子·四时》等详细记述了人们一年中每月的政事安排。什么时候禁止捕猎动物,什么时候开始捕鱼狩猎,什么时候驱赶野兽,什么时候统计六畜的数量,什么时候可以使用动物牺牲,什么时候征收和进贡动物等,都有详细的规定,形成了一种政务与时令相匹配的"月令图式"。比如,孟春之月,动物开始孕育萌生,此时禁止捣毁鸟巢,禁止杀害幼虫、已怀胎的母畜、刚出生的小兽、开始学飞的小鸟,不得捕捉小兽,不得掏取鸟卵,不得使用母畜作祭祀的牺牲。直到季夏之月,才命令渔师捕取蛟、鼍、龟、鼋等,季秋时节,天子开始举行田猎,颁布乘马政令,放开田猎限制。在仲冬之月,野虞还需要指导和帮助人们猎取动物。这种时令的安排恰恰符合"春生、夏长、秋收、冬藏"的基本规律。这种规定"与其说是以人为中心,按人的需求来安排的,而毋宁说是按照大自然的节奏、万物生命的节律来安排的,亦即按四季来安排的"②。人类只有遵循万物生长的节律,依时而作,才能维系生态系统的平衡,才能实现人与自然的和谐相处。

其二,禁止"伤萌幼之类"的种类限制。儒家注重保护动物的生命,以促成其自然的生长。儒家尤其对幼小的、怀孕的动物予以保护。孟子主张"数罟不入洿池","数罟",意为密网。③ 孟子强调不能使用密网捕鱼,通过限制捕鱼工具的形式,保障鱼类能够顺利成长。《礼记·王制》规定:"不麛,不卵,不杀胎,不殀夭,不覆巢。"《逸周书·文传》也说:"不麛不卵,以成鸟兽之长。"这就是说禁止猎杀幼兽和怀孕的母兽,禁止掏鸟卵、毁坏鸟巢,以保障鸟兽能够顺利地生长繁衍。

其三,严禁"竭泽而渔"的规模限制。孔子对捕鱼和射猎规模有严格的限制。"钓而不网,弋不射宿。"(《论语·述而》)夫子用鱼竿钓鱼却从来不使用渔网捕鱼,用弋射猎物却从来不射杀夜间回巢的鸟。孔子虽然没有明确反对人类捕猎鱼兽的情况,但他对人们捕猎

---

① 相关著作如余文涛、袁清林、毛文永:《中国的环境保护》,科学出版社,1987;严足仁编《中国历代环境保护法制》,中国环境科学出版社,1990;袁清林:《中国环境保护史话》,中国环境科学出版社,1990;陈登林、马建章:《中国自然保护史纲》,东北林业大学出版社,1991;罗桂环等:《中国环境保护史稿》,中国环境科学出版社,1995;李丙寅、朱红、杨建军:《中国古代环境保护》,河南大学出版社,2001。

② 何怀宏:《儒家生态伦理思想述略》,《中国人民大学学报》2000年第2期。

③ 朱熹注曰:"数,密也。罟,网也。洿,宕下之地,水所聚也。古者网罟必用四寸之目,鱼不满尺,市不得粥,人不得食。"朱熹:《四书章句集注》,中华书局,1983,第203页。

的方法、时间、对象有严格的限制,这种限制反映出儒家反对竭泽而渔,倡导持续利用基本倾向,也反映出孔子对某些动物给予特殊的关照。这种关怀情况也反映出儒家以道德的方式处理人与动物的关系。如史怀哲读到孔子的这段话时,不禁感叹道:"孔子的关怀还涉及动物。《论语》中说:'子钓而不纲,弋不射宿。'他不用网捕鱼,因为他索取的不会超过他所需要的;他也不会射杀还在窝里的小鸟,因为这些都是自然而然不应该做的事。"①葛荣晋先生也说,孔子在捕鱼和捕鸟方面的仁爱主张,表现了他对于自然资源的珍惜和爱护,是一种生态道德主义的行为。② 此外,《礼记》明确规定了国君、大夫、士的狩猎规模:"国君春田不围泽;大夫不掩群,士不取麛卵。"(《礼记·曲礼下》)"天子不合围,诸侯不掩群。"(《礼记·王制》)人们在打猎时应当有所节制,不可一网打尽。古人根据社会生活的经验,认识到滥用自然资源的危害:既不利于动物资源的可持续利用,也不利于人民的日常生活。因此,先秦儒家强调利用自然资源,需要做到生养得时,保障合理有序的保护和利用自然资源,使利用与厚生得到统一。"苟得其养,无物不长,苟失其养,无物不消。"(《孟子·告子上》)"养"是维护和保持生物多样性的根本保障。《孟子》设想中的理想政制强调对动物的生长需要做到生养得时。荀子同样强调养育万物得时,以保障万物的自然生长:"养长时,则六畜育;杀生时,则草木殖。"(《荀子·王制》)荀子主张对待动物需要严格遵循生杀得时的原则,在特定的时节要注重养育,在恰当的时节内才能取用,这样才能保证六畜兴旺,草木繁盛。

儒家严格规定了人们利用自然资源的各种禁令,不仅制定了一系列的行为规范,更是将此上升为一种道德规范。如荀子提出:"杀大蚤,朝大晚,非礼也。治民不以礼,动斯陷矣。"(《荀子·大略》)杀伐过早,不符合礼制的规定。这是将生杀以时的节制程度,上升到礼的高度。《礼记》载:"曾子曰:'树木以时伐焉,禽兽以时杀焉。'夫子曰:'断一树,杀一兽,不以其时,非孝也。'"(《礼记·祭义》)此处引述孔子和曾子的话语,认为在不适当的时节砍倒一棵树或杀死一只动物,是违背孝道的行为,这样就将生杀以时提升到孝的高度。儒家道德伦理与保护动物的行为规范相融合,使道德成为衡量动物保护行为的重要参考依据。

五、虞衡制度的生态管理

生态环境的建设,有赖于健全的制度保障。我国古代很早就把自然资源的管理与保护上升到国家制度层面。在儒家的文献记载中,生态职官的设置可以追溯到三代时期。《尚书·舜典》记载,帝舜设置虞官统筹管理山林河泽中的草木鸟兽,并任命伯益担任此职。这一机构的设置,被有些学者称赞为"我国历史上最早的自然保护机构"。三代时期被儒家文明视为文化的源头、理想社会的基本蓝图。儒家将自然资源的管理追溯到三代时期,显然具有重要的意义。它揭示了自然资源的职官化管理具有悠久的历史传统,更重要的是,这种制度化的管理是圣王明君管理人与自然关系的重要保障。

---

① 阿尔伯特·史怀哲:《中国思想史》,常暄译,社会科学文献出版社,2009,第55页。
② 葛荣晋:《儒家"天人合德"观念与现代生态伦理学》,《甘肃社会科学》1995年第5期。

生态职官的设置，最为详细的记录见于《周礼》中。《周礼》共有天、地、春、夏、秋、冬六篇，分别论述天官、地官、春官、夏官、秋官、冬官系统，在这六大官职系统中，生态职官都有相应的设置。其中，天官冢宰又称大宰，系百官之长，其主要职责是辅佐天子治理朝政。大宰以九种职业任用百姓，其中"三农"、"园圃"、"虞衡"和"薮牧"分别负责农业、园林业、山川河林和畜牧业，均与生态环境有关系。尤其是虞衡机构，主要负责山川河泽等的管理和保护，虞衡制度下设有山虞、泽虞、林衡、川衡等，分别负责管理山、川、泽、林，又根据山林川泽的大小配置相关的人员数目。据学者考证，虞衡的编制人员大约有900人，形成了一套颇具规模的管理机制，使资源管理进入了专门化管理阶段。① 此后，虞衡制度成为历代管理山川河泽的重要机构，三国时曹魏改称为虞曹，直至隋朝改六部，虞部属于工部，明代改为虞衡司，一直延续到清代。这在世界上都是绝无仅有的。此外，《周礼》中还专门设置职官管理动物资源。如兽人、渔人、鳖人主要负责捕获鱼鳖野兽以供饮食和祭祀之需，迹人专管田猎方面的政令，囿人掌管囿中的野兽，草人负责改良土壤，蛮隶负责养马，夷隶负责养牛，貉隶负责饲养和训练猛兽，还有兽医专门负责治疗家畜，等等。

儒家还倡导制定相关的礼制、法律、法规、禁令等，将资源管理与保护上升至国家意识形态的高度。比如，西周时期颁布的《伐崇令》规定："毋坏室，毋填井，毋伐树木，毋动六畜。"张家山汉墓竹简《二年律令》中规定"春夏毋敢伐材木山林"，这些具体的法令措施就是对《礼记》中"禁止伐木""毋焚山林"内容的具体落实与深化。儒家规定的生态环境保护措施，上升为国家法律制度的一部分，成为指导人们合理利用自然资源、保护自然资源的重要依据。

六、"以民为本"的生态目的

保护生态环境，最根本的目的是保障民众的生活需要。先秦儒家既强调保护自然资源，又强调合理利用自然资源，以满足人民的生活需要，将自然资源的管理与民众生活需要相结合，并将此升华为圣王之制。

孟子在其规划的政治蓝图中强调："不违农时，谷不可胜食也；数罟不入洿池，鱼鳖不可胜食也；斧斤以时入山林，材木不可胜用也。谷与鱼鳖不可胜食，材木不可胜用，是使民养生丧死无憾也。养生丧死无憾，王道之始也。"（《孟子·梁惠王上》）孟子认为遵循时令合理安排农林、渔业、畜牧业的发展，既能保证谷物、鱼鳖、六畜的丰收，也能够充分保障人们的生活安排，改善百姓尤其是老人的生活质量，这是实现王道政治的重要保障。荀子同样将自然资源的合理开发与保护、民众生活需求的满足与实现作为圣王之制的内容："圣王之制也：草木荣华滋硕之时，则斧斤不入山林，不夭其生，不绝其长也。鼋鼍鱼鳖鳅鳝孕别之时，罔罟毒药不入泽，不夭其生，不绝其长也。春耕、夏耘、秋收、冬藏，四者不失时，故五谷不绝，而百姓有余食也。污池渊沼川泽，谨其时禁，故鱼鳖优多，而百姓有余用也。斩伐养长不失其时，故山林不童，而百姓有余材也。"（《荀子·王制》）草木鸟兽生长的时候，应当节制人们的欲望，以保障动植物能正常地生长，保障它们的生息繁衍。《荀子·王制》

---

① 陈业新：《儒家生态意识与中国古代环境保护研究》，上海交通大学出版社，2012，第352页。

又称:"王者之法:等赋、政事、财万物,所以养万民也。田野什一,关市几而不征,山林泽梁,以时禁发而不税。"荀子主张禁之以时,甚至希望通过减免税收的方式达到这种效果,并将"以时禁发"的责任具体落实到虞师的身上。先秦儒家强调对动物资源既要养之以时,也要取之以时,这样才能保障动物资源得到合理充分的发展,达到生物多样性的局面,如此才能保障人们得到丰富而稳定的物质资源,达到"有余食""有余用""有余材"的稳定局面。先秦儒家将动物的保护与民众的生活相联系,使之成为实现小农经济生活的重要保障,成为实现民众生活的安康乃至成为实现王道政治的重要条件。

先秦儒家的圣王之制提倡树立保护自然资源以造福于民的生态惠民理念,这不仅有利于保持人与自然的和谐、维护生态平衡,而且有利于促进社会的稳定发展,有利于保障民生需求。这些朴素的自然生态观,注意到环境保护与民众利益之间的内在关系,至今仍然具有深刻的现实意义。

当今,环境问题日益成为影响人们生产生活的重要问题。环境问题的解决,不仅需要依靠科学技术的创新,也需要改善人们的思想观念。儒家生态思想内容丰富、思想深邃,能为生态文明建设提供重要的思想资源。儒家思想作为中华优秀传统文化的重要组成部分,理应成为生态思想的重要资源之一。当然,儒家生态思想植根于农业文明时期,其思想的科学性、系统性、严密性、实践性远远不足,与现当代生态思想有一定差异,这需要我们注重挖掘中华优秀传统文化的生态基因,结合当代国情进行创造性转化和创新性发展,使绵延几千年的中华文明重新焕发魅力,彰显中国优秀传统文化的现实意义和当代价值。

On the Ecological Thought of Pre-Qin Confucianism and Its Modern Significance

Liu Yi

Abstract: Pre-Qin Confucianism contained rich ecological ideas. The pre-Qin confucianists' world view of the unity of Heaven and Humanity advocated the harmonious coexistence of man and nature, and people should follow the principle of good life, the mutual cultivation of self and things, and shoulder the ecological responsibility of counselors for the cultivation of heaven and earth. The pre-Qin confucianists advocated being humane to all people and feeling love toward things, which expanded people's moral space. It has also established a code of conduct for the protection of natural resources in terms of the time limit for "prohibiting hair growth by time", the type limit for "harming young children and the like", and the scale limit for "draining the swamp and fishing". Yu-heng system was the political and legal guarantee of the relationship between man and nature. People-orientation was the ultimate purpose of dealing with the relationship between man and nature. The rich ecological thought of pre-Qin Confucianism could provide abundant ideological resources for the construction of ecological civilization.

Key words: pre-Qin Confucianism; ecological ideas; the unity of Heaven and Humanity; being humane to all people and feeling love toward things

黄河文明与文化

由族谱所见清代河南省武陟县庶民宗族的建构与发展

吴大昕　李梦冰

摘要：本文以河南省武陟县族谱为主,探讨该地庶民宗族族谱编修概况及宗族与地方社会的关联。就族谱编修而言,武陟县族谱的编修和保存人员均为族内人员,所管理的成员以宗族所在地的为主。即这些宗族多是以血缘为基础,以地缘联系为主的社会团体和组织,其中地缘联系是以宗族所在地及邻近地区为主,而非建立跨地域的关系网,这与其社会发展阶段和较为稳定的生产生活环境密切相关。

关键词：河南宗族；族谱编修；外迁族人；本宗所在地

作者简介：吴大昕(1976—),男,东北师范大学历史文化学院教授,主要研究方向为明清东亚海域史、明代社会史。李梦冰(1991—),女,河南焦作人,郑州市惠济一中教师。主要研究方向为明清社会史。

学界对宗族的研究成果颇丰,特别是对广东、福建、徽州等华南地区①的宗族,而华北

---

① 本文中,"华南宗族"指的是广东、福建、台湾和徽州地区的宗族,"华北宗族"则是指河北、河南、山西和山东地区的宗族。华南、华北是一个相对的概念,基本上以南宋故土为华南的主要范围,其他地区则归类于华北。

宗族研究相对薄弱,①河南宗族问题探究,主要在豫北地区,视角集中于军户与宗族②、移民传说③、宗族发展④、世家大族与地域社会⑤,较少关注庶民宗族组织及其在地方社会中的影响。其中,庶民宗族主要就其政治和社会地位而言,相关表征有该宗族族内所获功名在举人及以上的成员极少,即使有,亦不足以带动整个宗族在地方上的发展;宗族建设更重要的是继承族内传统,维持家族传承;但同时,这些宗族有同族观念及修族谱、建祖茔和宗祠等宗族活动,并长期延续,在族内管理和稳定地方社会方面发挥了一定作用。本文以族谱为探讨对象,分析其编修概况及内容中反映出的宗族的建构与发展情况等。

---

① 宗族研究越来越完善,探究历程主要有:中华人民共和国成立前及成立初期,宗族被认为是封建社会的残余,是阻碍中国发展的重要因素之一,主要有傅衣凌和左云鹏等的相关文章。改革开放后,宗族专题性、区域性问题受到重视,华南地区的研究成果颇丰,且偏重社会经济史,并逐渐形成华南范式。可参考李文治、郑振满、叶显恩、刘志伟、科大卫、陈其南、李亦园、濑川昌久、上田信、井上彻等学者的文章。然而,随着区域化研究的增多,宗族研究呈现碎片化,关于宗族性质存在众多争议,如滨岛敦俊提出"江南无宗族"。进入21世纪后,宗族研究视角更加丰富,对宗族组织的动态考察增多,宗族研究逐渐从社会经济史中脱离出来,偏重社会史,主要是从族谱、族学、宗祠、族规等角度探讨宗族组织的结构、管理,以及与社会、国家政权的关系等。这利于研究者更加充分地理解宗族在社会变迁中所处的位置及其发挥的作用。华南宗族丰富的研究成果也为探讨其他区域奠定了良好的基础。这一时期华北宗族的发展进程、结构功能、宗族与社会变迁等研究取得了进展,如冯尔康、常建华、赵世瑜、李留文、申红星等学者的文章。这对于了解明清时期宗族全貌具有重要意义。部分相关的研究综述参见常建华:《近十年晚清民国以来宗族研究综述》,《安徽史学》2009年第3期;常建华:《近十年明清宗族研究综述》,《安徽史学》2010年第1期;常建华:《近年来明清宗族研究综述》,《安徽史学》2016年第1期;乔新华:《山西洪洞大槐树移民问题研究的回顾与思考》,《清华大学学报》(哲学社会科学版)2007年第3期。

② 李永菊:《从军户移民到乡绅望族——对明代河南归德沈氏家族的考察》,《中国社会经济史研究》2008年第1期;申红星:《明代宁山卫的军户与宗族》,《史学月刊》2008年第3期。

③ 赵世瑜:《从移民传说到地域认同:明清国家的形成》,《华东师范大学学报》(哲学社会科学版)2015年第4期;冀满红:《民众迁徙、家园符号与地方认同——以洪洞大槐树和南雄珠玑巷移民为中心的探讨》,《史学理论研究》2011年第2期;傅辉:《分姓现象与明初华北移民政策关系研究》,《中州学刊》2007年第2期。

④ 申红星:《明清以来北方宗族发展的历程——以豫北地区为中心》,《新乡学院学报》(社会科学版)2009年第4期。

⑤ 申红星:《明清时期的北方宗族与地方社会——以河南新乡张氏宗族为中心》,载常建华主编《中国社会历史评论第9卷》,天津古籍出版社,2018,第140-152页;李留文:《村社与宗族——明清时期中原乡村社会组织的演变》,《历史人类学学刊》2010年第1期;刘巧莉:《明清时期华北地区的宗族与地方社会》,博士学位论文,吉林大学文学院,2016。

一、武陟县社会环境和当地宗族发展概况

河南省位于华北平原南部,适宜耕作,以农业为主,"农民的劳动是围绕旱地耕种、锄地、割麦进行的,生产也是生活,社会关系产生于这样的生活之中"①,同时北方的耕作和灌溉方式与南方不同,一般两三人即可完成;②这样的生活环境虽收益有限但生活较为稳定。武陟县位于河南省西北部,邻近山西,隶属于怀庆府(今河南焦作),处于黄沁交汇处,③地形平坦,适宜农业耕作,④但也易遭到水旱等自然灾害影响。⑤

元末明初,北方除自然灾害外,还常受战乱影响,人口锐减,对此实录中即有记载⑥。同时华南地区处于相对安定的发展阶段。为了社会安定和恢复经济,明初,在政府的组织下,大量移民进入河南,并在这片土地上繁衍生息。⑦ 这些在政府组织下进入河南的移民,少有举家迁到同一村落的,更无举族迁移。移民之初,同一村庄的人并非是同姓族人,多是由政府重新按照里甲编排。如查阅20世纪50年代河南汲县郭屯镇发现的迁入碑的碑文,可知,甲长和里长及其负责的民户、同一里的十户中同姓者均占据少数。⑧ 即移居武陟县的民众并非举族迁徙,而是经过几百年的繁衍发展,从明至清,随着生产生活逐渐稳定,人口增多,这些移民通过族内承继和兼祧确保本族的延续,通过记载坟茔变迁和祭祀规仪以传承尊祖敬宗的理念,通过管理和保护族人维系族内的安定等,发展出新的血缘

---

① 常建华:《档案呈现的清中叶河南乡村社会——以59件嘉庆朝刑科题本为例》,载苗长虹主编《黄河文明与可持续发展 第5辑》,河南大学出版社,2013,第55页。
② 黄宗智:《华北的小农经济与社会变迁》,中华书局,1986,第244-245页。
③ "(武陟)属河南布政使怀庆府,在府治东一百里,在省城西北二百二十里,自县治东北一千五百里达于京师","为古怀州之地,左临大河,右滨沁水,城当其要,隐然有雄峙河朔之概",引自道光《武陟县志》,第7页。
④ 黄河流域自古以农耕文化为主,可参考李玉洁:《黄河流域农耕文化述论》,载苗长虹主编《黄河文明与可持续发展第1卷(第1期)》,河南大学出版社,2008,第81-90页。
⑤ 关于河南自然灾害研究可参考:钮仲勋、孙仲明:《豫北沁河下游的历史变迁》,《史学月刊》1981年第5期;钮仲勋、孙仲明:《历史时期豫北地区主要水系之间的关系及人类改造利用的影响》,《河南科学》1985年第2期;马雪芹:《明清河南自然灾害研究》,《中国历史地理论丛》1998年第1期;闫娜轲:《清代河南灾荒及其社会应对研究》,博士学位论文,南开大学历史学院,2013;李格格:《清代伊、洛、沁河流域灾害治理与农业经济发展》,博士学位论文,山西大学经济与管理学院,2016。
⑥ "以宋冕为开封府知府。太祖谕之曰:'元以六事责守令,徒具虚文。今丧乱之后,中原草莽,人民稀少。所谓田野辟,户口增,此正中原今日之急务。若江南,则无此旷土流民矣。汝往治郡,务在安辑民人,劝课农桑,以求实效。勿学迂儒,但能谈论而已。'"选自《明太祖实录》卷三七,洪武元年十二月辛卯条。
⑦ 现今在河南生活的民众,多是在那次移民背景之下迁移而来,并逐渐建立家园的。关于明初移民的探讨有许多文章,如李永芳、周楠:《明初洪洞移民在河南的历史考察》,《商丘师范学院学报》2004年第4期;傅辉:《分姓现象与明初华北移民政策关系研究》,《中州学刊》2007年第2期;李留文:《宗族大众化与洪洞移民的传说——以怀庆府为中心》,《北方论丛》2005年第6期。
⑧ 高心华:《明初迁民碑》,《文物参考资料》1958年第3期。

联系为基础的宗族,并在宗族逐渐大众化和庶民化的清代形成较为完善的规模和管理模式。虽然多数宗族只是成长为中小宗族,族中少有显赫官员和富足财产,但已有成为宗族所需的宗族活动和同族象征。

二、"自我"管理:族谱编修者乃族内成员

清代武陟县的宗族活动已相对固定,至少从康熙年间开始,已经编修族谱并流传至今,但因水旱灾害、战乱和族人疏忽等,并未能全部保存至今。笔者日前在当地搜集的最早稿本是乾隆三十四年(1769)的《汝洪家谱》。通过对族谱的解读可知,无论是族谱编修的参与者或是祭祀活动的组织者,主要都是本族内威望高或有知识的成员(居于乡村而非城中的有学识者),而非他姓者。这与其相对稳定的农业生活环境密不可分。

本节主要选取雒氏和李氏两族的族谱资料进行探讨,并结合其他宗族史料印证说明。选取原因在于,雒、李两族均为当地普通的宗族,无较强权势,且关系密切,在宗族表征和观念上既有相同之处,又存在差异,相关史料可以相互印证和比较。首先,根据族谱和方志记载,自明初至乾隆二十年(1755),两村同属一村。据《李氏族谱》记载,"乾隆二十年北郭村东社①立为丰泰庄"②,表明在乾隆时期,原北郭村分村,新设丰泰庄,李氏归属丰泰庄。查阅明清时期当地地方志可知,明万历年间《武陟志》中无"丰泰庄",有"北郭",隶属于当时的"永宁乡"。③ 清道光《武陟县志》中则已有丰泰庄,正是在北郭村东侧。④ 民国时期编修的《续武陟县志》中,记载李氏家族中的李兆梦即为"丰泰庄人,乾隆岁贡,授林漳县训导"⑤。这些证实了族谱中分村的事实,且分村后李氏归属于新建的丰泰庄。但在宗族成员文化水平和面积等方面北郭村优于丰泰庄。⑥ 其次,结合方志中的地图和田野调查,分村后的两村至今仅有一路之隔,交往密切。另外,依据族谱序言所记载,两族均为明代山西移民,虽有传说成分,但亦表明两族自明代即有一定联系。

(一) 族谱编修

从以往对于华北宗族的探讨中,可知在清代族谱编修的过程中,庶民修谱已经比较普

---

① 疑为"设",在此判断为"设"的缘由在于:根据清代方位图,丰泰庄位于当时北郭村的东侧,且李氏的主要居住范围也是在原村东侧。参见道光《武陟县志》,成文出版社,1976,影印本,第170-171页;清代《武陟县·方二里》图。
② 因本篇序文内容未写明时间,且内容均为迁坟的记载,暂称其为《迁坟序文》。本篇撰写时间,仅有"己巳年记",根据文中的"明祖至清嘉庆十四年四百四十二年,坟安五处,茔以四迁,世以十八",推断本篇应是嘉庆年间所写。
③ 参见万历《武陟志》卷一《地理志》中的《诸乡瞳》,2011,影印本,第253-255页。
④ 道光《武陟县志》卷八《疆域志》和卷三中的《二十里甲图》,成文出版社,1976,影印本,第170-171页、446页。在《二十里甲图》中记载的是"丰泰庄",而在《疆域志》中则为"丰泰村"。
⑤ 民国《续武陟县志》,成文出版社,1968,影印本,第172页。
⑥ 由于资料有限,目前分村原因还不能确定,结合访谈和部分资料,可能原因有:李氏部分成员经济和文化水准提升,希望独立发展;土地、赋税、灌溉等经济方面的分配存在不足或不公;原有的祭拜不便等。

遍,大量低功名甚至无功名的族人参与其中,并担任重要的角色。① 但少有对于实际参与人员的统计和分析。在武陟县庶民宗族族谱的序言中,多有记载编修人员,在此就其人员和身份进行探讨。

雒氏一族五公为始迁祖,聪俊耐定乃五公之孙,即第三世,鸾凤佩乃第四世,汝濂、汝洪等乃凤之五子。下表为族谱编修时间及参与人员。

表一　雒氏一族族谱编修时间及参与成员

谱序时间	所在谱	主要编修人员及其身份	
1769 年	《汝濂族谱·首卷》《汝洪家谱》	大和　文庠生之寅之四子 大用　族长弘琇之三子 復性	汝洪门 汝洪门 汝濂门
1769 年	《汝濂家谱·首卷》	大用　族长	汝洪门
1811 年	《汝澄、汝清二祖家乘》	会壬　郡庠生	汝瀛门
1849 年	《汝濂族谱》	庆云	汝濂门
1884 年	《汝洪谱》	未具名	
1903 年	《汝洪族谱》	凤翔　文庠生 连城 凤楼	汝洪门 汝洪门 汝洪门
1905 年	《汝濂族谱》	凤楼 连城 东阳　文庠生	汝洪门 汝瀛门 汝瀛门
1905 年	《佩祖家谱》	东阳　文庠生	汝瀛门
1906 年	《定祖家乘》	凤池　岁进士 连城 东阳	汝瀛门 汝瀛门 汝瀛门
1910 年	《汝瀛族谱》	凤池 东阳　文庠生 传真 传亮　例赠从九品 廷秀	汝瀛门 汝瀛门 汝瀛门 汝瀛门

由表中可知主要参与成员是族长和族内知识分子,其谱序亦是这些成员撰写。其中族长是自然选择,是宗族权力象征,其余参与的知识分子则是后天选择,而且为居于乡村的知识分子,可认为是族长的智囊团。根据族谱资料可知,卧谱中标注的名人亦是汝洪和

---

① 参见王日根、张先刚:《从墓地、族谱到祠堂:明清山东栖霞宗族凝聚纽带的变迁》,《历史研究》2008 年第 2 期;李留文:《宗族大众化与洪洞移民传说——以怀庆府为中心》,《北方论丛》2005 年第 6 期。

汝瀛门最多，其次为汝濂门。① 而该族中有记载的唯一的进士雒伦②，并未参与任何一次族谱编修，也没有为该族撰写过谱序，至少从现存文本和口访资料并无相关内容。

虽然李氏家族中成功考取功名者远远少于雒氏，但其参与族谱编修的成员亦是族内有文化有威望的居于乡村中的知识分子；族长通常是在三门，其余成员以二门成员为主（参看表二）③；其主要任务可分为采访、撰修、执笔、校正等。根据在当地的调查访谈也可知，相对而言二门留在当地且曾读过书有文化的成员较多，族谱的编修多数是二门的成员积极推动，他们之间部分存在父子和师承关系。

表二　李氏一族族谱编修时间及参与成员

姓名	参与修谱时间	任职	在家庭中排行	功名	
成德	道光二十七年(1847)	采访	长子(一子④)		长门
九泉	同治四年(1865)	采访	次子		
嘉会	道光七年(1827) 道光二十七年(1847)	撰写谱序 纂修者	次子		二门
嘉琳	道光二十七年(1847)	办理者	长子		
永遥	道光二十七年(1847)	采访	长子(一子)		
振文	道光二十七年(1847)	采访	三子		
九川	道光二十七年(1847)	采访	三子		
九祥	同治四年(1865)	采访	长子		
永嘉	同治四年(1865)	采访	长子(一子)		
嘉善	同治四年(1865)	采访	长子(一子)		
永乾	光绪六年(1880) 光绪三十年(1904)	同事 执事	次子		
国旺	光绪六年(1880)	同事	长子(一子)		
国遥	光绪十八年(1892) 光绪三十年(1904)	撰写谱序 执事	长子(一子)	邑庠生	
克新	光绪三十年(1904)	执事	次子		
国熙	光绪三十年(1904)	执事	长子(一子)	邑庠生	
益谦	光绪三十年(1904)	执事	次子	邑庠生	

---

① 雒启武：《雒氏族谱卧谱旧本查阅整理纪要》，2016，第17-18页。
② 雒伦：汝濂门，康熙戊午科举人，伍新郑县教谕；辛未科进士，伍山西繁峙县知县。
③ 在此需说明的是，李氏在迁入该地后的第三世有五子，因此分为五门，"大明洪武二年，我始祖讳得源，自山西长子县西关乡贤村，迁居于武邑西南北郭村，至永乐七年葬于镇南庄北，第三世，支分五门"，该称法流传至今，现谱中仍是按照五门分门记载，但不分册。
④ 一子：在此指根据族谱中的记载，家中仅有一个儿子。

续表

姓名	参与修谱时间	任职	在家庭中排行	功名
庆康	道光二十七年(1847) 同治四年(1865)	纂修 纂修	三子	三门
庆福	道光二十七年(1847) 同治四年(1865)	采访 采访	长子	
文隆	同治四年(1865)	办理	次子	
永恭	光绪六年(1880)	同事	长子	

还需注意的是,参与族谱编修的还有庙宇事务的管理者。如雒氏一族中的连城虽未出家,但是参与神坛庙宇的事务管理,并因此成为族内活动主要参与者之一,族谱中记载为"(连城)于社会中神坛庙宇祖茔宗派,能竭力营办,不避劳累,故余族谱之成全实赖公力居多焉"。

(二) 祠堂祭祀

武陟县庶民宗族中其他事项的管理也是以族长和居于乡村中的知识分子为主,例如在祭祖活动中,武陟县庶民宗族祭祀的管理者主要是族长、门长和会首等,部分内容如下:

每年新正初一日辰时祭祖,族长主祭,门长陪祭,会首执事,行九叩礼;

合族大小长幼,一同来庙助祭,有不到者,门长家长究治;

凡入庙之后,合族之人皆宜严肃恭敬,不准喧哗取笑,有不遵者,罪责门长家长,合族究治;

祭毕之后,长者在前,幼者在后,依次站立,庆贺新节;

拜节之后,合族长幼大小,一同上始祖坟祭奠,行四叩礼;

新正十五日辰时祭祖,族长门长会首共同入庙,焚纸上香,行四叩礼。

由上述内容可知,族规中对于祭祖时间、人员和队列等都有较为详细的规定。管理成员有族长、门长、家长和会首,其中族长、门长和家长是按辈分,会首则主要是乡村中有知识者。另外除节日期间,修谱等重要活动也须在祠堂祭祀,并且也须全族参与,按尊卑长幼顺序祭拜。①

笔者认为,这除了与宗族建构中强化本宗意识有关,亦与社会发展状况有关,与南方不同,华北地区依托的是农业发展,更加容易自给自足,处于相对稳定和封闭的社会环境中,先天不需要外界的支持和援助,依靠族内人员即可实现宗族的稳定长久延续。同时,这些宗族组织先天也不需要与远距离外迁族人保持密切联系,即其对宗族的管理局限于本宗所在地及邻近区域,而非建立跨区域的关系网,对此下文有所论述。

---

① 修谱亦有开谱、告竣等祭文,其中简要说明了祭拜原因和礼仪等,参见《河南武陟李氏族谱》,光绪三十年《重修族谱序》中的《开谱祭文》《告竣祭文》。

三、管理"自我"——宗族管理以本宗所在地成员为主

人口流动时常出现,清朝时的河南也是如此,如清中叶嘉庆朝刑科题本的档案中的案件记载表明,当时河南乡村社会既有省内移动,也有外省人到河南和河南人到外省的流动。无论是到河南的,或是出河南的,他们基本都是为谋生而迁徙,外出经商或打工。① 那么对于迁出的族人如何记载和管理也是宗族需要思考的问题之一。徽州地区宗族由于大量族人常年在外经商,且经商所获常用于本宗的建设,因此原住地族人与他们仍保持密切联系。本宗人定期搜集迁居者信息,保证宗族与外迁成员的联系及外迁者对本宗的认同。乾隆年间徽州徐氏规定:"其迁居四方者,每岁一次汇列寄报,凡挈属迁居某州县某乡镇,族长亦逐为记载,庶下届修谱易于稽查。"② 修族谱时也需通知居住在其他地区的族人,"吾族有经商为客,有携家侨寓,有置产迁居,如浙江、江西、河南、山东、湖广、广东、四川及本省十四属府州县乡镇,自81世至88世在在都有,一处未到,遂不能全,所以家谱当三十年一修,庶见闻所及,方无遗漏"③。同时迁居外地者依然享有原籍族产的继承权,"即使是移居外地的族人,对原籍族产一般仍持有共同继承权"④,也有些把原籍继承权转给其他族人。也许正是因为财产的继承权和本宗对外迁族人的关注,使得徽州宗族成员虽常年在外经商,但仍与本宗保持密切联系。

纵观搜集到的武陟县庶民宗族的族谱发现,当地对外迁成员的记载非常简单,不像徽州地区那般详细。其中,迁徙地距离本宗较近的,则注明新居地或其居住范围,如李氏第十三世廷魁注明"住城内",十九世孙克岐"住校尉营"。而更多的无法确定外迁地的,则在族名的旁边,用更小的字简单写上"出外";而标明"出外"的,部分没有族名,且这一分支也再无关于后代的记载。例如,李氏十二世芝的长子无族名且外出,族谱中标注为"长子出外";十四世崇弟和崇安两兄弟名字旁书写的均是"出外",后代无。⑤ 对于武陟县李氏宗族而言,他们那一小家庭分支的记载到此,而对于他们而言,在族谱中暂时也脱离了与宗族的权利义务关系。

另外,部分族谱中明确指出,如果修谱之时,迁居远方且无法确定姓名者,则不予书写,交由后辈有能力之时再查访补写,"族中人成丁者,注之,未成丁与迁居远方者,未知其名者,俱待后人续补,庶免涂改之病"⑥。由此可知,一是,他们对于远距离外迁成员是消极处理,无法获取姓名则不予记载;二是,当时能力有限,只得留给后人有余力者。但是如

---

① 常建华:《档案呈现的清中叶河南乡村社会——以59件嘉庆朝刑科题本为例》,载苗长虹主编《黄河文明与可持续发展 第5辑》,河南大学出版社,2013,第46—65页。
② 乾隆《新安徐氏宗谱·凡例》,清乾隆二年刊本,藏安徽省图书馆古籍部。转引自陈瑞:《清代徽州族长的权力简论》,《安徽史学》2008年第4期。
③ 转引自唐力行:《"千丁之族,未尝散处":动乱与徽州宗族记忆系统的重建——以徽州绩溪县宅坦村为个案的研究》,载《唐力行徽学研究论稿》,商务印书馆,2012,第326页。
④ 郑振满:《明清福建家族组织与社会变迁》,湖南教育出版社,1992,第72页。
⑤ 《(河南武陟)李氏族谱》,1952年稿本。
⑥ 《(河南武陟)雒氏族谱·汝洪谱》,光绪十年《凡例》。

果外出成员返乡,宗族仍予以记载。武陟县赵氏一族,原分为四门,其中三门成员居住于外地,曾返乡,返乡后族谱中有说明,但可惜的是,不久后又失去联络,"三门弘禄,之后有永立者乳名福保,居孟县多年,光绪六年携妻女回来,声言取继,旋又他去,不知所终;又有永兴者,迁居密县小李沟,咸丰年粤乱后来家瞧看时,赵永康嫁女阳城与送亲焉,今无可考"①。同时需要注意的是,此类关于"外出"的记载虽在整个族谱中并未占主要,也在一定程度上表明此地宗族的人口流动并不是大范围的。

因此,对于武陟县庶民宗族而言,他们的管理范围主要是宗族所在地及其邻近地区族人,对外迁族人则是消极简单处理,并不像徽州等地建立跨区域的关系网。这也与其社会发展状况和相对稳定的社会状况密切相关。

对于族人而言,外迁是脱离了最初的地缘联系,若迁移的距离远或时间久②,则可能无法维持与本宗的联合关系。而对于武陟县庶民宗族而言,因水旱灾害外逃的族人,也多会在灾害结束后返回原居住地继续生活。只要有土地生产,族人的生活便能够获得最基本的保障,他们不需要外迁者过多的财力和人力支持,而事实上外迁成员也并没有为原宗族提供援助,特别是远距离外迁成员。因此与外迁成员失去联络这一现实,并没有影响本宗在当地的繁衍和发展,这在一定程度上表明,他们并不需要强有力地管控外出成员仍能维持宗族团体的发展。其中也有部分宗族成员外迁之后,在新居地逐渐发展,形成新的庶民宗族。赵氏四门后在丰泰庄生活,"四门弘祯之后,居丰泰庄,有迁居李封者,独四门人众"③,且繁衍生息,又编修族谱,建立宗族活动,"赵氏卜居丰泰庄,历八九代,竟无族谱于此,而欲赵氏宗派了如指掌也,岂常人所能为哉。有印世元字善长者,系吾表兄,其人天性慈仁,且复敏练有为,尝喟然叹曰,世系茫然,则人何异路人哉。于是历数年辛苦,将宗派考证明白,命余为之缮写"④。

武陟县庶民宗族是以地缘联系为主,主要管理本宗所在地及附近成员,还可从族谱中对于族人出家的记载推断。翻阅武陟县庶民宗族的族谱可发现,其中对于族人出家是有明确记载的,主要形式是在族名旁特别说明,标注出"和尚""出家"等字眼。秦氏族谱中,第十五世保安之子没有书写其名字,而是直接写"和尚",⑤同是秦氏,还有十五世中元之子,已表明为"和尚",却仍标注兼嗣中元和贵元两家。⑥ 雒氏族谱中也有关于族人出家的记录,汝澄汝清门的居宁,在樊侯庙为僧,族谱书写为"出家樊侯庙";⑦次祖门朝年,则是

---

① 《(河南武陟)赵氏族谱》,2013年稿本。
② 参见上田信:《地域与宗族——浙江省山区》,载刘俊文主编《日本中青年学者论中国史·宋元明清卷》,上海古籍出版社,1995,第605页。作者在文中指出,分支移居不切断同族的社会联系维持联合关系的条件,首先是迁移的距离,其次是时间。
③ 《(河南武陟)赵氏族谱》,2013年稿本。
④ 《(河南武陟)赵氏族谱》,大清咸丰九年《赵氏创立族谱序》,2013年稿本。
⑤ 《秦氏家谱(1374—2013)》,郑州家谱古籍印刷中心,2013,第49页。
⑥ 《秦氏家谱(1374—2013)》,郑州家谱古籍印刷中心,2013,第53页。
⑦ 《(河南武陟)雒氏族谱·汝澄汝清二祖家乘》,民国十年稿本。

"在修武县出家和尚"。① 雒氏此处明确记载了出家的地点,更能了解到出家族人仍邻近本宗生活地。作为以地缘联系为主的庶民宗族,族谱对于这些出家的族人都进行了记载。

另外,为了维护宗族整体的发展,当分支中无子嗣时,则会选择族内承继②或兼祧③,这样既维护了族内血缘的正统性,同时也保障了财产的不外流。但是查阅族谱可知,承继和兼祧并不出现在远距离外迁的族人之中,这也再次表明,宗族对于远距离外迁成员是疏于管理的,他们也是脱离了宗族的。

综合而言,对于本宗的认同是在地者的权利也是义务,而对外迁者,则更加灵活;外迁成员不仅脱离了原居住地的生活环境,也在一定程度上脱离了宗族的权利义务关系。实际上也表明当地宗族更多的是为了维持当地生活的稳定,而非建立跨区域的宗族关系网。

四、结语

清代河南省武陟县庶民宗族主要是明代移民至此,经过明清两朝的繁衍生息,大部分成长为庶民宗族。虽然在社会历史大变迁中无突出表现,但是作为宗族,他们依然重视族谱的编修,记载宗族管理和世系发展。

就武陟县庶民宗族的宗族管理而言,管理者主要是族长及族内乡村知识分子。主要管理对象是本宗所在地及附近区域的族人。即更加强调对本宗所在地族人的管理,而对于本宗的认同,亦是在地者或邻近者的权利和义务;远距离外迁的族人,如果能取得联系则予以记载,否则暂先搁置。实际上也表明当地宗族不仅是血缘上的联系,同时是地缘上的联系,其建立主要是为了维持当地生活的稳定,至多跨越邻近村庄,而非建立跨区域的宗族关系网。

这与华南呈现的宗族形态有明显差异,笔者认为这与社会发展阶段和华北较为稳定的生产生活有密切关系。就发展阶段而言,明清时期,相比于中国南方,北方经历了更多的战乱,元末农民战争、靖难之役、土木堡事变和明末清初的战争等,都导致人口大量减少;当华南和湖广各区域在如火如荼进行宗族建设和管理之时,华北的民众还在为生计发愁。即便到清朝都处于稳定期,两地的社会积累已经不可相提并论。另外,从社会发展状况而言,相比较华南经商为主的发展模式和频繁的人口活动,以农业为主的华北庶民宗族,处在相对封闭和稳定的社会经济环境中,先天上不需要通过族产实现强有力的控制,不需要通过高功名成员扩大其影响力,不需要与外迁族人密切联系,就可维持宗族所在地成员间的联系,并保障宗族活动的延续。也正因如此,才使得不同区域呈现出各具特色的宗族组织和形态。

---

① 《(河南武陟)雒氏族谱·次祖家谱》,民国稿本。因该本谱序为光绪三十二年,但有民国时期的契约,无法完全确定是何时,又之后的一本《次祖家谱》是民国十年,根据编写方式应晚于此本,所以该本应不晚于民国十年。另在该稿本中,记载族名为"朝年",而此后的均为"朝军",结合编修时间和同辈中有"朝君"之名,族中一般不重的原则,用"朝年"一名。
② 通常会在族名旁标注"承嗣""出嗣"。
③ 有"一子两祧",也有"一子三祧"。

The Construction and Development of the Common Clan Learned from Local Genealogy of Wuzhi County, Henan Province in Qing Dynasty

Wu Daxin　Li Mengbing

Abstract: This paper mainly studies the genealogy of Wuzhi County, Henan Province, and discusses the general situation of the genealogy compilation and the relationship between the clan and local society. In terms of the compilation of genealogy, the local compilation and preservation personnel are all members of the clan, and the members managed are mainly the location of the clan. That is, most of these clans are social groups and organizations based on blood ties and dominated by geographical relationship. The geographical relationship is mainly based on the location of the clan and its neighboring areas, rather than establishing a cross-regional network, which is closely related to its stage of social development and the relatively stable production and living environment.

Key words: Henan clan; genealogy compilation; clan members relocated; the original location of the clan

明清时期济宁赣商活动分析*

孙建国 石继红 孙盈盈

摘要：济宁是明清时期山东地区的商业中心之一，因地处交通要冲，成为鲁西南地区的物资集散中心，明清时期又得益于大运河的贯穿，成为东部地区沟通南北最为便利的商道的大运河段的必经之地。各路商帮汇聚交通便利的济宁，江西商人作为其中重要的队伍，在此经商贸易，为明清时期济宁经济社会的繁荣贡献了自己的力量。

关键词：明清时期；江西商帮；济宁地区；商贸活动

作者简介：孙建国(1963—)，男，河南兰考人，河南大学特聘教授，博士生导师，河南大学社会经济史研究中心主任，主要从事经济史研究。石继红，河南大学区域经济学专业2018级硕士研究生。孙盈盈，日本大阪产业大学经济学研究科博士前期课程。

济宁地处鲁西南腹地，介于曹州、徐州、兖州三府之间，"洸、泗二水萦抱，控徐邳津要，扼宋卫咽喉……为南北转输要地"①。"永乐九年六月乙卯会通河成，因上源泗水出天井闸，会汶南流达于淮"②，朝廷疏通了济宁至临清的会通河后，大运河正式贯通济宁地区，南北客商行旅改由运河经济宁、临清赴北京，鲁西一带遂成为南北往来的水上要道，济宁成为京杭大运河的中枢要地、连贯南北的漕粮运输中继站和重要客货交会贸易之地。江西商人早在唐宋时期已活跃，白居易于《琵琶行》中说江州"商人重利轻别离，前月浮梁买茶去"，明清以降，江西商人携瓷器、茶叶、茶油、稻米、纸张、柑橘、木竹等商品在全国范围内贸易，东南至福建两广，西南至云贵川西藏，北由两湖入中原直抵京师抑或入江南沿运河直抵京师，以致"天下财货聚于京师，而多半产于东南，江右次之，浙、直次之，闽粤又次之"③。"广州—南昌—杭州—北京—库伦—恰克图"作为东部贯穿南北的水陆交替要道，打通岭南、江南与华北，经由京师通向东北，迈向恰克图通向俄罗斯及欧洲，在这条纵贯南北水陆交替的国际商道上，山东是重要的商品中转基地，鲁西南名城济宁为这条国际商路京杭大运河段必经之地，是赣商利用运河开展贸易直达京津的一个要塞。赣商在济宁转运贸易、设店经商、建会馆搭平台，为明清济宁经济社会的发展贡献了力量。

---

* 本文为北京用友公益基金会"商的长城"项目中原茶路研究(2017-ZX07)研究成果。
① 潘守廉撰：《济宁直隶州续志》卷二《方舆志》，民国十六年铅印本。
② 吴道南撰：《吴文恪公文集》卷五《沁河》，明崇祯吴之京刻本。
③ 张瀚撰：《松窗梦语》卷四《百工纪》，清钞本。

一、学术综述与选题缘起

济宁水陆交通发达,依运河而兴,"闽广吴越之商持资贸易,鳞萃而猬集"①,作为明清时期鲁西南地区重要的商业码头与商品中转枢纽,在学术研究中占有重要地位,一些学者以文献资料和田野调查为基础,研究明清时期济宁社会经济状况,取得了一定的成果。明清时期山东地区经济优化,许檀指出政府的移民屯垦、京杭运河山东段的浚通和明中叶赋役制度的变革等使山东经济发展进入新阶段,农业生产结构调整,经济布局优化,农副产品加工业、商业运输业在山东经济中逐步占据重要地位。②济宁地区四通八达促发展,许檀认为运河作为贯通南北的唯一航道,成为明清时期南北物资交流的大动脉,运河的商品流通量超过其漕粮运输量,在全国商品流通中发挥了极为重要的作用,运河沿岸名城济宁是商品流通的重要转运点和经济作物的供给点。③雷宏谦指出京杭大运河与济宁的兴衰紧密连接,济宁在大运河贯通之后,商贾云集,农业、手工业和商业均出现繁盛的局面,又随着清末运河的废止逐渐衰落。④山东运河区域市镇繁荣百事兴,文琦指出运河经济促进济宁市镇的繁荣,并将济宁地区分为以村集、庙会为主的初级市场,以沿运河市镇为基本构成单位的中级市场,以及济宁州县一级的中心市场分别进行研究。⑤山东运河地区文化多元思想开放,孙竞昊从济宁士绅入手分析,认为晚明济宁士绅充分利用自己的文化、教育、道德和财富优势,塑造当地特有的文化景观、人文氛围和地方认同。⑥山东运河地区商贾云集会馆林立,王云指出明清时期山东运河区域云集全国各地的著名商帮,着重探讨了徽商、山陕商、洞庭商、赣商等各地商帮经营的主要行业、经营特点以及对山东运河区域的影响;山东山陕商的分布、类型、经营规模与行业;⑦并从联姻、入籍、科考、捐资等微观活动,对主要集中于临清、济宁等区域中心城市的徽商进行研究。⑧国内学者对明清时期晋商、徽商以及赣商等的研究层出不穷,方志远等学者对遍布全国的江右帮、赣江精神与江西商业文化进行全面研究,吴金成探讨了明清时期在湖广的江西商人,孙华解析了明清江右商帮与贵州区域社会,吴正东通过分析江西商人在湖南的活动阐述其对社会的影响。目前学术界对在济宁的江西商人及其商贸活动研究较少,本文拟通过田野调查中获取的现存会馆碑刻资料和史料探析明清时期济宁水陆交通、江右商帮、江西会馆情况,利用区际贸易理论分析赣商入济宁的原因,总结其在济宁的商贸活动,把赣商与济宁紧密结合,分析赣商对明清济宁经济社会繁盛所作的贡献,以进一步促进对明清时期南北商贸活动历史的探索。

---

① 徐宗幹修:《济宁直隶州志》卷二《山川志》,清咸丰九年刻本。
② 许檀:《明清时期山东经济的发展》,《中国经济史研究》1995年第3期。
③ 许檀:《明清时期运河的商品流通》,《历史档案》1992年第1期。
④ 雷宏谦:《京杭大运河与济宁的兴衰》,《邢台学院学报》2016年第2期。
⑤ 文琦:《明清济宁运河经济与市场体系研究》,硕士学位论文,青海师范大学人文学院,2013。
⑥ 孙竞昊:《经营地方:明清之际的济宁士绅社会》,《历史研究》2011年第3期。
⑦ 王云:《明清时期山东的山陕商人》,《东岳论丛》2003年第2期。
⑧ 王云:《明清时期山东运河区域的徽商》,《安徽史学》2004年第3期。

二、明清时期赣商入济宁的原因

交通自古是影响区际贸易的重要因素,江西与济宁,前者居东南大陆长江中下游南岸,后者居华北平原腹地,地隔数千里,但大运河的贯通将二者紧密相连。江西位于中部地区属长江流域,"物产丰饶,民质勤苦,水陆交通,运输便利"①,北临长江,南可通过大庾岭商道连接岭南广大地区,内有赣江贯全境,九江"襟江带湖",拥有完整的水系,形成以赣江和信江为两纵,长江和昌江为两横的格局,是我国南方水陆交通要冲。赣江流域是江西最为重要的地域之一,拥有南北交通路线京广驿道和东西瑞州驿道、袁州驿道、吉安驿道、赣闽驿道,水陆交通路线贯连,具备外出经商贸易的良好交通优势。济宁地处山东省西南部,"临齐鲁之交,据燕吴之冲",北依泰山,南控淮泗,东接沂蒙,西傍黄河,大运河的开通使得济宁"南通江淮,北抵幽燕"。元至元十二年(1275)至清咸丰五年(1855),济宁"州南通江、淮,北连河、济,控邳徐之津要,扼宋卫之噤喉。实馈饷所经,南北之大命"②,作为京杭运河山东段的转运码头,始终是南北物资流转的重镇。明清济宁可溯运河北上抵直沽,水路联运至大都;沿运河南下经徐州、扬州、苏州等地直抵余杭,入赣江翻大庾岭可通广东;西由泗水入淮河联通中原。通过运河"江淮、湖广、四川、海外诸番土贡、粮运、商旅贸迁,毕达京师",且"江南行省起运诸物,皆由会通河达于都","倖勋戚之家贸易于两淮于三吴者,联樯大舶,必驻济宁"。③京师等华北地区所需瓷、纸、木、竹、茶等货物,多由济宁输入,常有满载货物的数十辆甚至上百辆船舶络绎于此,济宁时为齐鲁一大商业重镇,城南运河东岸和南岸呈现出一片繁荣的景象并形成一条商业带,"官舸商舶鳞集麇拥于济城之下",运河上舟船樯桅如林,篷帆遮云,城内"人烟多似簇,聒耳厌喧啾"④。江西与济宁由京广驿道⑤串联,济宁作为东部贯穿南北的水陆交替主干商道(见表1:广州—南昌—杭州—北京—库伦—恰克图)大运河段的必经之路,依靠便利的交通吸引赣商贸易齐鲁。

---

① 傅春官撰:《江西农工商矿纪略》卷首《志序》,光绪三十四年石印本。
② 顾祖禹撰:《读史方舆纪要》卷三十三《山东(四)》,《兖州(上)》,清稿本。
③ 程敏政撰:《篁墩集》卷二十五《赠工部主事程节之序》,明正德二年刻本。
④ 岳濬修、杜詔撰:《山东通志》卷三十五《艺文志》,清文渊阁四库全书。
⑤ 黄汴纂、杨正泰点校:《天下水陆路程》卷一之《北京至十三省水、陆路》所载的京广驿道路线为:从北京顺城门出发,经今山东、安徽、江苏等省至湖北黄梅县的亭前驿,再渡长江至江西过大庾岭,出大庾岭梅关至广东的南雄府、韶州府,终至广州府番禺县。

表 1 明清时期贯通南北的主干商路

道路路段	起止地点
广州出发经珠江及其支流北江,抵粤赣边境接连赣水,经鄱阳湖水系达闽浙赣边境	广州—闽浙赣交界区
由闽浙赣边界的龙游县顺富春江而下抵杭州接京杭大运河	闽浙赣交界区—杭州
入京杭大运河经嘉兴、苏州、扬州、济宁、临清、天津等运河沿岸商业重镇达北京	杭州—北京
由北京至张家口经库伦抵恰克图	北京—恰克图

数据来源:黄汴:《天下水陆路程》,卷一《北京至江西广东二省水路》,第 10 页;牛贯杰:《17~19 世纪中国的市场与经济发展》,黄山书社,2008,第 165-168 页。

在南北之间存在物资差异性和互补性需求的前提条件下,货物可以运输数千里来达成贸易要求,正如我国明清时期的"南茶北运"、"南米北运"和"北棉南运"等,江西地区农业手工业发达,为江西商人外出济宁经商提供了物质基础。唐宋以来随着经济中心的南移,凭借自然禀赋、人口规模、土地开垦,江西粮食产量提高、经济作物种植广泛、手工业发展,成为全国重要经济地区之一。宋明时期水稻品种的增加与改良,农具和技术的进步,使江西成为全国重要的征粮地区和商品粮生产供应基地。江西"三面环山一面江",温度适宜、降水充沛、山岭绵延、河流连贯,为经济作物的种植提供了得天独厚的区位环境,农作物生产专门化,多产茶叶、药材、苎麻、烟草、番薯、桑丝、蓝靛、经济林木等,其中江西浮梁茶、婺源茶被誉为绝品,樟树药材、临川柑橘、袁州甘蔗、泰和蓝靛等独具特色,远销京师,在全国交易中占据重要份额。江西"物华天宝,人杰地灵",明清时期手工业发展,盛产陶瓷、铜铅、纸张、木船等,其中制瓷业和造纸业盛名远播。

明初商品经济发展、人口不断南迁使得江西人口规模扩大,占全国人口的 12.26%,居于全国第二位,仅次于南直隶,浙江、山东次之(具体情况见表 2),为农业手工业的发展提供了充足的劳动力。但江西处于人口最密集的江南地区,每平方公里人口数位居全国第二,明初土地买卖和兼并现象严重,人地矛盾尖锐,又赋税徭役繁重,民众流离逃往他乡经商,"地产窄而生齿繁,人无积聚,质俭勤苦而多贫,多设智巧,挟技艺,以经营四方,至老死不归,故其人内啬而外侈"①。明人张瀚在《松窗梦语》中云:"今天下财货聚于京师而半产于东南,故百工技艺之人亦多出于东南,江右为多,浙直次之,闽粤又次之。西北多有之,然皆衣食于疆土,而奔走于四方者亦鲜矣。"②江西商人无处不在,两湖、云贵川和江南是其主要活动区域,其中湖南湖北有"无江西人不成市场"的民谚;江西商人赴福建、两广乃至海上;赴河南、山东、直隶、京津乃至东北、西北,遍走于通都大邑和穷山恶水之间,作为一支不可忽视的力量在明清商界占据重要地位。

---

① 张瀚撰:《松窗梦语》卷四《商贾纪》,清钞本。
② 张瀚撰:《松窗梦语》卷四《百工纪》,清钞本。

表2 明代南、北直隶及各布政使司人口地理分布①

直隶府州及布政使司别	面积（平方公里）	口数	各区面积占全国的百分比	各区人口占全国的百分比	每平方公里的人口数
总计	3,298,462	58,173,275	100	100	17.64
北直隶	135,432	3,207,343	4.11	5.51	23.68
南直隶	224,208	9,747,369	6.8	16.76	43.47
浙江布政使司	91,692	6,982,138	2.78	12	76.15
江西布政使司	153,900	7,130,436	4.67	12.26	46.33
湖广布政使司	362,232	4,294,386	10.98	7.38	11.86
福建布政使司	120,852	2,587,220	3.66	4.45	21.41
山东布政使司	132,840	5,893,217	4.03	10.13	44.36
山西布政使司	146,448	4,583,987	4.44	7.88	31.3
河南布政使司	147,090	3,222,181	4.46	5.54	21.91
陕西布政使司	457,164	3,577,002	13.86	6.15	7.82
四川布政使司	419,580	2,389,104	12.72	4.11	5.69
广东布政使司	197,964	2,288,657	6	3.93	11.56
广西布政使司	211,896	1,448,375	6.42	2.49	6.84
云南布政使司	373,396	620,639	11.32	1.07	1.66
贵州布政使司	123,768	274,833	3.75	0.47	2.22

资料来源：梁方仲：《中国历代户口、田地、田赋统计》，上海人民出版社，1980，第207页。

自明代起，政府允许漕运官军于漕船北上之时搭载一定数量的"土宜"沿途贩卖并"免其抽税"，清济宁政府亦免征油丝烟税，②济宁凭借优惠政策、商业基础和"四民同道"思想等与江西地区贸易频仍，作为进华北、抵平津、入东北水陆交通线上的重要商船码头，江西商人在此进行转运贸易、设店经商、建会馆等活动。

三、明清时期赣商在济宁的商贸活动

明清时期济宁地处南北之交，凭借优越的地理位置和便利的交通条件，吸引了徽商、晋商、江右商、洞庭商等全国著名的商帮云集于此，各省商人旅居济宁开业经营者与日俱增，沟通南北、东西之间物资交流，刺激济宁商品经济发展，促进运河城镇繁荣和不同省区文化相互传播渗透。赣商作为济宁客商队伍中的重要力量在商贸活动中表现活跃，或组

---

① 表格中明代南、北直隶及各布政司人口数是由梁方仲所著《中国历代户口、田地、田赋统计》所记载的洪武二十六年、弘治四年和万历六年各地人口数平均而得。其中贵州布政使司于永乐十一年始置，故由弘治四年和万历六年贵州布政使司的人口数平均所得。

② 由位于济宁市博物馆大运河碑刻长廊的"清·免征油丝烟纳税碑记"碑刻资料得知。

成商行,或建立会馆,或长途贩运,或开店设庄,在济宁商贸界影响力较大。

转货运,畅流通,赣商以商品贸易取利。明初随着经济重心南移、土地开垦、人口增加、水稻品种改良、经济作物广泛种植和手工业技术的改进,江西成为全国重要的征粮地区,商品粮、经济作物和手工业商品生产供应基地,明清朝廷在江西的征粮数量一直位居前三(见表3)。江西的粮米通过两个途径运销省外,一是由赣江至鄱阳湖运出再由长江进入运河而下最为大宗;二是经大小隘口翻山越岭由陆路运销江、浙、闽、粤、皖等省。山东作为八省①漕粮必经之地,除官运漕船之外还经此转运将稻米运往华北等地或经陆路运往周边地区用以销售,江西在北上运漕粮和商品外运转卖过程中,济宁成为必经之地,江西商人在此从事粮食等农产品和手工业商品转运活动。

表3 明清朝廷在江西的征粮数量

年　代	征粮米量(石)	全国排名②
洪武二十六年(1393)	2,585,256	2
弘治十五年(1502)	2,559,706	1
嘉靖二十一年(1542)	2,527,905	2
顺治十八年(1661)	938,753	3

数据来源:施由民:《明清江西社会经济》,江西人民出版社,2005,第212页。

明朝罢海运和逐步放宽漕船搭载土宜货物的限制以后,商品货物运量大增,济宁城南门外常聚集数百乃至上千艘货船等启闸放行,日趋增多的民运商船运载大批生产原料、生活用品往来其间,整个济宁港河道帆樯如林,两岸货物堆积如山,商客役夫往来如梭,运输装卸不分昼夜,在济宁装卸的货物以农产品为大宗,手工业、皮毛、药材、竹木器材等也占据相当份额(详见表4)。

表4 清末民国初济宁码头集散商货情况一览表

商货名称	规模与数量	单位	产销地
瓷器	50万-60万	件	由江西或湖北运济,土销兼转运外销
茶叶	50万	斤	由安徽运济,加以煮制均土销
糖	30万-40万	斤	由镇江等运济,土销
竹货	20万-30万	件	由江南或济宁本埠运济,土销兼转运外销
纸张	3000-4000	担	由镇江运济
药材(西药、南药)	7万-8万	斤	由河南禹城直隶祁县运济,土销兼售客贩
绸缎	7万-8万	匹	由杭州、上海及济南运济

---

① 清王朝建立以后,沿袭明代成法,规定每年从江、浙、赣、湘、鄂、鲁、皖、豫八省,额征漕粮四百万石,经京杭大运河输往北京,以满足其官俸、军饷和宫廷需求。
② 全国区域即南北直隶及十三布政司。

续表

商货名称	规模与数量	单位	产销地
棉花	2万—3万	斤	由临清及翼县运济,均土销
红枣	100余万	斤	由曲阜、宁阳等运济,土销兼运往外销
玻璃	60万—70万	箱	由博山运济,土销兼转运外销
布匹(粗布、洋布)	12万—13万	定	洋布由江南运济,粗布由本埠运济,土销兼转运外销
日杂货物	20万—30万	担	山东济南等地及附近省份运济,土销

数据来源:民国《济宁县志》卷之二《实业篇》,民国十六年铅印本。

作为鲁西南一带货物集散之地,济宁码头集南北商货,转东西物产,其中来自江西的陶瓷精致且种类繁多,备受南北大众喜爱,济宁"元枢公性喜饮,蓄古瓷杯,一紫表而翠里,形如卷荷,每自敛持以为节,虽暮年颐养犹日三酌"①,景德镇的瓷器享誉全国,远销国内外。明清时期,茶叶亦是济宁码头运输的大宗货物,较大份额的茶叶来自江西。茶叶是江西地区重要的经济作物,几乎全省种植茶叶,为江南产茶区之一,九江"曾谓之茶埠",开埠后"每值春夏之交,以茶商生意为大宗,城内外之开茶栈者共四十余家,各栈伙以及诸色人等应用千余,红绿茶开称时,城厢远近之妇女拣茶者约以数千计"②,其中不乏徽州茶商的踪迹,据记载徽赣茶商除在九江本埠贸易贩运茶叶之外,还将江西茶叶运输贸易至"南北两大都会,江、浙、闽、广诸省,苏、松、淮、扬诸州,临清、济宁诸州,仪征、芜湖诸县,瓜州、景德镇……"③,亦有"饶州浮梁(茶),今关西、山东间阊村落皆吃之,累日不食犹得,不得一日无茶也"④。除瓷器与茶叶之外,江西经由济宁运输周转的竹货、纸张、药材等也占据济宁码头货物运输的较大份额。

明清时期,江西商人的贸易范围远不止两湖、两广、江南和云贵川,北方的河南、山东、直隶、辽东、甘肃、西藏以至檄外异域,江右商都携货往返贸易,"无论秦蜀齐楚闽粤,视若比邻"⑤,甚至在当时的全国政治中心北京也有赣商活跃其中。日用商品是人们必需之物,同时也是获利丰盛的一项贸易,济宁作为运河沿岸经济贸易中心之一,"号为繁盛,有皆游商,土著无几"⑥,来自江西的瓷器、茶叶、日杂除经济宁转运之外,还用于本地销售,赣商开店设庄,从事瓷器销售、茶馆经营、绸布花纱、土特产品等商品开店坐铺业务,经商灵活,获得认可,得到极好的口碑。

建会馆,搭平台,赣商在济宁构建社会关系网络。明清时期,运河沿岸会馆顺应商品经济发展、科举制度兴盛和人口流动频繁兴起,是以乡土为纽带、流于客地的同籍人自发设置的,成为流动社会中的有效整合工具。苏州一带凭借运河的便利,"五方商贾,辐辏云

---

① 卢朝安撰:《济宁直隶州续志》卷四《艺文志》,清咸丰九年刻本。
② 《浔阳琐闻》,《申报》1884年4月23日。
③ 谢陛及撰:《歙志》卷十《币值》,明万历三十七年刻本。
④ 晁载之撰:《续谈助》卷五《膳夫经手录》,清十万卷楼丛书本。
⑤ 章潢撰:《新修南昌府志》卷三《山川》,明万历十六年刻本。
⑥ 徐宗幹撰:《济宁直隶州志》卷三《食货》,清咸丰九年刻本。

集,百货充盈,交易得所,故各省郡邑贸易于斯者,莫不建立会馆"[1]。早在元朝时,山东运河沿岸的济宁就"市杂荆吴客",明清时期更是商贾云集会馆林立(见表5),"徽商率先在山东运河流域抢占先机,济宁的安徽会馆是建造最早规模最大的一处,晋陕豫三省会馆规模宏大,到清代晋商独执商界牛耳",位于济宁市博物馆大运河碑刻长廊的"清·永宁会馆碑记"记载了江西旅济商帮商会出资建立会馆的详细过程,其会馆规模虽不及安徽会馆和三省会馆,但见证了江西商人在济宁频仍的商贸活动及其对济宁社会的影响。"江西会馆系江西旅济同乡会创建于清道光年间。坐落在济宁南门外吉市口街南首路西。规模较大,六进院落,共有厅、堂、楼、室、仓房60余间,后门直通外塘子街。江西同乡会商人经营瓷器、茶叶、木材(杉木)、药材、夏布、夏货(席、帽、扇之类)、柑橘、蔗糖等,他们大多为行商。其货物发往济宁周边各地。"[2]江西商帮内部形成了责任明确的组织制度、管理严格的经营制度、等级分明的薪俸制度。会馆承载着厚重的社会功能和经济功能,赣商在济宁敦睦乡谊,力行举善,救济同乡,兴办学校,助兴公益;避免同乡竞争,保证获利,沟通商业信息,交流商业经验,调节经济矛盾,仲裁商业纠纷。以会馆为平台,发挥会馆组织生产要素、与原籍或同行沟通协调腹地要素的功能,以吸纳区外要素,吸收同乡闲散资金,投资多元行当,发挥会馆的乘数效应。

表5 明清济宁商人会馆一览表

会馆名称	地址	创建人	创设时间	资料来源
安徽会馆	济宁	安徽商人	明天启年间	《济宁运河文化》第130页
浙江会馆	济宁	浙江商人	明天启七年	《济宁运河文化》第129页
福建会馆	济宁	福建商人	明代	道光《济宁直隶州志》卷二
三省会馆	济宁	晋陕豫三省商人	清乾隆年间	道光《济宁直隶州志》卷二
湖南会馆	济宁	湖南商人	清道光年间	道光《济宁直隶州志》卷二
金陵会馆	济宁	南京铜器行商人	清初	《济宁运河文化》第134页
江西会馆	济宁	江西商人	清道光年间	济宁现存《永宁会馆》碑铭
济阳会馆	济宁	济阳绸布商	清中期	济宁玉堂酱园现存碑铭
句容会馆	济宁	句容商人	不详	田野调查
浙绍公仁堂	济宁	浙江绍兴商人	明前期	道光《济宁直隶州志》卷二
同仁会所	济宁	苏州锡箔商	明代	道光《济宁直隶州志》卷二
元宁会馆	济宁	上元、江宁、当涂商人	乾隆	道光《济宁直隶州志》卷四
西晋会馆	汶上	山西盐当商	乾隆	汶上宝相寺现存碑刻

赣商作为封建时代的商人,始终无法改变其封建性格,在对外商贸过程中存在弄巧使诈的经营手段,但明清赣商在济宁无论是从事商贸活动,建立会馆,开店设庄,长途贩运,亦是捐资修桥,兴办善堂,对济宁社会所起到的积极作用是显而易见的。

---

[1] 《嘉应会馆碑记》,载苏州博物馆等合编《明清苏州工商业碑刻集》,江苏人民出版社,1981,第350页。
[2] 山东省济宁市政协文史资料委员会编《济宁运河文化》,中国文史出版社,2000,第134页。

四、赣商对济宁区域经济社会的影响

明清时期济宁地区各省商人云集,徽商主要集中在交通便捷的城镇,山陕商人无论在繁华都市还是穷乡僻壤,到处开设店铺,修建会馆,并凭借与政府的关系控制了整个北方市场。赣商活动范围广,不仅局限于济南、临清、济宁等大都市,泰安、曲阜、掖县、诸城、邹县也有江西商人的出现。赣商经营行业广,茶叶、瓷器、纸张、苎麻、夏布、蓝靛、烟草、油料、木竹、药材以及笔管、书丝、石炭、烧酒、柑橘、甘蔗等,只要有利可图,皆可成为赣商负贩经销的物品。赣商注重商德,崇尚节俭,善待财富,救济乡里,积极参与社会公益活动,做到为义散财,维护"廉贾"形象,对济宁甚至山东有着极其深远的影响。

(一)促进济宁地区商品经济的繁荣

明清时期"江西填湖广,湖广填四川",赣商在湖广、云贵川、西南、江南、华北地区空前活跃,常年往返于江南与济宁,湖广、云贵川与顺天府,对于调剂有无、疏通和扩大商品的运输渠道具有重大意义。江西商人携带景德瓷、浮梁茶、樟树药、建昌锡箔、吉安纸张等物品北上;预定湘西北的桐油至收获季节购入,加工福建武夷茶,转运至北上销售;在西南就地收购蜀锦、棉布,销往湖广、河南、山东等地;顺运河漕船带棉、豆、盐、干货等南下。明清时期济宁优良的水陆运输网络为商人提供了良好的条件,而赣商在此经商贸易亦加快了济宁与全国各地之间的商品流通和经济联系,扩大了国内外贸易市场,促进了济宁的商品流通和商品经济的繁荣。

(二)促进济宁地区教育文化的融合

明清时期江西经济的发展带动教育发展,涌现了大批科举人才和科学家,明清两代江西中进士者近5000人,约占全国总数的10%,从政者或作为区域性地方官员(县级或知府级),或作为朝廷部门官员,或作为皇帝的近臣、宰辅。① 江西人文对济宁经济发展作出贡献,江西玉山人詹瀚,正德丁丑考取进士,嘉靖二十五年以都察院右副都御史任河道总督;江西安福人王士翘,嘉靖戊戌考取进士,"实学正已,以右佥都御史总督河道,禁止奢侈,独加惠学,政治民安"。② 济宁作为孔府之乡,自古以来重视教育,任城书院的江西德兴人张宿考取乾隆丙子举人,江西人文鸿考取乙酉举人③,江西人重教育思想和善学风气更促进济宁教育事业的发展。明清时期济宁置学社、修学堂、建书院,书院林立,济阳书院、讲德书院、池楼书院、任城书院、鱼山书院、三省书院、南洲书院、新任城书院等,学风严谨,人才辈出。济宁戏曲文化融合山东泰安腔、江西弋阳腔、江苏昆山曲、安徽安庆调、河南梆子等,其中临清、济宁等城市"唱采莲曲,足蹑木跷高数尺,腮抹粉墨歌弋阳腔"④,戏

---

① 施由明:《明清江西社会经济》,江西人民出版社,2005,第156-157页。
② 徐宗幹撰:《济宁直隶州志》卷六《职官志》,清咸丰九年刻本。
③ 徐宗幹撰:《济宁直隶州志》卷五《学校志》,清咸丰九年刻本。
④ 张自清修:《临清县志》卷十一《礼俗志》,民国二十三年铅刻本。

曲纷呈,素有"曲乡艺海"之称。在吸收融合南北各地商贾与手工业者经营文化生活习惯的同时,济宁"有易茶叶转鬻于附近,诸夷故富耳,然一日无茶则病,禁之则彼穷且蹙"①,饮茶之风也随之兴盛。

(三)促进济宁地区商业市镇的发展

施坚雅层级理论打破以往按照行政规划划分区域的模式,从"功能-结构"角度入手分析市场,提出"八大区域城市等级分布模式",将明清时期商业城市与市场划分为全国性大城市、区域性大城市、区域性城市、中等城市、地方级城市、中心集镇、中等集镇、一般集镇等八个层级。许檀将明清时期华北商业城镇与市场层级简化为流通枢纽城市、地区性商业中心和基层市场三大层级,明清时期随着运河沿线码头、港口商品的贸易往来,济宁地区逐渐形成以村集、庙会为主的初级市场,以沿运市镇为基本构成单位的中间市场,以及济宁州县一级的中心市场。济宁作为鲁西南商业中心,"当南北咽喉,子午要冲,我国家四百万漕艘皆径其地。仕绅之舆舟如织,闽广吴越之商持资贸易者,又鳞萃而猬集,即负贩之夫,牙侩之侣,亦莫不希余润以充口实。冠盖之往来,担荷之拥挤,无隙晷也"②,飞虹桥见证了济宁"日中商贸群物聚,红氍碧碗堆如山,商人嗜利暮不散,酒楼歌馆相喧阗"③的盛况。济宁城市规模也在不断扩大,据道光《济宁直隶州志》记载,道光年间济宁城内街巷从明初的45条增至107条,东西南北四关厢街巷由原来的43条增至183条。便利的交通条件拉动商品流动与贸易的发展,使济宁周边沿运河市镇如安山镇、南阳镇等经济地位赶超周边一般的县治所在地。明清时期济宁地区集市经济较为发达,集市数量在山东各州府中也位居前列,明代兖州府④有集市113处,清初有集市157处,清中后期有集市328处,一直位于前列且增长较快。济宁金乡县在清代康熙年间共有乡集19处,"其中每旬开市两次者有9集,开市4次者有9集,还有1集每旬只开市1次,到乾隆年间金乡县乡集数增加为23处,并全部改为了十日四集"⑤。南北商人"络绎不绝,不能不设立小车行随时雇备"⑥,甚至出现了雇佣劳动的新型市镇和码头。

(四)促进济宁地区商品经营的专业化

南北物资的往来促进了济宁商品多样化的发展,带动了济宁商品经营的专业化。来自江西的瓷器、纸张、竹货,安徽、江西、福建的茶叶,闽广的红白糖,江南的布匹、绸缎,两湖的桐油,北方的棉花、干货等于此贸易,在济宁城区形成瓷器胡同、竹竿巷、纸坊街、驴市口街、打铜巷、大油篓巷、香铺胡同、扁担街、糖坊街、粉坊街等专业化街区。⑦ 因运河贯穿南北,江淮之茶舟车相继运往济宁,遂成为鲁西南最大的茶叶集散地,茶叶与茶馆的经营

---

① 潘守廉修:《济宁直隶州续志》卷二十一《艺文志》,民国十六年铅刻本。
② 徐宗幹修:《济宁直隶州志》卷二《山川志》,清咸丰九年刻本。
③ 朱德润《飞虹桥》诗。
④ 包括济宁直隶州。
⑤ 李垒撰修:《金乡县志》卷二之《街市》《铺舍》,清同治元年刊本。
⑥ 徐宗幹修:《济宁直隶州志》卷三《食货志》,清咸丰九年刻本。
⑦ 潘守廉修:《济宁县志》卷二《建置篇》,民国十六年铅印本。

日益规范,运河两岸,城内街巷,茶馆林立,鱼贩茶馆、豆芽茶馆、商业茶馆、清唱茶馆、官事茶馆等风格迥异;茶叶、茶具、茶壶、水和桌椅皆有讲究;茶馆唱戏升舞,兼作书场,文娱兼得。① 专业化的分区与经营使济宁商品贸易更加繁盛。

江西及其他南北商人在济宁的商贸活动促进了南北物资的交流,加强了济宁与江南及其他边远省区的商品经济联系,使得济宁商品经济繁荣兴盛,农业结构调整,农作物、经济作物种类增多,人口密集,城市规模扩大,文武商人人才结构优化,带动其他行业发展,出现新型雇佣劳动关系,促进了济宁经济社会繁盛。

五、结论:反思与启示

明清时期,南北间存在物资互补性需求,济宁依运河而起,"驿站遍设,运河疏通,济实居水陆之冲,是以商业达发,自充、济支路设而益形便利矣"②,在运河推动下,南北之间进一步互通有无,各自所需的物资得以交换;亦因运河而衰,"运河自辍运以后,情移势迁,与其为交通之航路,毋宁谓为水利之沟渠"③,济宁先前活跃的商贸流通与商品交换,因航道不通而萎靡衰退。交通作为区际贸易的重要因素不可或缺,但要使一个城市的经济与市场步入一条良性的、可持续发展的轨道,还应不断增强自身的商品生产能力,而不可过多地依靠优越的外部条件与环境对自身的推动作用。

明清时期,赣商在济宁的人数多,活动范围广,经营行业广,在济宁商贸活动中获取了巨额利润,却未形成像徽商那样拥资上千万的富商巨贾,也未形成像晋商那样遍布全国的垄断性行业。这是由于明清时期江西商人主要来源于弃农经商者、弃儒经商者、继承家业者,具有一定的经济实力,但与徽商相比"新安多富,而江右多贫者"④,资本少,实力弱,故多以小本经营为主,制约了其在济宁的商业规模。赣商除借贷举债获取资金外,更要大力培育和发展多层次的资本融资,做大做强各类投融资平台,扩大生产规模,增强经营的活力和生命力。

综上所述,济宁地处鲁西南腹地,因地理位置优越,更兼水陆交通之便,明朝已是运河交通线上的重要商船码头,随着商品对外贸易兴起,商品市场相应繁荣,成为鲁西南商品贸易的重要销场、主要据点和货物中转集散中心,商贾云集,百货萃聚。赣商作为济宁众多外籍商帮中的重要力量,其会馆之雄、经营规模、分布之广、商贸之繁和影响之深是其实力雄厚的见证,也是济宁商业繁荣的缩影。南北商人在济宁的活动,促进了济宁商品经济繁荣,满足了济宁人日常生活需求,为推动济宁的近代化进程作出了巨大贡献。但要使这种繁荣得到长足的发展,济宁还需不断增强自身的商品生产能力,而商人也需增强资本的积累,将资金用于扩大生产规模,增强竞争能力。

---

① 冯刚:《济宁运河饮茶风俗》,《春秋》2001年第2期。
② 潘守廉修:《济宁县志》卷二《交通篇》,民国十六年铅印本。
③ 潘守廉修:《济宁县志》卷一《山川篇》,民国十六年铅印本。
④ 谢肇淛撰:《五杂组》卷四《地部二》,明万历四十四年潘膺祉如韦馆刻本。

Analysis of Jiangxi Merchants' Activities in Jining during the Ming and Qing Dynasties

Sun Jianguo   Shi Jihong   Sun Yingying

Abstract: Jining was one of the commercial centers of Shandong in the Ming and Qing Dynasties, and became a commodity distribution center in the southwestern part of Shandong due to its transportation. During the Ming and Qing Dynasties, benefiting from The Grand Canal which is part of the most convenient trade route in the eastern region, Jining also became a place where merchants must go through for trade between the north and the south. Driven by the convenience of transportation, the north-south merchants poured into Jining. Jiangxi merchants, as an important team, traded here and contributed their own strength to the economic and social prosperity of Jining in the Ming and Qing Dynasties.

Key words: Ming and Qing Dynasties; Jiangxi merchants; Jining area; business activities

流经浚县的古黄河

朱彦民

摘要：古黄河改道前，曾经流经河南省浚县，经浚县而北折进入河北境内，最终流入大海。浚县大伾山是大禹"导山疏水"治理黄河的关键所在。不过，古黄河是流经大伾山西部，还是流经大伾山东部，一直以来都很有争议。现在大伾山东部的地理地貌说明古黄河曾经流经此处。但是黄河是一条滚动的河流，经常改道。一些证据也能表明，古黄河曾经流经大伾山西部。尤其是通过考察甲骨卜辞中"河"的流向以及与其他地名系联关系，可以确定古黄河曾经流淌在大伾山以西和古淇水以东的浚县境内。

关键词：古黄河；浚县；大伾山；甲骨文

作者简介：朱彦民（1964—），男，历史学博士，南开大学历史学院教授，博士生导师，先秦史研究室主任，中国社会史研究中心研究员，北京大学中国画法研究院兼职教授。

说到浚县的大运河，则不能不提流经浚县的古黄河。因为运河被认为是人工河，而黄河等大江大河则往往被视为自然河流。其实历史上的黄河，就已然不是纯粹的自然河流了，尤其是经过大禹治水的黄河，被称为"禹河""禹贡大河""导河"等，也是属于广义范畴的人工河流了。历史上有引黄河水而作运河的，比如鸿沟，也有依黄河古道而开凿运河的，比如卫河和永济渠。虽然流经浚县的大运河和黄河故道不完全吻合，但两者之间还是有一定关联的。

根据《尚书·禹贡》记载，大禹治水的"导河"过程："导河积石，至于龙门，南至于华阴，东至于砥柱，又东至于孟津，东过洛汭，至于大伾；北过降水，至于大陆。又北播为九河，同为逆河，入于大海。"《史记·河渠书》也记载："自积石，历龙门，南到华阴，东下砥柱。及孟津、洛汭，至于大伾。于是，禹以为河所从来者高，水湍悍，难以行平地，数为败。乃厮二渠，以引其河，北载之高地，过降水，至于大陆，播为九河，同为逆河，入于勃海。"由此可知，浚县大伾山是大禹"导山疏水"治理黄河的关键所在。所以古黄河也就是所谓"禹河"，是经过浚县而北折进入河北境内，最终流入大海的。

又据《汉书·沟洫志》引王莽大司空掾王横语："《周谱》云，定王五年河徙。"清胡渭《禹贡锥指》进一步明确指出："周定王五年，河徙，自宿胥口东行漯川，右迳滑台城，又东北迳黎阳县南，又东北迳凉城县，又东北为长寿津，河至此与漯别行而东北入海，《水经》谓之'大河故渎'。"周定王五年（前602）这次"河徙"，是决口于宿胥口（今浚县西），改道东北。这次河徙往往被史志称为黄河第一次决口改道，其实这可能是见之于文献记载的第一次改道，在此之前没有记载下来的黄河改道，可能不知凡几。这次改道后的古黄河史称"大河故渎",亦名"王莽河",流经河南浚县、滑县、濮阳西,河北大名东,山东高唐南,在河北沧县东北入海。

宿胥口河决之前的禹河古道,又被《水经注》称为"宿胥故渎"。然而这条自远古先秦流淌而来的黄河故道,在流经浚县境内之时,究竟是在大伾山以西流过,还是在大伾山以东流过,这在学术界还是一个有争议的问题。

目前学术界对此的意见主要有两大学说:

首先是1978年著名历史地理学家史念海先生著文《论〈禹贡〉的导河和春秋战国时期的黄河》,不同意《水经注·河水注》"又有宿胥口,旧河水北入处也"的说法。认为所谓"宿胥故渎"是淇水故道,《禹贡》河道其实也流经濮阳地区,走一段《汉志》河道,然后再北折,经河北中部,至天津入海。①

其次,同样著名的历史地理学家谭其骧先生看了史先生此文后,不敢苟同,著文《西汉以前的黄河下游河道》,认为:"汉以前至少可以上推到新石器时代,黄河下游一直是取道河北平原注入渤海的……黄河下游河道见于先秦文献记载的有二条:一《禹贡》河,二《山经》河。这二条河道自宿胥口北流走《水经注》的'宿胥故渎',至内黄会洹水,又北流走《汉志》的邺东'故大河',至曲周会漳水,又北流走《水经》漳水至今深县南,二河相同。"②即古黄河走"宿胥故渎",也即流经大伾山以西。谭其骧考证出来的这条《禹贡》河道,后被载入由其主编的《中国历史地图集》③中,从《中国历史地图集》第一册中春秋时期《郑、宋、卫图》(局部)图中可以看出:公元前602年以前,古黄河经今滑县城西,北经浚县城西,东北经内黄城西,向北通巨鹿。并被之后的大多数历史学家、地理学家、考古学家、黄河水利学家广泛引用。

谭其骧先生还根据世人所忽视的《北山经·北次三经》所载入河诸水,与《汉书·地理志》《水经注》所载的古黄河下游河道相印证,发现"禹贡大河"从宿胥口经大伾山西流至今河北深州后,"山经大河"即由此分道北流,会合虖沱水,又北流至今蠡县南,会合泒水、滱水后,继续北流至今清苑区折而东流,经今安新县南、霸州北,东流至今天津市东北入海。④

其后,史念海先生针对谭其骧先生的论点进行了反驳,特撰《河南浚县大伾山西部古河道考》,以实地考察的一些地理数据,再次强调所谓"宿胥故渎"是淇水故道,大伾山南面和东北面有黄河故道,大伾山以西不可能有古黄河流过。⑤

近年来,考古学家袁广阔先生根据华北地区早期考古学遗址,对古黄河下游河道有了自己的新看法:《汉志》河其实就是《禹贡》河。《汉志》河道早已存在,并非周定王五年由黄河在浚县宿胥口决口改道才形成。从河道两岸新石器遗址的分布推测,《汉志》河道最迟

---

① 史念海:《论〈禹贡〉的导河和春秋战国时期的黄河》,《陕西师范大学学报》(哲学社会科学版)1978年第1期。
② 谭其骧:《西汉以前的黄河下游河道》,《历史地理》1981年创刊号。
③ 谭其骧主编《中国历史地图集》,中国地图出版社,1982。
④ 谭其骧:《〈山经〉河水下游及其支流考》,载朱东润主编《中华文史论丛第七辑》,上海古籍出版社,1978,第173-192页。
⑤ 史念海:《河南浚县大伾山西部古河道考》,《历史研究》1984年第2期。

形成于8000年以前。根据文献记载,黄河下游故道大致经今滑县东、濮阳西南、清丰西北、南乐西北,再经河北大名东,山东冠县,过河北馆陶后,经山东临清、高唐、平原南、德州市东,至河北吴桥西北流向东北,经东光、南皮至沧州折向东,在黄骅西南入海。①

那么,以上这些说法究竟何者为准,究竟古黄河有无从浚县大伾山附近流过,是从大伾山东面流过,还是从大伾山西边流过?如今这依然是一个未决的悬案。

其实,古黄河流经浚县是确定无疑的。现在横亘于浚县南部和东北部的黄河故道,是可以通过地名名迹和地理形势轻易判断出来的。这就是史先生所说的:"浚县城东北1公里内外的东河道和王河道,16.5公里处的了堤头以及了堤头东6公里处的临河和东南5公里处的下河里,还有临河北偏东,远在内黄县境的堤上村,都可作为证明。然而更为明显的则是一些地方遗存大面积的沙地。临河和下河里之东都有这样的现象,而浚县城东的迎阳铺和石佛铺,沙区的范围更为广大。"浚县学者马金章先生说:"浚县黄河故道上的古村落,按地形地貌上分,大致可分两类:一类是安居在黄河故堤、故河床、故河滩上的堤壕、张堤、田堤、了堤头、杨堤、咀头、胡岸、西皮、下河里、打鱼庄、大高村、小高村、河道、临河、湾子、小滩等四五十个村庄;一类是黄河昔日泛水区域的沙咀、东沙地、西沙地、刘沙地、西屯、东屯、元过、宋村、朱村、白毛、临河等村庄。这两类又基本上归属于黄河故道平原。这平原,包括善堂镇全部,黎阳镇与王庄乡一部,面积154平方公里,区内83个行政村,10余万人,耕地近16万亩。"

这确实是流经大伾山南部和东北部的黄河故道。浚县至今广为流传的一段顺口溜形象地概括了当地的地貌特征:"六架山,三条河,大小三十二处坡,西有火龙岗,东有大沙窝。"这里的所谓"大沙窝"就是古黄河给浚县留下的"胎记"。"大沙窝"面积广阔,在浚县东部及东北部连绵不断,且历来盛产花生和红枣,让世世代代的浚县人享用不尽,这也是黄河对曾经流过的这片土地的恩赐。笔者老家就在浚县善堂镇朱村,村北上地为沙漠,适宜种植槐林和花生,村南下地为金堤白马坡,是盐碱地芦苇荡,都是黄河故道的遗迹。

但是大伾山东部有黄河故道,这并不能说明大伾山西部没有黄河故道。因为黄河一直是在滚动、变迁中的,所谓的"常淤、常决、常迁",民间常有"三年两决口,百年一改道"的说法。现在我们有材料证明,古黄河也曾经从大伾山西部流淌过。

首先是文献记载方面的证据。这方面的证据虽然不多,但足可以形成一个证据链,这也是古人认为"宿胥故渎"北流河道存在的原因。计有:

其一,《汉书·沟洫志》王莽大司空掾王横语:"《周谱》云(东周)定王五年河徙。"故清胡渭《禹贡锥指》进一步明确指出:"周定王五年,河徙,自宿胥口东行漯川,右迳滑台城,又东北迳黎阳县南,又东北迳凉城县,又东北为长寿津,河至此与漯别行而东北入海,《水经》谓之'大河故渎'。"由此可知,"河徙"改道之后东北流了,"河徙"之前,古黄河是北流的。

其二,贾让《治河三策》中的上策,提出"决黎阳遮害亭,放河使北入海,河西薄大山,东薄金堤"的方案。此《治河三策》附在《汉书·沟洫志》中,是汉代人根据当时黄河的流向和灾害因由所做的治河方案。"决黎阳遮害亭"也是说黄河故渎在大伾山西部遮害亭一带。

其三,《水经注·河水》:"又有宿胥口,旧河水北入处也。"又《水经注·淇水》:"淇受河

---

① 袁广阔:《〈禹贡〉黄河下游河道走向及改道原因》,《光明日报》2018年7月23日,第14版。

于顿丘县遮害亭东黎山西……魏武开白沟,因宿胥故渎而加其功也。故苏代曰:决宿胥之口,魏无虚顿丘,即指是渎也。"又《水经注·清水》:"曹公开白沟,遏水北注,方复故渎矣。"

这些文献记载,在没有更为坚实的证据面前,是不容轻易忽视的。

其次,大伾山以西,虽然没有东部的那些古河道地名和沙漠地势,但也不是没有一点儿痕迹。在位于大伾山西南部的浚县小河镇瓮城村,就是春秋战国时期的"雍榆城"。后来这里之所以称为"瓮城",就是因为这里有比较细腻纯净的黄胶泥土,很适合制作瓦盆、瓦罐等日常生活使用的陶器。据说在该村村北地下80厘米左右,就有厚度为70厘米左右的黄土层,这层黄土细腻、纯净、无沙,而且黏结力强,是做陶器的好原料。这个村原来就是长期制作陶器的专业村,所产的粗陶制品曾经行销方圆百里,很有声誉。当地人讲,这层泥是古黄河从这里经过留下来的痕迹。由于这段黄河水面宽阔平坦,所以从黄土高原上带下来的细质黄泥就沉淀下来,形成了今天做陶器用的上好原料。

再者,从古文字材料来看,也有这方面的一些信息可以佐证。比如在甲骨文中"河"字就已经出现了,而且有不同义项,首先是用其本义,即指今之黄河。卜辞有云:

(1) 庚子卜,彀贞:令子商先涉羌于河? 庚子卜,彀贞:勿令子商先涉羌于河?(《甲骨文合集》536)

(2) 甲戌卜,亘贞:呼往视于河偶至?(《甲骨文合集》4356)

(3) 壬辰王其涉河…易日?(《甲骨文合集》5225)

(4) 癸巳卜,古贞:令师般涉于河东?(《甲骨文合集》5566)

(5) 虎…方其涉河东洮其…(《甲骨文合集》8409)

(6) 贞:往于河有雨?(《甲骨文合集》8329)

(7) 贞:翌日丁卯呼往于河有来?(《甲骨文合集》8332反)

(8) 呼毕往于河?(《甲骨文合集》8330正)

(9) 出虹自北饮于河。(《甲骨文合集》10405反、13442正)

(10) 王其寻舟于河,亡灾。《甲骨文合集》24609

(11) 弜衣荡河,亡若。《甲骨文合集》20611

(12) 王令毕供众伐,在河西北。(《屯南》4489)

(13) 至河,毕其戎繪方。(《屯南》1009)

(14) 贞:呼往见于河有来……(《英藏》1165)

以上这些辞例中的"河",有言"在河""至河",也可以看出来,"河"确实指的是一条水的名字。由"涉河"及"寻舟于河"等辞例来看,皆用其字本义,指商代确实存在的可以荡舟行船的自然河流。又从"涉河东"等辞来看,在商都之东的河,只有黄河能当之。非常有趣的是,甲骨卜辞中称"河",还有"出虹自北饮于河"这样的辞例。"饮"字作 形,像一人两手捧樽饮水之形。"虹"字作 形,一端像从河中升起,乃是河中水汽上升,经日照而出虹的自然现象,人们不解虹的成因和性质,以为神物,因一端接于河而以为是饮水。甲骨文"虹"字两端皆画成龙首形,是商人认为虹是有生命之物。虹到河里饮水的传统说法,直到现在有些农村地区还保留着。虹所饮水的河,当指一条规模较大的河流,一般小的河流或小溪是不会有"虹饮水"的景象出现的。

至于能够"涉"过的"河"能否指一条大河？杨升南先生有非常精彩的解说："涉河的涉字，像两足跨过河之形。涉字的本义虽是徒步涉水，但在古文献中也泛指渡水。《尔雅·释诂》'涉，渡也'，《尚书·微子》'若涉大川'，《诗·匏有苦叶》'招招舟子，人涉卬否'。《周易》中'利涉大川''用涉大川''不可涉大川'，对'大川'言'涉'，称'舟子'言'涉'，皆是用舟渡水之意。《吕氏春秋·异宝》伍员'至江上，欲涉，见一丈人，刺小船，方将渔，从而请焉，丈人度之'，此乃明为船渡而言涉，故涉包括用舟船渡水之义，非仅指徒步涉水而渡。虹饮其水、可以行舟、需要舟船涉渡的河，当然是指流经地上的河流。"①

所以，在甲骨文中，作为地名的河，不是河流的泛称，而是专指流经商代晚期王都之东而向北去的一条大河，这条大河就是指商代之时流经殷墟都城东边不远处的大水系——今天被称之为"黄河"的商时河道而言。又据《国语·周语上》所云："伊洛竭而夏亡，河竭而商亡。"这更是说明了黄河的水流情况与殷商王朝的命运关系密切，休戚攸关。正是因为有黄河这样的大河及其众多支流流经殷商王朝的腹地，所以才使得这里当时的水土湿润，一度形成了极为丰富的水文环境。因为黄河对于商王朝的重要，所以在以农业为主要经济命脉的商代，"河"的地位和作用是非常明显的。以至于作为祭祀对象的"河神"，在甲骨文中有着超乎一般自然神的职责和权能。

作为一条重要的河流之专用名词的"河"，不仅甲骨文中如此，在先秦文献中就是指今天的黄河。在《左传》中，单言"河"就是指今黄河，如《左传》中，僖公十五年，晋惠公"赂秦伯以河外列城五"，宣公十二年，楚庄王"将饮马于河而归"等文中之"河"，皆指今日的黄河。同样，《尚书·禹贡》中的"河"毫无例外地都指后世的黄河。之所以在"河"之前加上"黄"字而称之为"黄河"，是因为黄河之水从清变浊、由白变黄的缘故。《史记·高祖本纪》田肯说汉高祖齐地形势谓："东有琅邪即墨之饶，南有泰山之固，西有浊河之限，北有勃海之利。"《集解》引晋灼云："河水东北过高唐，高唐即平原也。孟津号黄河，故曰浊河。""黄河"之名最早见于古文献的是在《汉书》中，在《高惠高后文功臣表》中载汉初高祖封功臣时的"封爵之誓"中，有这样几句话："使黄河如带，泰山若厉，国以永存，爰及苗裔。"《汉书》成于东汉初年。而这同样的几句话在西汉司马迁《史记·高祖功臣侯者年表》中则作："使河如带，泰山若厉，国以永宁，爰及苗裔。"可见西汉时尚称"河"而不称"黄河"，而最早加"黄"字于"河"字之前而称"黄河"，应是在东汉初年。《晋书·地理志》也还称黄河为"浊河"，"昔大禹观于浊河而受绿字（按："绿字"指传说的河图洛书），寰瀛之内可得而言也"。到北魏时，在正史中才称河为黄河，《魏书·成淹传》有"黄河浚急，虑有倾危"，"黄河急浚，人皆难涉"等语。"黄河"变名，而将"河"作为河流的通称，这大约是魏晋以后之事。《北史·刘库仁传附刘嵩传》记刘嵩请"疏黄河以通船漕"，但仍有一些记载以河名黄河，如《隋书·炀帝纪（上）》"引沁水南达于河，北通涿郡"，此中之河即指黄河。

黄河在古代是一条巨大的河流，也是一条经常改道的河流。据胡渭《禹贡锥指》统计，黄河自古以来有5次大改道。第一次见之于文献记载的改道是在春秋时期，《汉书·沟洫

---

① 杨升南：《殷墟甲骨文中的"河"》，载殷墟博物苑、中国殷商文化学会编《殷墟博物苑苑刊（创刊号）》，中国社会科学出版社，1989，第54-63页。在此段文中，杨氏也引用了台湾学者屈万里的说法，屈万里：《河字意义的演变》，《中央研究院历史语言研究所集刊》1959年第30本上册。

志》载大司空掾王横语云:"禹之行河水,本随西山东北去,《周谱》云,定王五年河徙,则今所行非禹之所穿也。"周定王五年为公元前602年。而这次改道前的商周时期的黄河故道,据《尚书·禹贡》记载,是自今河南武陟县东北流,至浚县西折而北行,经河北平乡县东,再东北分为"九河",其最北的一支为主干,在今天津附近入海。① 学者对天津地区成陆年代的地质考察,也在一定程度上印证了这一结论。② 也就是说,商代的黄河从今河南武陟县折而北行,经浚县、内黄进入河北省曲周,过巨鹿,经深州、安新、霸州到天津汇入渤海。

所以说,商代的黄河正好经过殷墟都城的东部而向北流过,这与甲骨卜辞所记载的辞例内容是非常吻合的。

《尚书·盘庚》篇中有"盘庚作,惟涉河以民迁",是说盘庚时渡过黄河而迁徙到殷地。盘庚迁殷是将都城从奄(今山东曲阜)迁到殷(今河南安阳),所以要"涉河",渡过黄河从东到西来到殷都。又《国语·楚语》中有"昔殷武丁能耸其德,至于神明,以入于河,自河徂亳,于是乎三年,默以思道",则讲了武丁即位后从殷都渡过黄河来到了圣都亳城,凭吊先王寻找治国方策的故事。那么,这个作为圣都的亳都何在呢? 知道了这个对于殷商王朝来讲非常重要的"亳",就会明白这个"自河徂亳"的"河"的流经路线在哪里了。

其实,这个"亳"就是文献中常见的"景亳"。《左传》昭公四年,椒举言于楚王曰:"夏启有钧台之享,商汤有景亳之命,周武有孟津之誓,成有岐阳之蒐,康有酆宫之朝,穆有涂山之会,齐桓有召陵之师,晋文有践土之盟。"所言六王、二公皆夏商周三代有为之君和春秋时期主盟天下的霸主。而所言这些故事,也都是奠定这些君王君临天下或霸主主盟天下业绩的重大举措。"景亳之命"既在其列,当是商汤建立商王朝之前取信天下诸侯、确立其盟主地位的一次军事会盟活动。

这个"景亳"的地望在何处,学术界历来就有歧说,是有争议的。其一,"景亳"为"北亳"说;其二,"景亳"为偃师西亳说;其三,"景亳"在山西境说;其四,"景亳"在漳河流域说;其五,"景亳"即郑亳说。另外,还有一些认为"景亳"为"南亳","景亳"在澶(今濮阳)等。

那么,"景亳"究竟何在呢? 我们认为,景山当为今河南浚县境之大伾山,"景亳"即在大伾山附近的浚县境内。台湾学者杜正胜先生对景山、"景亳"地望有过详细的考证文字,今撮要录之如下:

> 《左传》的景亳即是《商颂·玄鸟》篇"景员维河"的景,亦即《殷武》篇的景山……这个景山也就是《鄘风·定之方中》的景山……综合典籍推断景山、景亳地望,大概在今日濮阳县与滑县之间,决非杜预说的在河南巩县西南(《左传》昭四注)。"景员维河"之河当从王肃作河水解,即黄河(马瑞辰《毛诗传笺通释》引),根据春秋卫人流亡的路线,景山与黄河的地理联系是很清楚的……景山即在大河之东……准夏、周之例,伯阳父所谓"河竭而商亡",即指大河之域是商人崛起的地带。故"景员维河"一语

---

① 谭其骧:《〈山经〉河水下游及其支流考》,载朱东润主编《中华文史论丛(第七辑)》,上海古籍出版社,1978,第173-192页。
② 韩嘉谷:《天津地区成陆过程试探》,《中国考古学会第一次年会论文集1979》,文物出版社,1980,第171-180页;韩嘉谷:《论第一次到天津入海的古黄河》,《中国史研究》1982年第3期。

不仅表示景山与黄河有地理上的关连,而且也同为受命建国之地,精神上二者不可分割。夏之三大方伯都在汉的东郡,韦在景山之南,顾和昆吾在景山之东。成汤攻夏桀之前先收拾他的三个主力诸侯,可能在景亳会盟后。今本《竹书纪年》曰:"商会诸侯于景亳,遂征韦,商师取韦,遂征顾。"而后又征昆吾。综合各种文献来看,景亳之命是成汤为天下共主的起点。待三大方伯臣服,便直接面对夏桀了,成汤兴兵伐桀,其据点可能就在今日河南省东部濮阳和滑县之间的景山附近。①

杜氏离开了文献中的"景亳"北亳说,从景山、"景亳"与黄河密切相连关系而推断"景亳"在豫北的濮阳、滑县之间,大方向是对的,但没有明确指出"景亳"何在,景山为何山,况且今滑县至濮阳之间并无大山。其实杜氏已经辨明了韦在景山之南,顾、昆吾在景山之东。按这个方位而言,景山应在滑县之北,濮阳、范县之西。所以,"景亳"、景山应在滑县北、濮阳西寻找,而不该说应在濮阳、滑县之间求得。今天位于古黄河岸边,突兀特立于豫北平原的浚县大伾山就在滑县之北、濮阳之西,正符合这个方位。因此我们认为,景山所在,非大伾山莫属。

近年笔者对此有过一个考证,通过晚期甲骨文帝辛征伐地名排谱,结合考古学遗迹论证,以及参照商族迁徙路线,分析文献记载的"景员惟河",认为这个决定殷商王朝命运又被后世商王视若神明的圣都"景亳"不在别处,就在笔者的家乡浚县大伾山一带。②

把"景山"指作浚县大伾山,符合商族迁徙走向及进军路线。我们认为,商族起源于燕山以南、京津地区的渤海湾一带,自北京小平原沿太行山东麓的南北通道向南迁徙。商族到达河北境内的漳河流域时,停住良久,所以在考古学上该地区有比较发达的先商文化漳河类型遗存。夏末之际,商族由此再向南行进时,由于受到强大的夏王朝势力的抵抗而返回漳河流域。在此之后,商族又从此地出发向东南方向的豫东鲁西南地区迁徙。20世纪90年代初在豫东杞县一带发现的先商文化鹿台岗类型,应是商族于夏末之际到达这里与东夷人联盟的明证。浚县大伾山正在商汤率族由豫北冀南向豫东鲁西南迁徙的必经之路上。商族从豫北向豫东发展,渡过古黄河,即到达黄河东岸的浚县、濮阳一带,已进入了夏王朝的政治势力范围之内。

无独有偶,在笔者发表拙文之后,香港中文大学的沈建华女士(现调入清华大学)③和安徽省社科院历史所所长陈立柱先生(现调入华南师范大学)④对此也都有专论,与我的观点不谋而合,认为"景亳"在大伾山。可见我这一观点,并非单证,真所谓我道不孤也。

既然"景亳"在大伾山,那么商王武丁从殷都东南而来"自河徂亳",则"河"肯定是在大伾山的西边流过。这是古文献记载给我们留下的证据。

在此,还有一个甲骨文方面的信息,或许可以作为上面这一说法的辅证。1991年发现的花园庄东地甲骨"子"卜辞里也有此田猎地"聂"字,分别见至于《殷墟花园庄东地甲骨

---

① 杜正胜:《古代社会与国家》,允晨文化实业股份有限公司,1992,第254-258页。
② 朱彦民:《商汤"景亳"地望及其他》,《中国历史地理论丛》2002年第2辑。
③ 沈建华:《卜辞金文中的伾地及其相关地理问题初探》,载李国章、赵昌平主编《中华文史论丛总第七十一辑》,上海古籍出版社,2003,第259-271页。
④ 陈立柱:《亳在大伾说》,《安徽史学》2004年第2期。

卜辞》第36片和第498片。

丁卜,在🕱,其东狩?其涿河狩至于聂?不其狩?丁卜,其[狩]?不其狩?入商在🕱。丁卜,不狩?丁卜,其涉河狩?(《花东》36,原出土片号为 H3:126+1547)

癸卯卜,在聂。弹致马?子占曰:其致。用。(《花东》498,原出土片号为 H3:1502)

两辞中皆有"聂"字,其前有"至于"和"在"字,为甲骨文地名无疑,为"子"卜辞中的田猎地。与前引《甲骨文合集》和《屯南》中作为"王族卜辞"田猎地的"聂"为同一地,为商代晚期商王及贵族们的共同狩猎地。而且在第36片中,因为有了该地名与"商""河""🕱""🕱"等其他地名的系联关系,这对考定其地望所在,非常有利。

"聂"为田猎地名,无疑是根据甲骨卜辞内容作出了正确判断。"聂"的确切地望何在呢?朱凤瀚先生在说明花东非王卜辞中的田猎地点时,引用了《花东》36片,释该辞为:

丁卜,才(在)🕱其东獸。其涿河獸至于聂。不其獸。丁卜,其。不其獸,入商才(在)🕱。丁卜不獸。丁卜,其涉河獸。

对该辞也有详尽的解释:"🕱与🕱当是一字之异体,应即是王卜辞中的田猎地🕱。言'入商才(在)🕱',可见🕱地在商中。商是商王国中心区域,相当于王畿,即今安阳及附近地区。巡猎既言'入商',则 H3 卜辞占卜主体之贵族居地应在商外邻近地。丁日卜是否要在🕱地以东狩猎,还是不在此狩猎而是入商在🕱地狩猎,又卜要否涉河水狩猎。当时的河水是从今安阳、内黄、浚县以东流向东北,故卜辞是卜在商王畿以东、黄河两岸狩猎。"并且,对 H3 卜辞所属贵族家族居地作了如下推测:"应在此附近,约位于今郑州以北、淇县西一带,故其田猎时北上不远即可'入商'。"①

应该说,这一研究虽然没有涉及"聂"地地望,但相关考论对我们考证该辞中"聂"之地望所在,还是非常有启发意义的。我们认为,从该辞中与"聂"关联的地名"商""河""🕱""🕱"等来看,"聂"字所指及其大致地望还是可以考论的。

甲骨文中的"商"字有多种义项,既可指商王朝,又可指商都城,还可指商王畿。在此辞中,"入商"之"商"字,当指商王朝的王畿,是指商王朝都城附近的一个大范围概念。这样就可以确定"聂"字所在应该在商王朝统治的中心区域之内。甲骨文中的"河",恒指"黄河",为黄河的专称。"其涿河狩至于聂",可知处在商王畿之内的"聂"地离古黄河道不远。但黄河流域较长,仅在商王朝王畿之内的黄河流经之地也有几百里之遥,所以仅靠"商""河"的地名系联,仍不能确定"聂"地的具体位置。

所幸该辞中与"聂"字系联的地名,还有"🕱""🕱"等地待考。学者们都认为,"🕱"与"🕱"为一字异体,同为一地。如果我们弄明白了"🕱""🕱"等地的地理所指,那么"聂"字地望所在就可以大致划定。

其实,"🕱"也是晚商时期一个重要田猎区,商王经常田猎于此,如:

---

① 朱凤瀚:《读安阳殷墟花园庄东出土的非王卜辞》,载王宇信、宋镇豪、孟宪武主编《2004 年安阳殷商文明国际学术研讨会论文集》,社会科学文献出版社,2004,第 216 页。

贞：叀今日往于🉑？(《甲骨文合集》8063)

□申卜,□贞：王往于🉑……(《甲骨文合集》8064)

乙卯贞：乎田于🉑,受年？一月。(《甲骨文合集》9556)

乙巳卜,王获在🉑兕？允获。(《甲骨文合集》10950)

庚寅卜,尹贞：□其田于🉑,无灾？(《甲骨文合集》24458)

而关于"🉑"之地望所在,李学勤先生将🉑置于商代田猎区的"敦区"之中。"在早期卜辞中,此地写作🉑。武丁早期即在🉑狩猎(《合集》116)。"① 花东甲骨发现之后,根据新的材料,常耀华、林欢认为其地可能在商都与古黄河之间。魏慈德、韩江苏也认为当在黄河两岸。诸说可信,然均未能确指。相比而言,郑杰祥先生的相关考证具体而确实。他认为,🉑从○从未,即"昧"字。古昧地即后世的沫邦和妹地,在今河南省淇县古城村一带。而南距朝歌(今淇县城)10公里的古城东、西两个龙山时代和商周遗址,可能就是甲骨卜辞🉑地及昧邑或妹邑的遗迹所在。② 我们非常信服郑氏的这一考证。

《尚书·酒诰》:"明大命于妹邦。"孔传:"沫,地名,纣都朝歌以北是也。"《诗经·卫风·桑中》:"爰采唐矣,沫之乡矣。"毛传:"沫,卫邑。"《经典释文》:"沫,音妹,卫邑也。"《水经注·淇水》:"东南经朝歌县北……《晋书·地道记》曰:'本沫邑也。'"昧、沫和妹古音通假,例证如:《易经·丰卦》云:"日中见沫。"《经典释文》:沫"《字林》作昧。王肃云,音妹。郑(玄)作'昧'"。不仅古代文献如此,西周铜器金文也有佐证。《盂鼎》铭文:"女妹辰有大服。"吴大澂《说文古籀补》释云:"妹,古文以为昧字,《释名》:'妹,昧业,犹日始出历时少,尚昧也。《盂鼎》'妹辰'即'昧辰'假借字。"郭沫若《两周金文辞大系》:"'妹辰'二字旧未得其解,今按昧与妹通,'昧辰'谓童蒙知识未开之时也。"所以说"昧"、"沫"和"妹",同音通假。甲骨文"🉑"作为地名,当指古朝歌(今淇县城)以北的"妹邦"和"沫之乡"。

淇县古城村遗址的地理位置紧邻淇河,在淇水西岸。那么与位于古城村的"🉑"(昧邑)相关的"聂"是否与淇水有关呢？或者是否就是"淇"字呢？很有这种可能。

我们认为,如果甲骨文中的"聂"是"淇"字,它是作为田猎地名出现的,只能说是"淇"地。因为甲骨文中还没有出现"涉于淇"或"鱼于淇"这样的辞例。所以"聂"是一个具体的地点,而不是指淇河或淇水流域的所有地方。

那么,这个水草丰茂,可以猎获到犀牛和麋鹿的田猎地"聂"(淇)地,就是淇水汇入黄河的入河口。经研究,商代黄河下游故道当从今郑州折而东北流经今浚县,往北向渤海方向流去。古黄河位于古朝歌城及沫地以东10余公里。淇水汇入黄河的入河口即淇水口,后世又称作坊头城和淇门镇,在今河南省浚县新镇乡南部。

对于淇水入河口,古代文献多有记载。《说文·水部》:"淇水出河内共山北,东入河。"《水经注·河水》:"河水又东,淇水入焉。……《汉书·沟洫志》曰:'在淇口东十八里,有金堤,堤高一丈。自淇口东,地稍下,堤稍高,至遮害亭,高四五丈。又有宿胥口,旧河水北入处也。'"《水经注·淇水》:"淇水出河内隆虑县西大号山,《山海经》曰:淇水出沮洳山。

---

① 李学勤:《殷代地理简论》,科学出版社,1959,第17页。
② 郑杰祥:《商代地理概论》,中州古籍出版社,1994,第31-33页。

……淇水又东出山,分为二水,水会立石堰,遏水以沃白沟,左为菀水,右则淇水,自元甫城东南径朝歌县北。《竹书纪年》,晋定公十八年,淇绝于旧卫,即此也。淇水又东,右合泉源水,水有二源,一水出朝歌城西北,东南流。老人晨将渡水而沉吟难济,纣问其故,左右曰:老者髓不实,故晨寒也。纣乃于此斫胫而视髓也。其水南流东屈,径朝歌城南。……淇水又南历枋堰,旧淇水口,东流径黎阳县界,南入柯。《地理志》曰:淇水出共,东至黎阳入河。"杨守敬疏:"《地形志》:汲郡治枋头,即枋头城。"《大清一统志》河南卫辉府"古迹"条下云:"枋头城在浚县西南八十里,即今之淇门渡,古淇水口也。"

今河南浚县新镇乡前枋城村发现一处商周时期文化遗址,东北距浚县城30公里,西北距淇县城及沫地10余公里。遗址长180米,宽120米,总面积为21600平方米。采集到的遗物有商代的陶鼎、陶盆、陶鬲、石斧、石镰、贝壳等,西周的陶豆、陶鼎、陶鬲等。① 这里或许就是商周时期的淇水入河处"枋堰"遗迹。

准此,则"商""河""聂""丨"等地名的地理位置关系,可以大致明白。如此,则上举《花东》36片甲骨田猎卜辞就可以通读了。

丁卜,在丨,其东狩?一。其涿河狩,至于聂?一。不其狩?一。丁卜,其[狩]?一。不其狩?入商,在丨。一。丁卜,不狩?一二。丁卜,其涉河狩?一二。(《花东》36)

丁日,子(王室宗亲贵族)在商王朝王畿内的沫邑对狩猎之事进行占卜,占问:是由沫地向东涉过黄河在河东地区狩猎呢?还是顺着黄河南行达到淇地(淇水口)狩猎呢?是狩猎呢?还是不狩猎呢?

由此卜辞也可以推知,古黄河是在浚县以西也就是大伾山西侧流过的。

Ancient Yellow River Flowing through Xun County

Zhu Yanmin

Abstract: The ancient Yellow River flowed into Xun County of Henan Province, and then turned north into Hebei Province before changing its course. Dapi Mountain in Xun County is the key for Dapi flood control. However, it remains controversial wether the ancient Yellow River flows through the west or east of Dapi Mountain. The present topography of Dapi Mountain shows that the Yellow River had flowed through it. But the Yellow River is a river that frequently changes course. There were also some evidences shown that the ancient Yellow River flowed through the western Dapi

---

① 浚县地方志编纂委员会编《浚县志》,中州古籍出版社,1990,第878页。

Mountain. In particular, by examining the flow direction of "River" from the oracle bone inscriptions and the relationship with other geographical names, it can be determined that the ancient Yellow River once flowed in the area of west Dapi Mountain and east ancient Qi River in Xun county.

Key words: ancient Yellow River; Xun County; Dapi Mountain; oracle bone inscriptions

学界关于历史时期黄土高原环境变迁问题的论争*

王 晗

> **摘要**：中华人共和国成立后,尤其是改革开放以来,学术界结合国家西部发展战略思想和西部地区的自然环境、历史人文特点,重点针对黄土高原地区"人类活动对环境变化有哪些贡献?这些贡献又通过什么样的方式予以表达?同时,又应当用什么方式才能减轻?"等科学问题从事前沿性的探究。其中,对历史时期植被演替和环境变化、历史地貌变迁和土壤侵蚀、历史时期土地开发和黄河变迁等科学领域的研究尤为深入而持续。通过研究,学术界对"人类社会经济系统和黄土高原生态环境的相互作用关系""千百年来黄土高原乃至中国各脆弱生境地带社会发展原动力"的认知水平有了进一步推进,继而为有效实施西部大开发战略,提供了科学的前提和坚实的基础。
>
> **关键词**：黄土高原;环境变迁;国家西部发展战略;社会发展原动力
>
> **作者简介**：王晗(1979—),男,山东德州人,苏州大学社会学院历史系副教授,主要研究方向为区域历史地理、环境史。

作为中华民族古代文明的发祥地之一,黄土高原既保留着历时最长(约2200万年)、最完整的古气候记录,同时位于人类过去和现在居住的地球的陆地表面。① 区域内的环境变化过程,虽然是几百万年来的地质现象,但在近万年尺度内尤为剧烈,这表明在此阶段,人类活动是引起黄土高原环境变化的主要因素,即人类对全球变化的影响更为重要。那么人类活动对该区域环境变化有着哪些贡献?这些贡献又通过什么样的方式予以表达?同时,又应当用什么方式才能减轻?这里面还有很多科学问题需要我们深入考察。学术界就黄土高原的环境变化作了大量的前沿性探究。这些探究,为相关领域构建历史时期黄土高原的环境变迁过程,继而为有效实施西部大开发战略,提供了科学的前提和坚实的基础。

---

* 本文系国家社会科学基金一般项目"清至民国时期毛乌素沙地的人群、生计与环境调适研究"(20BZS106)资助成果。
① 刘东生:《黄土与环境》,《西安交通大学学报》(社会科学版)2002年第4期。

一、历史时期植被演替和环境变化

自德国地理学家 F. V. Richthofen 提出渭河流域厚层黄土上无林的观点后,①丁文江、杨钟健等提出与之相近或相左的看法。② 中华人民共和国成立后,尤其是改革开放以来,学术界就黄土高原的植被演替问题展开深入的讨论。史念海在对黄土高原进行细致的实地考察后,充分利用有关这一地区的考古发掘材料及历史文献撰写了一系列的文章和著作,提出历史上的黄土高原曾是草木丰茂、沟壑稀少的地区,人类不合理的利用破坏了地表植被,加速了土壤侵蚀。③

史念海的一系列论述,不仅使中国历史地理学开辟了一个新的阶段,而且对于推动历史学、地理学、环境科学、农学等相关学科领域开展黄土高原历史植被演替过程乃至环境变迁的研究,具有重大学术影响。在此基础上,来自地理学和历史地理学的研究者,如陈加良、文焕然对宁夏回族自治区历史时期森林及变迁情况,④鲜肖威、陈莉君对甘肃省境内黄土高原历史时期森林分布和遭到破坏的情况⑤,进行研究,进一步丰富这一领域的研究成果。同时,也有一些地质学、植物生态学和地球环境科学的研究者分别从古气候环境、植被地理学和环境科学等角度对"黄土高原森林说"提出异议。如戴英生认为古代黄土高原的植被应当是草原,⑥侯学煜认为应当是森林草原,⑦而刘东生等则认为黄土高原的塬面上 200 多万年来从来没有过大面积的茂密森林植被,最多可能有少量的稀树草原景观,而更多地为大片的草原地带。⑧ 1980 年初,由中国科学院《中国自然地理》编辑委员会主编的《中国自然地理·历史自然地理》将古代山西及关中、陕北、陇东等黄土高原东南部划为森林地带,而将高原西北部划作草原地带,并指出在草原地带毗邻森林地带的地

---

① Ferdinand von Richthofen, *China. Ergebnisse eigener Reisen und darauf gegründeter Studien* (Vol.1). Berlin: Verlag von Dietrich Reimer, 1877.
② 王守春:《〈黄土高原历史地理研究〉序》,载史念海《黄土高原历史地理研究》,黄河水利出版社,2001,"序"第 2 页;杨钟健:《西北的剖面》,朱秀珍、甄暾点校,甘肃人民出版社,2003,第 12-13 页。
③ 史念海:《历史时期黄河中游的森林》,载《河山集·二集》,生活·读书·新知三联书店,1981,第 232-313 页;史念海:《黄土高原及其农林牧分布地区的变迁》,载中国地理学会历史地理专业委员会、《历史地理》编辑委员会编《历史地理 创刊号》,上海人民出版社,1981,第 21-33 页;史念海:《历史时期森林变迁的研究》,《中国历史地理论丛》1988 年第 1 期;史念海:《我国森林地区的变迁及其影响》,载史念海主编《辛树帜先生诞生九十周年纪念论文集》,农业出版社,1989,第 18-30 页。
④ 陈加良、文焕然:《宁夏历史时期的森林及其变迁》,《宁夏大学学报》(自然科学版)1981 年第 1 期;陈加良:《浅议六盘山林区的兴衰和展望》,《宁夏农学院学报》1984 年第 1 期。
⑤ 鲜肖威、陈莉君:《历史时期黄土高原地区的经济开发与环境演变》,《西北史地》1986 年第 2 期。
⑥ 戴英生:《从黄河中游的古气候环境探讨黄土高原的水土流失问题》,《人民黄河》1980 年第 4 期。
⑦ 侯学煜:《中国植被地理及优势植物化学成分》,科学出版社,1982,第 188-201 页。
⑧ 刘东生、郭正堂、吴乃琴、吕厚远:《史前黄土高原自然植被景观——森林还是草原?》,《地球学报》1994 年第 3-4 期。

区及一些山地上也兼有一些森林。①

　　针对学术界的不同看法,史念海认为历史时期黄土高原的植被问题从属于历史自然环境的变迁,但是由于问题本身对于古地理学、第四季地质学等相关学科都存有重要的意义,因此,史念海希望进行多学科的交叉与合作,以有利于事实真相的揭示。② 此后,王守春在《古代黄土高原"林"的辨析兼论历史植被研究途径》一文中认为诸多观点和分歧产生的原因主要是各研究者受其专业和研究方法的局限,又不能很好吸收不同观点的合理部分。因而他认为探讨黄土高原历史植被研究的途径是首先应予以解决的问题。③ 随后,吴祥定、钮仲勋、王守春等应用历史地理学方法并综合孢子花粉分析成果后认为,先秦时期在六盘山以东、吕梁山以西、长城以南、渭河以北的黄土高原上,植被为疏林(或稀树)灌丛草原,并认为在此时期延安、庆阳、离石一线以北,长期为游牧民族所据有。而在此线以南,虽为农业民族居住地区,畜牧业也占据重要地位。④ 然而随着研究者工作的深入,王守春通过更为广泛的野外考察,并结合古代文献、花粉、古环境研究和考古发现,重新肯定了史念海所阐述的古代黄土高原有面积较广大的森林这一观点。⑤ 目前,关于历史时期黄土高原的植被问题仍然存有较大的争议。

　　可以说,由史念海提出的历史时期黄土高原的植被问题,是在1978年12月十一届三中全会我国开始实行对内改革、对外开放重大政策的背景下提出的。这恰恰反映了,历史地理学科"有用于世"的思想,即从历史地理学科的研究视角出发,以国家发展战略为向导,提出国家未来发展中亟需解决的科学问题,发出改革开放之初的学术强音。

二、历史地貌变迁和土壤侵蚀

　　同样出于为国家未来发展战略建言献策的考虑,史念海基于数十年对黄土高原田野考察、学术探究,对历史时期黄土高原的地貌变迁和土壤侵蚀问题进行专题研究。20世纪70年代,史念海通过对历史文献记录的分析,并结合实地考察,得出结论,即现在的黄土高原和历史时期初期相比较,最为明显的差异,首先是原的变迁。由于侵蚀不断进展,原来黄土高原上范围相当广大的原大都不复存在。代之而起的则是长短不一的沟壑。正是这样长短不一的沟壑,使原面受到切割,由近及远破碎分裂,成为黄土高原上的一种特色,其后果就是直接减少了借以从事劳动生产的土地。而侵蚀则是促成原的破碎消泯和沟壑的增加延长的关键,侵蚀速度出现惊人的变化趋势,绝不仅是黄土本身特性、新构造运动性质、古地形特征及流水等外营力这些自然因素造成的,而是由这些自然因素加上人

---

① 中国科学院《中国自然地理》编辑委员会编《中国自然地理·历史自然地理》,科学出版社,1982,第19页。
② 史念海:《历史时期森林变迁的研究》,《中国历史地理论丛》1988年第1辑。
③ 王守春:《古代黄土高原"林"的辨析兼论历史植被研究途径》,载左大康主编《黄河流域环境演变与水沙运行规律研究文集(第一集)》,地质出版社,1991,第45-52页。
④ 王守春:《论古代黄土高原的植被》,《地理研究》1990年第4期。
⑤ 王守春:《〈黄土高原历史地理研究〉序》,载史念海《黄土高原历史地理研究》,黄河水利出版社,2001,"序"第1-12页。

为活动因素共同作用的结果。①

此项专题研究和"历史时期黄土高原的植被问题"一样,引起学术界的广泛关注。与史念海持相同观点的研究者对黄土高原的典型地区,如周塬、董志塬、陕西富县与洛川之间的晋浩塬、山西平陆与芮城之间的闲塬、山西西南部的峨嵋塬、陕西定边县的长城塬等黄土塬进行了相关性的研究。这些研究多借助古城、故宫、关隘、长城、陵墓等来进行黄土高原塬、梁、峁、沟壑的探究,这种研究思路的确是一种能够让历史地理学工作者顺利研究的思路,但是,正如史念海所认为的那样,通过这种方法所取得的研究成果是薄弱的,"以之作为探索沟壑的形成和演变的依据却也不是太多"②。可见,这种研究方法本身是有一定局限的,即这种方法的可能后果是不能较为全面地反映历史时期黄土高原塬、梁、峁、沟壑变迁的全貌。与史念海持不同观点的学者,如研究黄土高原侵蚀历史的地质、地理学家则认为黄土高原侵蚀历史由来已久,至晚自中更新世以来土壤侵蚀就已存在,③更新世以来黄土高原一直是一个强烈的侵蚀区。④

20世纪80年代以来,学术界从影响黄土高原土壤侵蚀的自然因素和人为因素出发,对土壤侵蚀的研究进行了细化。陈永宗、景可、蔡强国等将黄土高原土壤侵蚀分为自然侵蚀和加速侵蚀,"凡是无人类作用参与的侵蚀称为自然侵蚀,在人为作用参与下引起的侵蚀称为加速侵蚀。加速侵蚀主要是人类不合理的生产活动破坏黄土高原原有的生态环境而引起的,是人—地关系的表现形式之一,加速侵蚀包括人类活动引起的加速侵蚀和黄土高原自身的自然加速侵蚀两个方面"⑤。另有一些研究者基于黄土高原特殊的地质、地貌、降雨及黄土特性等自然因素,提出黄土的侵蚀、搬运和沉积过程及黄河携带大量泥沙是一种自然环境地质现象;⑥更有学者认为,黄土高原现代侵蚀以自然侵蚀为主,约占总侵蚀量的70%。⑦

随后,来自历史地理学、生态学、古地理学、第四纪研究等领域的学者也对黄土高原土

---

① 史念海:《周原的变迁》,《陕西师范大学学报》(哲学社会科学版)1976年第2期;史念海:《周原的历史地理及周原考古》,《西北大学学报》(哲学社会科学版)1978年第2期;史念海:《黄土高原及其农林牧分布地区的变迁》,载中国地理学会历史地理专业委员会《历史地理》编辑委员会编《历史地理 创刊号》,上海人民出版社,1981,第21-33页。
② 史念海:《历史时期黄土高原沟壑的演变》,《中国历史地理论丛》1996年第2期。
③ 景可、陈永宗:《黄土高原侵蚀环境与侵蚀速率的初步研究》,《地理研究》1983年第2期;中国科学院黄土高原综合科学考察队:《黄土高原地区自然环境及其演变》,科学出版社,1991,第14-15页。
④ 刘东生等:《中国的黄土堆积(中国黄土分布图说明书)》,科学出版社,1965,第228-229页。
⑤ 陈永宗、景可、蔡强国:《黄土高原现代侵蚀与治理》,科学出版社,1988,第72页。
⑥ 洪业汤、朴河春、姜洪波:《黄河泥沙的环境地质特征》,《中国科学》(B辑)1990年第11期。
⑦ 陆中臣、袁宝印等:《安塞县的侵蚀及地貌演化趋势预测》,载中国科学院国家计划委员会自然资源综合考察委员会等编《黄土高原遥感调查试验研究》,科学出版社,1988,第202-211页。

壤侵蚀的成因及相关问题进行论述。① 其中,桑广书的研究颇具新意,其在《黄土高原历史地貌与土壤侵蚀演变研究进展》一文中认为,黄土高原地貌与土壤侵蚀演变研究有待全面的、系统的、多学科的综合研究;在研究地域范围上应当深入黄土高原不同地貌类型区,细致地研究地貌演变和土壤侵蚀过程的案例;而在研究手段上需要进一步强化,采用多种定量指标,使其研究的深度、结论的可信程度、成果的应用价值增强以提高研究的水平。②

伴随着黄土高原地貌演变和土壤侵蚀过程研究的细化,许多学者的研究区域开始从大的自然地貌区转向具体的行政区和具体的侵蚀坡面、侵蚀沟谷等。而相关的研究方法也伴随着研究对象的复杂性而出现多元化、跨学科研究趋势。如龙翼、张信宝等分析了陕北子洲县黄土洼古滑塌区域的沉积环境。③ 王晗等认为,清至民国时期,黄土塬区的人为加速侵蚀作用并不因为战乱和自然灾害的影响而有所减弱,在局部地区还有加强的趋势。④ 而黄土高原沟壑区和黄土丘陵沟壑区的土壤侵蚀量的变化在时间上与人口的变化是正比关系,在空间分布上主要受自然侵蚀和人为加速侵蚀的双重影响。⑤ 姚文波等推算出将彭原沟及其支流地貌复原至西晋时期,这种现代侵蚀现象在陇东黄土高原具有普遍性。⑥ 解哲辉、崔建新、常宏以神木县东山旧城冲沟为切入点,总结出利用等高线图形概括方法在沟谷侵蚀量计算方面的可靠性。⑦ 贺燕子等以黄土洼古滑塌体为研究对象,佐证和反演了滑塌后引起的环境效应。⑧

从最近 20 年的相关研究来看,研究者有意识地加强对相关学科的研究方法和研究成果的利用,进行全面的、系统的、多学科的综合研究;在研究地域范围上也逐步深入黄土高

---

① 甘枝茂主编《黄土高原地貌与土壤侵蚀研究》,陕西人民出版社,1989,第 96-105 页;齐矗华主编《黄土高原侵蚀地貌与水土流失关系研究》,陕西人民教育出版社,1991,第 6-10 页;朱士光:《黄土高原地区环境变迁及其治理》,黄河水利出版社,1999,第 148-154 页;桑广书、甘枝茂、岳大鹏:《历史时期周原地貌演变与土壤侵蚀》,《山地学报》2002 年第 6 期;桑广书、甘枝茂:《洛川塬区晚中更新世以来沟谷发育与土壤侵蚀量变化初探》,《水土保持学报》2005 年第 1 期;桑广书、甘枝茂、岳大鹏:《元代以来黄土塬区沟谷发育与土壤侵蚀》,《干旱区地理》2003 年第 4 期;赵文武、傅伯杰、陈利顶:《陕北黄土丘陵沟壑区地形因子与水土流失的相关性分析》,《水土保持学报》2003 年第 3 期;盛海洋:《黄土高原的黄土成因、自然环境与水土保持》,《黄河水利职业技术学院学报》2003 年第 3 期;魏建兵、肖笃宁、解伏菊:《人类活动对生态环境的影响评价与调控原则》,《地理科学进展》2006 年第 2 期。

② 桑广书:《黄土高原历史地貌与土壤侵蚀演变研究进展》,《浙江师范大学学报》(自然科学版)2004 年第 4 期。

③ 龙翼等:《陕北子洲黄土丘陵区古聚湫洪水沉积层的确定及其产沙模数的研究》,《科学通报》2009 年第 1 期。

④ 王晗、侯甬坚:《清至民国洛川塬土地利用演变及其对土壤侵蚀的影响》,《地理研究》2010 年第 1 期。

⑤ 王晗:《清代绥德直隶州土地垦殖及其对生态环境的影响》,《中国农史》2010 年第 2 期。

⑥ 姚文波、孟万忠:《西晋以来彭原古城附近沟谷的演变与复原》,《中国历史地理论丛》2010 年第 2 期。

⑦ 解哲辉、崔建新、常宏:《黄土高原历史时期沟谷侵蚀量计算方法探讨》,《地球环境学报》2014 年第 1 期。

⑧ 贺燕子等:《陕北黄土洼聚湫类型划分与侵蚀产沙模拟研究》,《水土保持学报》2017 年第 2 期。

原不同地貌类型区,细致地研究地貌演变和土壤侵蚀过程的案例;在研究手段上则是采用多种定量指标,使研究的深度、结论的可信程度、成果的应用价值增强,以提高研究的说服力。

三、历史时期土地开发和黄河变迁

与黄土高原研究息息相关的,是历史时期黄河变迁的相关研究。中华人民共和国成立初期,国家领导人曾就黄河常年的水患问题多次视察黄河沿线地区,并提出"要把黄河的事情办好"的相关指示。1955年7月,第一届全国人民代表大会第二次会议作出了"关于根治黄河水害和开发黄河水利的综合利用规划"的决议。这是中国历史上第一部全面、系统的黄河治理开发宏伟蓝图,也是中华人民共和国审议通过的第一部江河流域规划。

在举国上下的社会主义建设大潮中,我国学术界的学术研究在国家发展战略的影响下,走出书斋,开始为国家建设建言献策。1962年,谭其骧立足历史地理学科,发表《何以黄河在东汉以后会出现一个长期安流的局面——从历史上论证黄河中游的土地合理利用是消弭下游水害的决定性因素》一文。① 该文深刻探讨了黄河中游地区农牧业的交替发展、植被状况与下游河道变迁的密切关系。同时,他认为东汉以后,黄土高原大部分地区被游牧民族所控制,农业民族逐渐退出,牧业代替农业,植被得到恢复,土壤侵蚀强度有所减弱,进入黄河中的泥沙有所减少。谭其骧这一观点的提出,逐渐得到学术界的广泛认同,自此,无论对于黄河的研究,还是对于黄土高原的研究,都不再将其作为割裂的地理单元去看待,位于黄河中游地区黄土高原的人类活动与黄河下游水患之间的因果关系,成为多数学者的共识。②

同时,谭其骧的论述受到其他学科的关注,如地质学、自然地理学、水利学等。由于不同学科的学者们观察问题的角度以及研究的方法有所不同,因此所得出的观点或结论也存有一定的分歧。尤其是关于黄河从东汉以后长达数百年的安流,到底是什么原因,学术界就存有不同的看法。任伯平《关于黄河东汉以后长期安流的原因》一文认为,东汉以后黄河长期安流的原因不能归之于中游土地利用方式的改变,而应归功于王景治河采取了修堤、分洪、滞洪、放淤的综合措施。③ 随后,邹逸麟、王守春、赵淑贞等学者对这一问题也

---

① 谭其骧:《何以黄河在东汉以后会出现一个长期安流的局面——从历史上论证黄河中游的土地合理利用是消弭下游水害的决定性因素》,《学术月刊》1962年第2期。
② 韩茂莉:《历史时期黄土高原人类活动与环境关系研究的总体回顾》,《中国史研究动态》2000年第10期。
③ 任伯平:《关于黄河在东汉以后长期安流的原因——兼与谭其骧先生商榷》,《学术月刊》1962年第9期。

进行了相关的论证。① 由于学术界的相关研究多是围绕历史时期黄河变迁中的洪水和泥沙问题而展开,因此,黄河泥沙的来源问题自然和黄土高原的植被问题、侵蚀问题相联系。史念海提出历史时期的黄河曾经有过两次长期相对安流的时期,也有两次频繁泛滥的时期,指出导致安流和泛滥交相出现的关键在于人类活动对黄土高原森林的影响。② 这一问题的提出,又将黄土高原的植被问题纳入黄河变迁与黄土高原的土地利用上来。世纪之交,王尚义综合现代水文、地貌、土壤侵蚀等方面的观测研究成果,对史料进行重新解读,他认为北方少数民族进入黄河中游地区以后,畜牧生产对当地自然植被起的不是恢复作用,而是进一步的破坏作用,以至于东汉时期的水患频率高于西汉,而且灾情也更为严重。③

就目前已有的研究成果来看,泥沙的变化是导致黄河变迁的主因。作为黄河泥沙主要来源的黄土高原自地质时期便开始出现侵蚀,进入人类历史时期以来,呈现逐渐加剧的趋势,即在自然侵蚀的基础上人类不合理地利用土地,破坏植被,扩大耕地面积,从而加速了黄土高原的侵蚀,使入黄泥沙增多。不过,在人类历史的不同时期,黄土高原的侵蚀伴随着人类对土地干扰程度的不同而有所差异。

21世纪以来,黄河变迁问题成为国际学术界共同关注的话题。国际全球变化研究核心计划"过去全球变化"(PAGES)与"气候变率与可预报性"计划(CLIVAR)对黄河流域降水、汛期径流量等方面作持续的研究。郑景云、郝志新等利用清代雨雪档案,重建与分析黄河中下游地区的降水变化。④ 潘威、郑景云等修正学界目前存在的近300年来黄河中游汛期径流量序列,并推断20世纪末出现的黄河下游断流首先是气候变化的结果。⑤ 张健、满志敏等重建了1765—2010年黄河中游5—10月面降雨量变化序列,从而辨识清代以来黄河流域水文过程、中游面降雨对气候变化的时空响应。⑥ 费杰等对渭河平原地

---

① 邹逸麟:《读任伯平"关于黄河在东汉以后长期安流的原因"后》,《学术月刊》1962年第11期;赵淑贞、任伯平:《关于黄河在东汉以后长期安流问题的研究》,《人民黄河》1997年第8期;赵淑贞、任伯平:《关于黄河在东汉以后长期安流问题的再探讨》,《地理学报》1998年第5期;王守春:《论东汉至唐代黄河长期相对安流的存在及若干相关历史地理问题》,载中国地理学会历史地理专业委员会《历史地理》编辑委员会编《历史地理 第16辑》,上海人民出版社,2000,第295-307页。
② 史念海:《黄土高原及其农林牧分布地区的变迁》,载中国地理学会历史地理专业委员会《历史地理》编辑委员会编《历史地理 创刊号》,上海人民出版社,1981,第21-33页。
③ 王尚义:《唐代黄河土壤强烈侵蚀区人类活动的研究》,《生产力研究》2002年第3期;王尚义:《两汉时期黄河水患与中游土地利用之关系》,《地理学报》2003年第1期。
④ 郑景云、郝志新、葛全胜:《黄河中下游地区过去300年降水变化》,《中国科学D辑:地球科学》2005年第8期。
⑤ 潘威等:《1766年以来黄河上中游汛期径流量变化的同步性》,《地理科学》2013年第9期。
⑥ 张健等:《1765—2010年黄河中游5—10月面降雨序列重建与特征分析》,《地理学报》2015年第7期。

带的盐湖变迁和人类活动等问题的研究。① 上述研究的深入,不再局限于学者们的争论和讨论,更关系到黄河治理的方针决策。

四、结论

历史时期黄土高原环境变迁研究无疑有助于我们深入认识当时的环境变迁。但就目前的相关研究而言,上述研究仍存有进一步完善的环节。(1)对于人类活动和环境变化的历史文献记录需要重新考量。以往研究多致力于对文献中的人类活动和环境变化记录进行分析,缺乏对文献记录者的环境认知、记录意图等方面的了解。(2)对于历史上的人(人群)行为需要人性化、社会化的理解和分析。以往研究缺少对人(人群)个体性质的关怀,以致在研究中出现"人(人群)"的自然属性的扩大和社会属性的遗漏、缺失,使得社会人群在地理环境影响下的应对和调适中丧失自身特有的灵活和情趣。(3)历史时期的环境变化研究需要加入因人类活动因素而出现的环境优化环节。以往研究多倾向于揭示因人类活动而引发的环境恶化,而较少关注人类在处置和逐步改善生存环境而出现的环境优化过程,这种环境优化过程主要体现为人类因生境脆弱而逐步调整和适应的过程。它既包括适度社会经济行为延缓土地退化,从而带来局部地理环境的改善;也包括人类改善日益恶化的地理环境时,未能成功的尝试。(4)相对于研究内容的个案性、专题化趋势,需要从整个历史发展过程来考察千百年来黄土高原乃至中国各脆弱生境地带社会发展的原动力。

在当前国家"推进生态文明建设迈上新台阶"和"以共建'一带一路'为引领,加大西部开放力度"等思想的指引下,甘肃、陕西需要"充分发掘历史文化优势,发挥丝绸之路经济带重要通道、节点作用"。如此一来,围绕"千百年来黄土高原乃至中国各脆弱生境地带社会发展原动力"的问题研究无疑应基于新的时代视野,不断加深和提高认识,面对黄土高原与人类社会历史关系的崭新研究主题,积极开展探索研究。

---

① 费杰:《環境の変遷と人類の活動を背景とする渭河平原における塩湖の退化と枯渇》,《学習院大学国際研究教育機構研究年報》2017年第4号;Fei J, Zhang D D. *Population collapses in the pre-modern period: case study of the Fuping County, Northwest China*. Chinese Journal of Population, Resources and Environment, 2017.

Academic Debate on Environmental Change of the Loess Plateau in Historical Period

Wang Han

Abstract: Since the founding of the People's Republic of China, especially since the reform and opening up, academia has focused on the national development strategy of the West and the natural environment and historical and humanistic characteristics of the West, focusing on the Loess Plateau "What contributions have human activities made to environmental changes? How to express it? At the same time, what method should be used to alleviate it? "And other scientific issues engage in cutting-edge research. Among them, research on the scientific succession of vegetation succession and environmental changes in the historical period, historical landform changes and soil erosion, land development in the historical period and changes in the Yellow River is particularly in-depth and continuous. Through research, the academic level has further promoted the establishment of "the interaction between the human socio-economic system and the ecological environment of the Loess Plateau" and "the driving force for social development in the fragile habitats of the Loess Plateau and China for thousands of years". In turn, it provides a scientific premise and a solid foundation for the effective implementation of the western development strategy.

Key words: the Loess Plateau; environmental changes; the national development strategy of the west; motive force for social development

由河臣到河神:清代朱之锡信仰的建构与传播*

胡梦飞

摘要:朱之锡为清代顺治、康熙年间的河道总督,因其治河有功,再加上高尚的人格魅力,死后在享受赐葬、祠祭等待遇的同时,也备受官民的爱戴,民间私下里将其视为河神,竞相进行崇祀。虽然其信仰在民间极为盛行,但在百余年中统治者还是以河臣封神没有先例为由,拒绝了官民奏请敕封的请求。乾隆四十三年仪封河决,为其成神提供了重要契机。在河臣的奏请下,乾隆帝对其进行敕封,使得朱之锡最终完成了由河臣到河神的转化。随着时间的推移,信仰在传播过程中逐渐发生变异,出现所谓的神灵"化身",对官方治河活动和民众社会心理产生了深远影响。清代国家通过敕加封号的方式最终将在民间极为盛行的朱之锡崇拜纳入国家正祀,一定程度上反映了国家与民间社会在文化资源上的互动和共享。

关键词:清代;朱之锡;河患;河神信仰

作者简介:胡梦飞,(1985—),男,山东临沂人,历史学博士,聊城大学运河学研究院讲师,研究方向为明清史、区域社会史。

中国是一个河流密布的国家,自古以来,河神信仰就极为发达。广义上的河神泛指各种河流之神,黄河、运河、淮河、卫河等俱包括在内;狭义的河神则专指黄河河神。清代光绪年间,曾担任过河南布政使、护理河南巡抚的朱寿镛在其所作《敕封大王将军纪略》一书中详细记载了黄、运沿岸地区极为盛行的 6 位"大王",64 位"将军"。在 6 位"大王"中,有 3 位是治河有功之臣,他们分别是宋大王(明代工部尚书宋礼)、朱大王(河道总督朱之锡)、栗大王(河道总督栗毓美)。在这 3 位"大王"之中,以朱之锡的成神经历最为曲折,也最具有代表性。① 本文以清代治河名臣朱之锡为视角,在论述其成神原因和经过的同时,重在分析信仰背后的官民互动与利益博弈,以此探讨清代治水人格神信仰的形成机制及演变规律。

---

* 本文为国家社科基金青年项目"明清山东运河河政、河工与区域社会研究"(项目编号:16CZS017)阶段性成果。

① 有关朱之锡的研究成果主要集中于对其治河思想及实践活动的探讨,详见娄占侠:《朱之锡治河研究》,硕士学位论文,湘潭大学哲学与历史文化学院,2009;金诗灿:《浅析朱之锡的治河思想及其实践》,《理论月刊》2009 年第 10 期;刘春田:《朱之锡:总督河道"朱大王"》,《中国三峡》2016 年第 5 期。据笔者目力所及,专门探讨朱之锡信仰建构及传播的成果尚不多见。

一、官民拥戴：朱之锡成神的社会基础

朱之锡(1622—1666)，字孟九，浙江义乌人。清顺治三年(1646)进士，历任弘文院侍读学士，吏部侍郎。顺治十四年(1657)，以兵部尚书衔出任河道总督。朱之锡治河近十载，驰驱大河上下，不辞劳苦，筑堤疏渠，积劳成疾。但仍抱病不息，北往临清，南至邳、宿进行视察，以致一病不起，于康熙五年(1666)病逝。当时徐、兖、扬、淮一带群众称颂他的惠政，在其死后将其视为"河神"。乾隆四十五年(1780)，乾隆皇帝南巡河工，追封其为"助顺永宁侯"，民间称之为"朱大王"。

朱之锡在治河方面建树颇多。直隶山东河南总督朱昌祚疏言："之锡治河十载，绸缪旱溢，则尽瘁昕宵；疏浚堤渠，则驰驱南北。受事之初，河库贮银十余万；频年撙节，现今贮库四十六万有奇。核其官守，可谓公忠。及至积劳攒疾，以河事孔亟，不敢请告。北往临清，南至邳、宿，风病日增，遂以不起。年止四十有四，未有子嗣"。① 《敕封大王将军纪略》亦对朱之锡的治河功绩给予了高度评价："数年以劳瘁殁于任，然神精忠报国，心在两河，宣泄疏通，以期安澜永庆之意，未尝随以俱殁也。是以屡著灵异，尝锡默护。河流顺轨，长堤巩固，何莫非神功之垂佑乎？附岸田庐赖以奠安，居民荷神庥庇，建祠致祭，所在多有。"②

朱之锡为了治河，一生呕心沥血，事无巨细，身先士卒，鞠躬尽瘁，死而后已。最感人至深的是，朱之锡在病入沉疴之际，尚念念不忘治河，去世前的最后两天，还写了两篇近千字的奏疏，其中的《患疾日深疏》，读来尤为感人至深，疏中曰：

> 人臣以身许国，虽鞠躬尽瘁，义所应尔，犬马疾病，何足上渎宸聪。但河道事务，关系国计民生，何等重大。河工形势变迁百出，钱粮夫料，头绪纷纭，何等繁剧。在臣驽钝之质，平时犹惧备辕，当兹精神耗竭之余，若因循缄然，日复一日，则所系躯命者虽微，有关军国者甚钜，万一陨越贻误，臣罪滋大，此臣所以辗转思维而不得不披沥于君父之前者也。③

疏中表达了他治河的决心，详尽地阐述了其提出辞职的原因，文辞恳切，情通理达，读之令人动容。

朱之锡因治河有功，再加上高尚的人格魅力，生前便受到官员和民众的爱戴。朱之锡于康熙五年(1666)病逝，是时，河南、山东两省百姓皆痛哭流涕，河道总督驻地济宁的百姓或巷哭不已，或匍匐聚哭于堂，如是者累月，实为历代罕有。时任济宁知州廖有恒在陈述朱之锡的事迹时云："前部院朱公入座枢机，九河要剧，坐镇任城，南北驰驱。万艘借鞔输之力，军民调剂，群黎享安楫之利。新河开而漕弁欢呼，纤夫苏而役工敛福。条议损益，已

---

① 赵尔巽等撰：《清史稿》卷二百七十九《列传第六十六》，中华书局，1976，第10113页。
② 朱寿镛编《敕封大王将军纪略》，南京图书馆藏光绪七年刻本。
③ 朱之锡：《河防疏略》卷二十《患疾日深疏》，载《四库全书存目丛书·史部六九册》，齐鲁书社，1996，第627页。

无病于民生。节省帑金,更有裨于国计。殚心劝赈,生活者亿人;尽瘁鞠躬,捋荼者十载。厥功允茂,其泽靡涯。"①朱之锡生前河道总督驻地济宁百姓上疏云:

> 前任总河朱部院大老爷忠孝性成,廉明凤著。自从抵任,经营河务,千里安澜,徭役均平,公私利赖,其功德及于他省者,未遑概举。即如本州兵差络绎,最苦者无如纤夫。俯念民艰,调剂得宜,以苏民困者,此其一;济当孔道,南北应付,无船更替,议贴食米,以绝差扰者,此其二;凡驻州养马各差,设法安插,闾阎安堵,以恤居民者,此其三;岁荒民流,亟议赈恤,招徕存活亿万生灵,以拯残黎者,此其四;朱明量首告胡守法一案,肆害株连,诣神公鞫,昭雪无辜,以安良善者,此其五;至于夫沾实惠,市受平价,农安耕稼,境绝萑苻,善政流风,斑斑具在。痛遭薨逝,合州人民罢市辍相,扶老携幼,匍匐恸哭,若失考妣,至今言及,无不泪下。②

康熙皇帝鉴于众大臣的朝奏悼念,以国典从优,谕赐祭葬。朝议大夫李之芳在其为朱之锡所作《墓志铭》中写道:

> 公感两朝恩宠,经营河上,什一在署,什九在外,兼以雨勿若,非旱忧浅,即潦忧冲。每当各工并急,则南北交驰,寝食俱废。值盛暑,介马曝烈日中。隆冬严寒,触冒霜雪。诚所谓劳不乘,暑不盖,骎骎有古大臣风。以故首尾,十年无大工巨役,数省之民获免昏垫。……是时经纪后事,家无余财。其历年所节河帑裕,公在日,不欲以分美邀功。至是,督抚会疏陈公勤事状,具言岁修额银为朝廷节省多至四十六万有奇。即此一端,可以概其官守,此真公忠体国鞠躬尽瘁者也。事下部议。呜呼!公立身许国之诚,自此可以大白于后世矣。③

康熙十年(1671)二月初一,时朱之锡已去世五年。河道总督罗多在巡查兖州府济宁州南关外的报功祠时,发现朱之锡没有入祀其内,即命山东提学道和济宁州知州廖有恒,查议速报。济宁知州廖有恒随即上书康熙皇帝,奏请恩准朱之锡入祀济宁报功祠中。④

崇拜已逝的杰出人物是许多文化中的共同现象,同时也是中国传统宗教生活的显著特征。这个传统已被研究中国宗教的学者所关注。美国人类学者 Arthur P. Wolf 以其在台湾的田野调查为根据,提出如下观点:"伟大的官员死后成神,自己的肉亲死后成为祖先神,而不认识的人死后成为孤魂野鬼。另外,主要根据人类学研究成果来论述中国民间信仰的 Lloyd E. Eastman 也说俗世社会中留下伟大事业的人死后成神,普通平凡的人死后成为祖先,非正常死亡的人死后成为鬼(野鬼)。"⑤美国学者杨庆堃在其《中国社会中的宗教》一书中论述了人格神产生的原因:"人们普遍发现,任何文化——无论简单还是复杂,都会发展某种方式来纪念那些有高尚道德品质或尽善尽美地服务于公益的著名人物,人

---

① 朱起潮辑纂:《梅陇朱氏宗谱》第4册,上海图书馆藏清光绪三十年刻本,第86页。
② 朱起潮辑纂:《梅陇朱氏宗谱》第4册,上海图书馆藏清光绪三十年刻本,第84-85页。
③ 朱起潮辑纂:《梅陇朱氏宗谱》第4册,上海图书馆藏清光绪三十年刻本,第73-74页。
④ 朱起潮辑纂:《梅陇朱氏宗谱》第4册,上海图书馆藏清光绪三十年刻本,第87页。
⑤ 朱海滨:《祭祀政策与民间信仰变迁——近世浙江民间信仰研究》,复旦大学出版社,2008,第190页。

们更会以特殊的方式表彰那些因公殉职的人。其目的就是引导后代效法楷模追求高尚品德,并支持文化系统的价值取向。"①《礼记·祭法》则阐述了中国古代社会的祭祀准则:"夫圣王之制祀也,法施于民则祀之,以死勤事则祀之,以劳定国则祀之,能御大灾则祀之,能捍大患则祀之。"在这种正统思想影响下,历史上常将生前有这种大功大德的人物,在其死后尊为神,设庙祭祀,一则可永记他们的功德,再则企盼他们的英灵继续为后人造福。朱之锡无疑具备了上述条件。

朱之锡死后,民众对其的爱戴逐渐转化为一种信仰的力量。"徐、兖、淮、扬间人盛传之锡死为河神。十一年,总河王光裕俯徇民情,疏请建祠济宁,部议未允,而豫河两岸往往私自肖像立庙,称为朱大王。"②《敕封大王将军纪略》引清人褚人获《坚瓠秘集》记载:

> 康熙庚戌,毗陵太史吴公,讳珂鸣,字耕芳者,过池州青溪镇见有新建河神庙榱题楣角,美轮美奂。入礼之见,神像六尊,其五位相貌威严,衣冠古制,封号之显著者,皆所素悉。惟第六神像位号犹生,衣履官服皆从今制,心窃讶之,未得敬识也。乃进庙祝而询之,祝曰神所命也,去岁有巫降于此,自言我总河朱某也,奉上帝敕命督理江河,宜庙食兹土。里人询巫何所征信,神言今江滨舟中有余同年二人,可邀来访之,果然。乃亟请二人至庙,与神面叙生平交谊,历历不爽,皆人所不知之语。二君信为不诬,哭拜而去。此后,每有祈祷,无不响应。③

在远离黄河的安徽池州,亦见到祭祀朱之锡的祠庙,可见其信仰在民间的盛行。考虑到朱之锡死后未久,再加上其身份的特殊性,虽然其信仰在民间极为盛行,但此时的朱之锡亦只是享受祠祭的待遇。清人李元度在其《国朝先正事略》卷三《朱梅麓尚书事略》中记载:"康熙五年二月,兵部尚书、河道总督朱公之锡薨于位。十二年,河督王光裕疏言:'公生而尽瘁,殁为河神,江淮两河商民,追思惠政弗谖。邳州、宿迁、中牟、阳武、曹县等县,皆建庙,塑像尸祝。漕艘运丁每涉险,有祷辄验。谨据舆情,吁请锡封。'疏下礼部,部议:以河臣封神无成例,寝其议。"④清代前期尤其是顺治、康熙年间,沿袭明朝祭祀政策,强调儒家伦理观念,对国家祀典控制比较严格。除顺治二年(1645)和康熙三十九年(1700)对金龙四大王谢绪进行加封外,顺治、康熙统治近八十年间并未对其他河神进行敕封;乾隆以前更是没有加封前朝或当朝治河官员为"河神"的记载,这与后期频繁加封朱之锡、栗毓美等河臣形成鲜明对比。即使是对于重开会通河的明朝工部尚书宋礼,雍正四年(1726)也只是加封其为"宁漕公"。雍正三年(1725),虽然应地方社会的请求,对民间供奉的河神黄大王进行敕封,但中间也是经历了曲折而复杂的博弈过程。更何况治河官员崇拜和民间河神信仰有着显著不同,其背后的政治寓意和文化内涵均不可相提并论。清代前期,对于治河官员的崇祀,无疑带有更强的封建等级性和政治伦理色彩。此外,由于朱之锡为汉臣,在满、汉民族界限壁垒分明的清代前期,想要成为官方正祀的河神更是困难重重。

---

① 杨庆堃:《中国社会中的宗教》,四川人民出版社,2016,第128页。
② 钱仪吉纂:《碑传集》卷七十六《河臣下》,中华书局,1993,第2178页。
③ 朱寿镛编《敕封大王将军纪略》,南京图书馆藏光绪七年刻本。
④ 李元度:《国朝先正事略》,易孟醇点校,岳麓书社,1991,第81页。

二、由人到神：乾隆四十三年仪封河决与朝廷敕封

对朱之锡的崇拜是一种对于治河英雄的政治伦理崇拜。正如杨庆堃在其《中国社会中的宗教》中所言，这种信仰存在的基础需要满足两个条件：一场公共灾难和一个英雄。"英雄的重要作用在于他对公益的全情投入，从而树立某种品德操行的榜样；严峻的形势当然是英雄呼之欲出的前提，但同时也为政治伦理价值发挥特别作用提供了比平时更为显著的社会环境。一旦英雄为公众利益而牺牲，那么他身上所体现的象征价值更会不可估量。"① 朱之锡真正为官方所敕封，是在乾隆四十五年（1780）。而乾隆四十三年（1778）的仪封河决，为其进入国家正祀提供了重要契机。

乾隆四十三年（1778）闰六月，河决仪封十六堡，宽七十余丈，挚溜湍急，由睢州宁陵、永城直达亳州之涡河入淮。八月，上游迭涨，续塌二百二十余丈，十六堡已塞复决，十二月再塞，时和驿东西两坝又相继蛰陷。这一工程至乾隆四十五年二月始合龙，"历时二载，费帑五百余万，堵筑五次始合"。② 《清史稿·河渠志》记载此次河决：

> 四十三年，决祥符，旬日塞之。闰六月，决仪封十六堡，宽七十余丈，地在诸口上，挚溜湍急，由睢州、宁陵、永城直达亳州之涡河入淮。命高晋率熟谙河务员弁赴豫协堵，拨两淮盐课银五十万、江西漕粮三十万赈恤灾民，并遣尚书袁守侗勘办。八月，上游迭涨，续塌二百二十余丈，十六堡已塞复决。十二月再塞之。越日，时和驿东西坝相继蛰陷。遣大学士公阿桂驰勘。明年四月，北坝复陷二十余丈。上念仪工綦切，以古有沉璧礼河事，特颁白璧祭文，命阿桂等诣工所致祭。四十五年二月塞。是役也，历时二载，费帑五百余万，堵筑五次始合……③

此次治河旷日持久，河工更是屡修屡蛰，几乎用尽了当时所能想到的所有方法，给乾隆帝的内心造成了相当大的影响。在束手无策时，乾隆帝多次祈祷、祭祀河神。仪封漫口最后得以侥幸合龙，在乾隆帝看来，也是河神"佑助"的结果。在御制陶庄河神庙碑文中，乾隆帝详细论述了此次治河的经过，对河神的感激之情溢于言表：

> 河之复也，以堤合龙；堤之合龙也，以天佑神助。然天之佑，广大精微，不可以一二事举，亦不可以一二日期。……仪封决口之筑，移金门，开引河，历以年余，迄未成功，亦无别法，于旧冬仍为大开引河，图挈溜归壑之为。及今春二月，阿桂等始有十一日两坝自行合龙，随填压茭土，不逾数刻，金门立见断流，俟十分稳固，即驰报合龙之奏。未数日，而合龙之奏果至，然所谓自行合龙之语，不解何谓。兹阿桂以善后大局已定，来行在复命，细问之。乃称二月十一日，仪封漫口未合龙以前，金门尚阔三丈，

---

① 杨庆堃：《中国社会中的宗教》，四川人民出版社，2016，第131页。
② 有关此次水灾的相关情况详见李智萍：《屡筑屡蛰：乾隆四十三年至四十五年的祥符、仪封大工》，《农业考古》2015年第4期；刘冬：《清高宗御制诗与乾隆四十三年仪封河决》，《历史档案》2010年第3期。
③ 赵尔巽等撰：《清史稿》卷一百二十六《河渠一·黄河》，中华书局，1976，第3730-3731页。

水深十一丈余。至午时,忽报顺黄南坝沉坠,惊往勘视,则南坝埽根,全势向北移走,陡与北坝接连。时金门水面,深止一二丈,尔时见机可乘,随将合龙秸料,赶紧填压,不三四刻,已见断流,而埽底亦无翻花过溜。若非南坝向北沉坠移走,则三丈口门,下埽合龙,非三两日不能完竣。今机缘巧合,因败为功,以两载之勤劬,收功片刻,实由至诚感召天和,河神默相,非人力所能到,更非在事诸臣所敢望云云。①

正是在这种背景下,乾隆四十五年(1780)二月,当仪封漫口合龙,阿桂奏请敕封朱之锡时,乾隆帝本着酬神报功的心态,敕封朱之锡为"助顺永宁侯"。"据阿桂等奏,豫省河神最著灵验者,为灵佑襄济大王,本姓黄,河南偃师县人,从前已受敕封,拟为修坟种树,并请于其子孙中,赏给奉祀生一人。又顺治年间,总河朱之锡,功著南豫二省,没为河神,屡著灵应,可否特赐位号。……著照所请,灵佑襄济大王交该抚荣柱,于其子孙内,择一人作为奉祀生,世传勿替。前任总河朱之锡,著交礼部,酌拟位号,候朕钦定。"②在民间成神已久的朱之锡,至此最终正式被官方敕封为河神。

日本学者滨岛敦俊通过对江南地区民间信仰现象的研究,得出了如下的结论:(1)江南地区的土神,几无例外地被比定为曾在俗世生活过的人,即他们都是人格神。(2)由人成神需要有生前义行、死后灵异、王朝敕封等三方面的传说。作为成神的要素,首先是"生前的义行"。曾在现世的"人"中,生前为他人行义的人数量庞大。但这并不是说,他们死后全都变成"神",而是绝大多数都变成默默无闻的"鬼"。"鬼"与"神"的区别在于,此后的他是否"显灵",也就是根据死后是否表现灵迹来决定。有了"生前的义行""死后的显灵"这两项要素,"神"实际上也就产生了。③ 朱之锡无疑满足前一条件,但并不是光有义行就可以成神,最关键的一点,还在于他死后是否"显灵"。这也是为什么清代治河有功的官员众多,但只有朱之锡、栗毓美等少数几人能够成为河神的原因。

《敕封大王将军纪略》详细记载了其受封的经过,其中的描述颇具神话色彩,突出强调了朱之锡的"神迹":

> 乾隆四十三年,河决仪封十堡,天子屡命重臣会同河督实力修筑,费币巨万,阅三载尚未成功。四十五年春二月,皇上巡幸江浙,临河驻跸,默祷于神,而仪封漫口即于是日大风陡作,巨溜全掣,数十丈之口门,立见填淤,因而下埽,不日合龙。方漫口之将塞也,或见有老人在滩相度履勘,植木为记。问其故曰:"河水当从此过,非官定引河所经也。"问其姓,曰:"朱"。言已,忽失所在,而标记俨然,人所共观。其人走告,河北观察朱公岐亲往视之,已而开放引河,果刷岸他徙,工遂告竣,咸以为神力之协助也。工成后,大学士阿公等以神灵验助顺宣勤,恭请褒旨封号以答神庥,钦奉特旨敕封"助顺永宁侯",命大河两岸立庙致祭。④

《碑传集》卷七十六引管世铭《助顺永宁侯庙碑记》云:

---

① 《清高宗实录》卷一千一百二,乾隆四十五年三月戊子条,中华书局,2008,第753页。
② 《清高宗实录》卷一千一百一,乾隆四十五年二月壬申条,中华书局,2008,第738-739页。
③ 滨岛敦俊:《明清江南农村社会与民间信仰》,朱海滨译,厦门大学出版社,2008,第85页。
④ 朱寿镛编《敕封大王将军纪略》,南京图书馆藏光绪七年刻本。

乾隆四十三年,黄河盛涨,仪封、祥符先后漫口。天子屡命重臣合同河道总督、河南巡抚悉力修筑。此塞彼溃,久未告功。至四十五年春,圣驾南巡江浙,临河驻跸,默祷于神,而豫省最后未塞之仪封南岸十堡,即于是日有大风掣溜,数十丈之坎陷立见填淤,随而下埽,不数日集事。官民吏卒万口欢呼,莫不仰戴圣天子之精诚,与群神协助之力也。于是奉旨在新工择地特建河渎之庙,以答神庥。后经大学士诚谋英勇公阿桂、河道总督陈辉祖、河南巡抚荣柱奏请修理偃师县灵佑襄济黄大王坟茔,给子孙奉祀冠带,颁铜瓦厢风神庙御书匾额。又原任总河朱之锡,功著南、豫二省,没为河神,屡著灵应,土人礼祀已久,请特赐位号,以从民望,即今庙神也。奏上,并得旨报可,于是敕封神为"助顺永宁侯"。①

在碑记中,管世铭还详细记载了朱之锡显佑河工的事迹:"方仪封大工之将竣也,或见老人往来河滩,若有所相度然者,既而植竿为标识。问之,曰:'河水将从此过,非官定引河所经也。'叩其姓,曰:'朱'。言已,失所在,而其竿故存。其人走告,河北观察朱公岐亲往视之。已而开放引河,河果由此刷路别去,工得以成,咸以为神之默佑也。"②所谓朱之锡"显灵"河工的事迹,当然为官民所编造,其目的是为了获得朝廷的认可,为其信仰提供正统性和合法性。

朱之锡之所以被敕封,与乾隆四十三年(1778)黄河水患密切相关。"愈是在社会秩序陷于紊乱,各种天灾人祸频发,反叛和匪乱行为愈演愈烈之时,王朝统治者及乡绅精英,便愈是彰显儒家'三纲五常''忠孝仁义'道德教义的重要性。"③正是乾隆中后期自然灾患的频发与社会秩序的趋于动荡,使得统治者更易于选择符合皇权专制统治的象征来规范人心,而作为皇帝之忠臣、民众之守卫的代表者,朱之锡无疑非常符合重塑社会的象征化符号,官民对朱之锡显佑神话的编造与朝廷对这类神话的认可,原因即在于此。大臣经由皇权的确认而升为"神",其"神灵"地位源于皇权并为民众所信仰崇拜,从而进一步强化而非削弱了专制皇权的统治力。"正式的上天崇拜为帝王所垄断,但上天在人间的力量却为普通百姓所信仰。"④为因应时局演变,乾隆对原来一直未予承认的朱之锡"河神"的地位予以确认,并进行官方敕封;官员和民众编造的诸多朱之锡"显灵"河工事迹以证明其成"神"合法性,则在一定程度上佐证了这一行动的必要性。

三、"显佑"河工:河神信仰的传播及影响

中国古代社会代表朝廷的官方力量一直居于强势地位,对民众的身体和思想有着巨大的影响力。官方的褒奖和敕封在增强神灵合法性的同时,亦扩大了神灵的影响力和知名度。随着朱之锡正式被官方敕封,沿黄各地纷纷建立朱大王庙。"汴省滨黄河数十里地方庶务,以河防为要,故庙祀河神,视他省尤虔。"光绪《祥符县志》记载开封城内朱大王庙

---

① 钱仪吉纂:《碑传集》卷七十六《河臣下》,中华书局,1993,第2178页。
② 钱仪吉纂:《碑传集》卷七十六《河臣下》,中华书局,1993,第2179页。
③ 罗衍军:《革命与秩序:以山东省郓城县乡村社会为中心》,中国社会科学出版社,2013,第30页。
④ 孔飞力:《叫魂:1768年中国妖术大恐慌》,陈兼、刘昶译,上海三联书店,2014,第140页。

在宋门内路北,乾隆四十五年建,光绪八年,前河道总督李鹤年重修。此外,武陟、中牟、济宁、桃源、仪封等地河神庙或大王庙中亦供奉有朱之锡神像。"有清一代,设有河道总督,专司治河防河。此外还寄安澜堵溃之望于河神。所封黄河河神有四,曰:金龙四大王、黄大王、朱大王、栗大王,并于沿河大邑立有河神庙,河督或巡抚履任,必须入庙行礼,以表崇敬。"①

随着时间的推移,到同治、光绪年间,出现所谓神灵的"化身"。河漕官员和沿岸民众往往将黄运险工中出现的金色、朱色或栗色的小蛇视为河神金龙四大王、朱大王、栗大王的"化身",加以隆重祭祀,以求襄助河工、护佑漕运,并将河工告竣、漕运畅通视为"河神显佑"的结果。《清稗类钞·祀河神》记载:"世谓河工合龙,必有河神助顺。其助顺也,先以水族现形,其形如小蛇,大王头方,将军头圆,朱色者,俗呼为'朱大王',河督朱之锡是也;栗色者,俗呼为'栗大王',河督栗毓美是也。河工、漕船诸人皆祀之维谨。"②"相传其(朱之锡)化身为白红相间之条纹,上有黑点,腹为青色,亦有黑点,头为黑底红花之蛇,身长约36公分。"③为什么人们会把不同颜色的小蛇、大蛇当作"大王""将军"的化身而敬之如神呢?"因为中国自古即相传'龙'能治水,四海之中有龙王,江湖河泊有龙神。但'龙'究竟是什么样子,从来没人见过,而蛇则称为小龙,和画中之龙颇有相似,不知何人异想天开,散布'蛇'即是龙,是河神的化身的谣言,以讹传讹,把"蛇"代"龙",龙蛇不分,而敬起蛇来。"④虽然死去的这些人成了大王或是将军一类的河神,但是人们毕竟不能得见,与之前活在人们想象观念之中的虚幻的神灵并无差别,于是黄河一带的百姓把他们对河神的崇拜和祭祀,落实到他们能够看得到的物体身上,最终他们选定了与水有密切关系的水蛇,于是,水中或岸边的蛇便成了大王或将军等河神的"化身"。祭祀水蛇成为沿岸官民应对黄河水患的心理缓冲物。

清代官员奏疏、文人笔记中有关河神"显灵"事迹的记载比比皆是。咸丰四年(1854),因朱之锡化身"显灵",使得河工化险为平,河东河道总督长臻奏请为其敕加封号并颁发匾额。其奏疏云:"本年霜后中河厅十堡陡出奇险,塌坝溃堤,情形可危,官民莫不惶惧。虽经调集官弁兵夫协力抢办,实赖圣德感孚,河神默佑,得以化险为平。更可异者,当九月十七日夜间,风狂雨骤,众灯皆灭,人力难措之际,塌埽处忽现灯笼二盏,上有'佑安'字样,额而不见,未及天明,风雨皆止,俾可施工,又河神四次于埽前化身显示,均经恭送河神庙燃香供奉,虔求神贶。或竟日,或数时,倏然遂隐,凡在工次者亲见,灵迹昭彰,同深感凛,镶作倍形,各埽均能稳定,理应崇德报功,以答神庥。"清人薛福成《庸庵笔记》记载:"鬼神为造化之迹,而迹之最显者莫如水神。黄河工次,每至水长之时,大王、将军往往纷集,河工、吏卒居民皆能识之,曰某大王、某将军,历历不爽。……又如金龙四大王金色,朱大王朱

---

① 黎泽济:《文史消闲录三编》,百花洲文艺出版社,2007,第270页。
② 徐珂编撰:《清稗类钞》第八册,中华书局,1986,第3571页。
③ 本书编辑组编《张含英治河论著拾遗》,黄河水利出版社,2012,第33页。
④ 中国人民政治协商会议河南省开封市委员会文史资料研究委员会:《开封文史资料》(第五辑),1987,第55页。

色,黄大王黄色,栗大王栗色,皆偶示迹象,以著灵异"①陈夔龙在其《梦蕉亭杂记》中记载:"余于光绪癸卯秋,抵豫抚任。省中有大王庙四,曰金龙四大王庙、黄大王庙、朱大王庙、栗大王庙。将军庙一,群祀杨四将军以次各河神。巡抚莅新,例应虔诚入庙行礼。越日,黄大王到,河员迎入殿座。余初次瞻视,法身长三寸许,遍体著浅金色,酷嗜听戏,尤爱本地高腔,历三日始去。后巡视南北各要工,金龙四大王、朱大王均到。朱与黄法身相似,金龙四大王,长不及三寸,龙首蛇身,体著黄金色,精光四溢,不可逼视。适在工次,即传班演戏酬神。"②

清同治、光绪年间,每当河工告竣时,治河官员就会奏请敕加封号、颁发匾额,对于河神的褒封甚至达到了泛滥的地步。同治二年(1863)十月,以神灵"显应",加江苏宿迁县金龙四大王封号曰"敷仁",河南陈留县黄大王封号曰"护国",朱大王封号曰"显应"。同治四年(1865)十一月,以神灵"显应",加江苏宿迁县金龙四大王封号曰"保康",河南陈留县黄大王封号曰"普利",朱大王封号曰"绥靖"。同治六年(1867)四月,以神灵"显应",加江苏宿迁县金龙四大王封号曰"宣诚",河南陈留县黄大王封号曰"昭应",朱大王封号曰"昭感"。同治七年(1868)三月,以神灵"助顺",加江苏宿迁县金龙四大王封号曰"襄猷",河南封邱县黎河神封号曰"孚惠",陈留县朱大王封号曰"护国"。同年八月,以神灵"显应",加江苏宿迁县金龙四大王封号曰"灵感",河南陈留县黄大王封号曰"绥靖",朱大王封号曰"孚惠"。同治十一年(1872)七月,以神灵"显应",加河南陈留县朱大王封号曰"灵庇",黄大王封号曰"保民"。光绪五年(1879)四五月间,河运漕船由运入黄,水源枯落,漕运总督文彬赴各大王、将军庙虔诚祈祷,当即连需甘霖,得以迅速浮送。命南书房翰林恭书匾额各一方,交文彬祗领,分诣张秋镇金龙四大王、朱大王、黄大王、栗大王、宋大王、白大王、陈九龙将军、元将军庙敬谨悬挂,以答神庥。③至光绪五年(1879),朱之锡最后的封号为"助顺永宁佑安显应绥靖昭感护国孚惠灵庇翊化昭显侯"。④ 光绪二十一年(1895)九月,以黄河霜降安澜,颁大藏香十炷,交河东河道总督许振祎祗领,至河神庙中祀谢,并颁金龙四大王庙匾额曰"德水澜平",朱大王庙曰"功昭顺轨",黄大王庙曰"荣光著庆",栗大王庙曰"绩奏宣防",杨四将军庙曰"安流助顺",党将军庙曰"清颂扬庥"。⑤

当时已有人意识到这种弊端,清人陈康祺在其《郎潜纪闻》中云:"国家怀柔百神,河神载在祀典,每遇防河济运显灵,经历任河漕两督奏于常例外颁赐藏香,复请锡封、赐匾有差。夫御灾捍患,功德在民,固褒赏所必及也。惟近年河工久停,而漕船北行,沿河挽运、督运诸员神奇其说,几乎以请封、请匾为常,似非政体。考黄大王事迹,见《池北偶谈》,其人国初尚在。至朱大王,即河督朱之锡;栗大王,即河督栗毓美。夫会典无异姓封王之例,

---

① 薛福成:《庸庵笔记》卷四《述异·水神显灵》,载《续修四库全书》编纂委员会编《续修四库全书》第1182册,上海古籍出版社,1995,第687-689页。
② 陈夔龙:《梦蕉亭杂记》,中华书局,2007,第76-77页。
③ 中国第一历史档案馆编《光绪宣统两朝上谕档 第5册(光绪五年)》,广西师范大学出版社,1996,第220-221页。
④ 刘启瑞纂,昆冈修:光绪《钦定大清会典事例》卷四百四十六《礼部·群祀》,载《续修四库全书》编纂委员会编《续修四库全书》第805册,上海古籍出版社,1995,第124页。
⑤ 《清德宗实录》卷三百七十六,光绪二十一年九月己酉条,中华书局,2008,第917页。

称谓亦恐不经。况诸臣所据为显应者尤诞妄无稽乎？按河神助顺，必先有水族现形，河漕各督即迎之致祭。其朱色者，众以谓之锡；栗色者，众以谓毓美也。安得一深明典礼之儒臣，俾任秩宗，厘正其失。"①从侧面亦可以看出这一时期以朱之锡为代表的河神信仰之盛行。

四、结语

朱之锡于康熙五年（1666）病逝，乾隆四十五年（1780）封神，中间相隔115年。透视朱之锡由病逝到封神的过程，更可明了其深层缘由所在。"与仁慈有关的神话对它所美化的专制制度的好处具有双重意义。它们把统治者及其助手们说成是迫切希望为人民做最适宜的事情的人，这就使得官方发言人能够以此教导他们自己集团中的成员。……关于不自私的（仁慈的）专制制度的神话使得这些迫切需要的事物戏剧化了，而这些事物是统治阶级中富有思想的成员们有意或无意地保证要做到的。"②愈是面对灾患冲击或社会危机，统治阶层则愈可能借由神灵、美德等话语重塑社会观念及传统伦理规范。将乾隆对朱之锡的态度与此一时期他对僧道术士的压制措施相比较，则其意图所在便凸显出来。因僧道术士往往在世俗礼仪中行使与神灵沟通的功能，因此就潜在行使了世间与上天中介的作用，从而有意无意侵犯了皇帝作为"天子"而行使其对治下臣民强力控制的权威，"如果国家要使民众对于自己在精神上所起作用的信心能够持续下去，它就必须认真防备在这方面出现潜在的竞争对手"③，加之僧道术士往往四处游荡、行踪无定，皇权对之无法像对待一般民众那样家族、社区规范加以制约，因此乾隆便以"妖术""邪术"将其冒犯皇权权威的行为污名化，并借端压制、打击，"不得不对民众的心灵世界进行禁压。也就是让民众晓谕，现世国家政权的力量位于'神'的灵力之上"④。江南运河区域是清代统治至关重要的区域，"江南是问题的关键。危险来自富庶文明的长江三角洲，并正沿着运河两岸向北蔓延"⑤。在对运河区域内威胁皇权稳定的风吹草动进行强力弹压的同时，对忠于皇权统治、维护民众安全的治河能臣的逝后地位进行提升，正是同一事物的一体两面。

---

① 陈康祺：《郎潜纪闻》卷十一，载《续修四库全书》编纂委员会编《续修四库全书》第1182册，上海古籍出版社，1995，第272页。
② 卡尔·A. 魏特夫：《东方专制主义：对于极权力量的比较研究》，徐式谷、奚瑞森、邹如山等译，中国社会科学出版社，1989，第133页。
③ 孔飞力：《叫魂：1768年中国妖术大恐慌》，陈兼、刘昶译，上海三联书店，2014，第141页。
④ 滨岛敦俊：《明清江南农村社会与民间信仰》，朱海滨译，厦门大学出版社，2008，第12页。
⑤ 孔飞力：《叫魂：1768年中国妖术大恐慌》，陈兼、刘昶译，上海三联书店，2014，第281页。

From Governor of River to the River God: The Construction and Spread of Zhu Zhixi's Religion in Qing Dynasty

Hu Mengfei

Abstract: Zhu Zhixi is the river governor during the reign of Shunzhi and Kangxi in the Qing Dynasty. Because of his contribution to governance of the river, and noble personality charm, after his death, he received rewarded funeral, temple sacrifice and other treatment. And he was loved and esteemed by the people. People privately regarded him as River God, competing to worship him. Although the religion is very popular in civil society, the rulers denied the request on the pretext that there was no precedent for a river minister to enshrine a god. The Yellow River of Yifeng burst in the Qianlong forty-three year, it provided an important opportunity for Zhu Zhixi to become the River God. In the expedition of the river official, the Emperor Qianlong formally sealed Zhu Zhixi, making him finally completed from governor of river to the River God's transformation. As time went on, the religion gradually changed in the process of communication, the emergence of the so-called gods "incarnation", had a profound impact on the official governance of river's activities and public social psychology. Through the way of the imperial seal, the Qing Dynasty eventually brought the Zhu Zhixi's worship which was extremely popular in the folk into the country worship, to a certain extent, reflected the state and civil society's interaction and sharing in the cultural resource.

Key words: the Qing Dynasty; Zhu Zhixi; river flood; River God's religion

中国古代华北地区的野生哺乳动物

Brian Lander, Katherine Brunson

白　倩　译

摘要：人类活动使得黄河中下游许多自然低地生态系统消失，同时也改变了其余自然低地的生态环境，使我们很难了解该地区的原生物种。本文采用动物考古学及其他证据来确定该地区的原生哺乳动物，以此来重建这些消失的环境。我们提供有关这些动物的基本生态信息，并进一步探讨有争议或困难的案例。我们的目标不仅要研究中国的历史环境，同时也要清楚地明白传统所理解的物种分布范围是基于现代动物的分布，但由于现代人类的活动使得许多动物在目前大部分地区已经消失。

关键词：动物；早期中国；灭绝；巨型动物；动物考古学

作者简介：Brian Lander，男，美国布朗大学历史、环境和社会学助理教授，主要研究中国古代的环境历史，重点研究黄河和长江流域的自然生态系统如何逐步被农田所取代。Katherine Brunson，女，美国布朗大学生物分了考古学访问助理教授，研究重点是中国的动物考古记录、中国古代动物驯化的仪式方面、东亚游牧的起源以及中国本土哺乳动物的灭绝。白倩（1994—），女，中国社会科学院大学博士研究生，考古学专业，研究方向为新石器时代考古。

序言

华北地区的低地已经被人类彻底地改造，很难想象几千年前这里生活着水牛、原始牛、野马、犀牛和老虎，还有一些较小的哺乳动物。目前该地区唯一可能遇到的野生哺乳动物是野兔、刺猬和蝙蝠。虽然众所周知野生动物消失的主要原因是人类及其农业生态系统的扩张，①但我们很少了解中国多数动物的自然分布状况及其灭绝过程。

---

* 原文刊于 *Journal of Chinese History*，2018：1-22. 作者非常感谢哈佛大学环境中心、费正清中国研究中心以及布朗大学 Joukowsky 考古和古世界研究所所提供的博士后奖学金。还要感谢 Rowan Flad、John Major、Max Price、Andrew Smith 和两位匿名审稿人的评论。

① Mark Elvin, *The Retreat of the Elephants: An Environmental History of China*. New Haven: Yale University Press, 2004, pp. 9-18; Robert B. Marks, *China: An Environmental History*, 2nd ed. Lanham, Md.: Rowman&Littlefield, 2017.

了解人类如何改变东亚大陆环境的第一步就是了解人类占领这里之前该地区的自然环境状况。本文试图通过提供黄河中下游流域原生哺乳动物的概况从而重建当地消失的生态环境。① 我们选择哺乳动物的原因是与其他大多数生物相比,人类更熟悉哺乳动物,所以通过对哺乳动物的描述有助于我们推测这些消失已久的生态环境。同时,哺乳动物也是该地区最大的动物。鉴于本文的研究目标,我们将重点关注哺乳动物本身而不是它们在人类社会和文化中所发挥的作用,虽然事实上,我们大多数证据都与人类活动有关。②

这项研究的基本前提是,过去一万年来人类活动,尤其是农业社会的扩张是造成华北地区动植物发生改变的主要因素。③ 虽然学者们经常把中国古代华北地区某些动物的存在看作是当时气候更加温暖的标志,④但实际上这一时期气候波动很小,不可能大幅改变居住在该区域的动物群种类。⑤ 因此,全新世时期生活在黄河流域的动物如果没有人类活动而导致其消失的话,目前可能仍生活在黄河流域,可以认为是这一区域的本土动物。⑥ 这一认识不仅与中国有关:世界各地公认的关于"自然"物种分布的观点主要基于

---

① 我们的研究区域为山西、河南、山东和河北,再加上甘肃的渭河流域和北京。虽然陕西和河南的南部并不在黄河流域的范围内,但下文探讨的来自该区域少数几个遗址中包含了北部遗址中的常见物种,除了在下王岗遗址发现的大熊猫和大象遗存。

② 关于早期中国人如何看待动物以及人与动物的关系,请参阅 Roel Sterckx, *The Animal and the Daemon in Early China*. Albany: State University of New York Press, 2002;郭郛、李约瑟、成庆泰:《中国古代动物学史》,科学出版社,1999;John S. Major, "Animals and Animal Metaphors in the Huainanzi," *Asia Major*, 2008, 21(1): 133-151; Roel Sterckx, "Attitudes towards Wildlife and the Hunt in Pre-Buddhist China," *Wildlife in Asia: Cultural Perspectives*, ed. John Knight (London: Routledge Curzon, 2004), pp. 15-35.

③ 关于这个问题的全球的考古综合研究,请参阅 Nicole L. Boivin, Melinda A. Zeder, Dorian Q. Fuller, et al., "Ecological Consequences of Human Niche Construction: Examining Long-Term Anthropogenic Shaping of Global Species Distributions," *Proceedings of the National Academy of Sciences*, 2016, 113(23): 6388-6396.

④ 如 Kwang-chih Chang, *The Archaeology of Ancient China*, 4th ed. New Haven: Yale University Press, 1986, p. 79.

⑤ 全新世大暖期是近一万年来(约 9000—4000 年前)最温暖的时期,比目前华北地区气温高约 1.5 摄氏度,降水量高约 200 毫米。植被向北移约 200—300 公里,所以西安的气候与现在河南南阳较为相似。不耐寒的动植物会稍微向北迁移,包括森林迁移到过于干旱的地区。但这种变化太小,不足以影响那些生活在黄河流域的哺乳动物。Hou-Yuan Lu, Nai-Qin Wu, Kam-Biu Liu, et al., "Phytoliths as Quantitative Indicators for the Reconstruction of Past Environmental Conditions in China II: Palaeoenvironmental Reconstruction in the Loess Plateau," *Quaternary Science Reviews*, 2007, 26(5-6): 759-772; Yanjun Cai, Liangcheng Tan, Hai Cheng, et al., "The Variation of Summer Monsoon Precipitation in Central China since the Last Deglaciation," *Earth and Planetary Science Letters*, 2010, 291(1-4): 21-31; Songbing Zou, Guodong Cheng, Honglang Xiao, et al., "Holocene Natural Rhythms of Vegetation and Present Potential Ecology in the Western Chinese Loess Plateau," *Quaternary International*, 2009, 194(1-2): 55-67.

⑥ "本土物种"的概念与"自然"的概念具有相同的词源和知识根源,其历史悠久且复杂:Raymond Williams, "Ideas of Nature," in *Culture and Materialism* (London: Verso, 2005), pp. 67-85. 在这里,我们用"自然"和"野生"来指非人类创造或依赖于人类的物种和环境。

现代生物学家的实地工作,因此反映的是一个已经被人类活动所改变的世界。① 古代欧亚文明通常位于水源充足的河谷地带,与干旱地区或山区生态环境不同,这些河谷的生态系统早在现代生物学家研究之前就已经被农田所取代。随着这些文明的发展,它们往往会改变更大范围内的环境,对大型动物造成非常严重的影响。②

黄河流域的低地是该现象最极端的案例之一,这一区域人口密集已达三千年之久。该地区气候温和,年降水量从西部半干旱地区的约 500 毫米到华北平原的超过 800 毫米不等,降水量每年都有很大的变化。该区域大部分地区以温带落叶林为主,其植被组合与北美东部有些相似,但更具多样性。平原和河谷中有大量的湿地,夏季季风期间湿地面积扩大,冬季湿地萎缩。在较干旱的西部渭河流域是草原与森林的混合景观,干旱地区生长草地和灌木,而水源充沛的地区生长森林。黄河流域低地位于干旱的亚洲内陆、北方针叶林和温暖的亚热带森林之间,该地区聚集了来自上述所有区域的物种。

方法

古代文献和文物为中国古代动物的研究提供了有价值的线索,但对于辨认大多数物种来说并不可靠。大象和老虎等一些大型而独特的动物是无误的,但鉴别大多数其他动物时则十分容易混淆。同时早期的中国文人对哺乳动物分类学并不感兴趣。③ 我们能确信古代文献中记录的动物种属的唯一方法是该动物具有独特性,拥有特定的生活环境和饮食习惯,例如《说文解字》中对于獭的描写:"如小狗也,水居,食鱼。"④这段文字及其他文章清楚地表明这是一只水獭,⑤但对大多数其他参考文献中所涉及的小型动物来说,目前我们无法对其种属进行准确的判断。此外,在公元前 1200 年左右第一批现存文献编写之时,一些物种可能已经很少见了。

---

① Jennifer J. Crees and Samuel T. Turvey, "What Constitutes a 'Native' Species? Insights from the Quaternary Faunal Record," *Biological Conservation*, 2015, 186: 143-148; Samuel T. Turvey, ed., *Holocene Extinctions*. Oxford: Oxford University Press, 2009.

② 欧洲和地中海文明是唯一一个对其早已消失的生态系统进行过深入研究的世界古老文明。如 Kenneth F. Kitchell, *Animals in the Ancient World from A to Z*. New York: Routledge, 2014; A. T. Grove and Oliver Rackham, *The Nature of Mediterranean Europe: An Ecological History*. New Haven: Yale University Press, 2001; Wilhelmina F. Jashemski and Frederick Meyer, *The Natural History of Pompeii*. Cambridge: Cambridge University Press, 2002; László Bartosiewicz, "A Lion's Share of Attention: Archaeozoology and the Historical Record," *Acta Archaeologica Academiae Scientiarum Hungaricae*, 2009, 60(1): 275-289; Ella Tsahar, Ido Izhaki, Simcha Lev-Yadun, et al., "Distribution and Extinction of Ungulates during the Holocene of the Southern Levant," *PLOS ONE*, 2009, 4(4): 1-13.

③ Sterckx, *The Animal and the Daemon in Early China*, esp. 15-44.

④ 水獭其他的参考资料,请参阅 John S. Major et al., trans., *The Huainanzi: A Guide to the Theory and Practice of Government in Early Han China*. New York: Columbia University Press, 2010, p. 182.

⑤ Major, "Animals and Animal Metaphors in the Huainanzi," 146.

在青铜器和玉器等人工制品中所描绘的动物也有类似的问题,即它们所绘的动物要么是水牛、大象等有特色的动物,要么就根本无法准确地辨别种属。通常很难判断它们是否是真实存在的动物。例如,中国考古学家倾向于将古代艺术品中许多动物鉴定为"龙",尽管它们也有可能描绘的是蜥蜴、蝾螈或短吻鳄。因此,虽然文献和文物是后段历史研究中重要的资料来源,但对于研究较早时期的古代动物分布来说其帮助是有限的。我们撰写本文的目的之一就是帮助研究早期文献与文物的学者辨认形象较模糊的动物,从而弄清古代学者可能已经了解的动物。

由于古代文献和文物的局限性,我们最重要的证据来自动物考古学和动物学。动物考古学是研究考古遗址中出土的动物遗存的科学。动物考古学家通过动物遗存信息来研究动物在人类生活和经济活动中的作用,分析人类在古代祭祀、象征及社会情景中对动物的利用方式,并重建古代环境。许多因素会影响考古遗址中获取的动物遗存,尤其是猎人对某种动物的偏好、保存条件及考古学家采集动物遗存的方法。① 在中国,最后一个因素影响重大,因为大部分考古学家没有使用筛子来筛选泥土中较小的动物遗骸,因此很少发现小型动物的骨骼。② 样本量也同样重要:分析的骨骼越多,发现珍稀动物的机会越大。③ 尽管动物考古组合受到文化和埋藏学偏移的影响,它们仍然是我们了解在特定时间地点生活的动物种类的最佳信息来源,因此它们也是研究古代物种分布的基本工具。本文的分析基于动物考古学资料,我们已经收集了从新石器时代到周代100多处遗址的考古报告。

虽然中国动物考古的资料十分重要,但它为我们重建古代动物群也带来了一些困难。其中一个困难是研究中国历史时期(大约在公元前1200年之后)的考古学家通常关注墓葬、宫殿和城市,而不关注乡村,所以他们发掘的动物骨骼大多是放在墓葬中的家畜。考虑到这一时期人口和环境对于动物的影响不断增加,而我们缺少过去三千年来典型的野生动物遗存,因此无法利用目前的动物考古学资料研究物种的消失时间。另一个问题则是中国动物考古学家倾向于假设新石器时代(公元前7000—2000年)遗址中发现的动物目前仍然存在。除水牛之外,动物考古学家很少关注出土的动物是否属于灭绝物种。低地生态系统已完全消失,华北低地的一些本土物种目前很有可能已经灭绝。

除了动物考古学,我们还依靠现代动物学家的工作。这项研究中最重要的一本书是

---

① R. Lee Lyman, *Vertebrate Taphonomy*. Cambridge: Cambridge University Press, 1994; Charles Reed, "Osteo-Archaeology," in *Science in Archaeology*, by Eric Higgs and Don Brothwell. New York: Thames and Hudson, 1963, pp. 2014-2016.

② 在发掘过程中,筛网的使用和尺寸极大地影响了发现的动物遗存的种类:Irvy Quitmyer, "What Kind of Data Are in the Back Dirt? An Experiment on the Influence of Screen Size on Optimal Data Recovery," *Archaeofauna*, 2004, 13: 109-129; Brian S. Shaffer and Julia Sanchez, "Comparison of-and-Mesh Recovery of Controlled Samples of Small-to-Medium-Sized Mammals," *American Antiquity*, 1994, 59(3): 525-530.

③ Donald K. Grayson, "The Effects of Sample Size on Some Derived Measures of Vertebrate Faunal Analysis," *Journal of Archaeological Science*, 1981, 8(1): 77-88; R. Lee Lyman, *Quantitative Paleozoology*. Cambridge: Cambridge University Press, 2008, p. 196.

A Guide to the Mammals of China，该书包含了从 19 世纪中期以来通过野外调查所揭示的物种描述和分布图。① 我们使用这些地图时非常清楚它们所描绘的内容。到 19 世纪中叶，华北地区已有近一亿人居住，黄河流域的自然低地生境已完全被农田和城镇所取代。此外，华北平原人口密集已达两千年之久。在这种情况下，栖息地仅限于低地的动物早已消失，而能在未耕种的丘陵和山区生存的动物则仍然存在。因此现代物种分布图描绘的是分散的、数量少的种群，而不是物种的自然分布范围。尽管如此，自 20 世纪初以来，人口及其对环境的影响急剧增加，因此，这些地图对于帮助我们重建早期动物分布至关重要。除了地图之外，我们还依赖 *A Guide to the Mammals of China* 来描述本文所涉及的动物大小、生活环境和行为习惯，但不会逐一引用。②

本文的目的仅是描述该地区的哺乳动物，因此我们尝试按常识分组，而不是按照传统的分类学顺序。我们将按以下顺序进行讨论：鹿、牛、马、猪、犀牛、大象、灵长目，小型哺乳动物，肉食动物。在正文之后，我们提供了一份我们认为是该地区原生物种的清单，并列出一份该地区考古遗址发现的哺乳动物表格。

鹿

我们以鹿作为开始，鹿在人类社会中有重要的作用，因此其在考古记录中具有广泛的代表性。人们不仅吃鹿肉，而且还用它们的骨头、鹿角、兽皮及其他材料制作工具和衣服。与骆驼、马和牛（如黄牛、山羊、绵羊和水牛）不同，鹿无法在草地等低品质植物环境中生存，它们需要高度易消化、营养丰富的食物，如新生长的树叶、树枝、树皮、苔藓、蕨类和地衣等。③ 在自然植被茂密的森林地区，鹿能在受到干扰的环境中找到高质量的草料，包括那些开发为耕地的林间空地。所以农民搁置田地数年使得农作物之间生长野生植物，从而创造一个理想的鹿栖息地。在世界其他地区，如北美，人们通常故意焚烧土地来创造鹿的栖息地。④ 华北地区的社会很可能与鹿维持了一种类似于共生的生态关系，即使后来的家养动物成为人类主要的肉食来源。

华北地区大部分鹿在寻找食物时四处游荡，但有两种小型鹿有特定的活动范围，它们用锋利细长的上犬齿来守卫自己的领地。麝（*Moschus* sp.）和小麂（*Muntiacus reevesi*，又称为 barking deer）是一种大小似狗（约 6—20 公斤）的夜间活动的鹿，生活在森林中，吃多

---

① Andrew T. Smith and Yan Xie, eds., *A Guide to the Mammals of China*. Princeton: Princeton University Press, 2008.
② 另一项有用的工作是 Michael Hutchins 等人所作，*Grzimek's Animal Life Encyclopedia*, 2nd ed. (Farmington Hills: Gale Group, 2003).
③ 关于鹿的这部分研究主要基于 Valerius Geist, *Deer of the World: Their Evolution, Behaviour, and Ecology*. Mechanicsburg: Stackpole, 1998; Michael Hutchins et al., eds., *Grzimek's Animal Life Encyclopedia Vol. 15: Mammals IV*, 2nd ed. Farmington Hills: Gale Group, 2003, pp. 335-398.
④ 如 John L. Riley, *The Once and Future Great Lakes Country: An Ecological History*. Montreal & Kingston: McGill-Queens University Press, 2013, pp. 14-19.

种植物。麝是动物考古学记录中最常见的鹿之一,在中国有好几个品种,目前尚未清楚华北低地最常见的是哪些品种。① 长期以来,中国人认为雄性麝腺囊中的分泌物即麝香具有药用价值并因此将其捕杀得几乎灭绝。② 小鹿在考古记录中并不是特别常见,但青铜时代的人们对其印象深刻,人们将小鹿绘制在青铜礼器上。③ 毛冠鹿(*Elaphodus cephalophus*,15—28 公斤)是小鹿的近亲,或许也可能是小鹿的另一个品种。

鹿属的梅花鹿(*C. nippon*,60—150 公斤)和马鹿(*C. elaphus*,120—400 公斤,在北美被称为美洲赤鹿或美洲大角鹿)与其他大多数鹿相比能吃较粗糙的植物,这使得它们在选择栖息地时更加灵活,虽然它们更喜欢生活在森林和草原的混合地区。④ 在一年的大部分时间里它们都分为雄性和雌性群体活动。马鹿生活在开阔的高山或北部地区,而梅花鹿则更适应温暖的气候。正因为此,梅花鹿一直是低地地区最常见的鹿,对于人类来说也最重要,所以中国人常说的"鹿"一般是指梅花鹿。⑤ 在不同的地理区域曾有不同的梅花鹿种群,栖息地的毁坏及几百年来的养鹿业已经破坏了这些梅花鹿的自然种群分布,但北方的梅花鹿仍然大于南方。⑥ 在华北地区的几个遗址中发现与鹿属相关的水鹿(*Rusa unicolor*,185—260 公斤)。如果鉴定正确,那么水鹿曾经的分布范围就从印度西部到山东。⑦

与梅花鹿和马鹿一样,西伯利亚狍(*Capreolus pygargus*,28—60 公斤)更喜欢开阔地带与茂密森林的交汇地区,这样它们就可以在开阔的地带觅食,在茂盛的植被中躲避捕食者。狍可以组成群体生活,但它们大部分时间都保持独居。顾名思义,它们是北方鹿,中国华北地区是它们活动的最南端。

有两种鹿专门生活在沼泽地和河漫滩,即麋鹿(*Elaphurus davidianus*,135—220 公斤)和獐(*Hydropotes inermis*,15 公斤)。毫不奇怪的是这两个物种已经从华北低地消失,因为沼泽地是极好的农田。麋鹿性好合群,十分适应生活在温暖潮湿的沼泽地。20 世纪时麋鹿在中国绝迹,但幸运的是其中一些因为被送往欧洲而幸存下来。⑧ 不同寻常的是,雄性麋鹿在冬天长出鹿角,每年在 12 月到次年 1 月间脱角一次。这与大多数其他

---

① 林麝(*Moschus berezovskii*)目前只生活在高山地区,原麝(*M. moschiferus*)仅在华北地区的最北端发现。在华北低地发现麝的遗存可能属于其中的任何一种,也可能属于已经灭绝的低地物种。
② 我们发现最早人们重视麝香的记载来自嵇康(223—262)的《养生论》。
③ 从青铜礼器上描绘的动物的头部和角柄(雄性小鹿的头上长着毛茸茸的小鹿角)来看可能是小鹿,而动物的其他部分则具有幻想的元素,如翅膀。参见中国社会科学院考古研究所:《张家坡西周墓地》,中国大百科全书出版社,1999,第 161-163 页,高功:《龙行陈仓,鹿鸣周野——石鼓山西周墓地出土青铜器赏析(二)》,《收藏界》2015 年第 4 期。
④ Geist, *Deer of the World*, 84-85.
⑤ Paul W. Kroll, *A Student's Dictionary of Classical and Medieval Chinese* (Leiden: Brill, 2015; Pleco edition). The same is true of Japanese, in which this character is pronounced "sika," hence the English name.
⑥ Geist, *Deer of the World*, 90-94.
⑦ Hutchins et al., *Grzimek's Animal Life Encyclopedia Vol. 15: Mammals 4*, 367.
⑧ Edward H. Schafer, "Cultural History of the Elaphure," *Sinologia*, 1956, 4: 250-274.

鹿的情况相反,可能反映了一个事实:它们的生活方式"与中国大河流域洪水泛滥的频率密切相关"。①

獐独居或结小群,擅长游泳。在华北新石器时代遗址中发现的獐被认为是当时气候温暖的证据,但它们也曾横跨中国东部到达副极地气候的东北地区。目前獐只在长江流域和朝鲜发现,而两地之间的獐已经消失。②

在大多数新石器时代和青铜时代的遗址中都发现有鹿的骨骼。③ 迄今为止,梅花鹿在所有时间段的遗址中均是最常见的野生动物种类,在附录1:各遗址已经鉴定的动物清单所示的各遗址野生动物种类中,梅花鹿约有64%,其次是獐(36%)、狍(28%)、麋鹿(26%)、麝(22%)、马鹿(17%)。有些鹿的骨骼被鉴定为斑鹿(*Axis* sp.),斑鹿目前仅发现于南亚地区,还有一些鉴定为生活在青藏高原的白唇鹿(*Cervus albirostris*),这些可能是错误的鉴定。

牛、马、猪

中国华北低地野生动物的消失不仅是因为它们的栖息地转化成了农田,而且因为它们已经被驯化的亲属所取代,这些驯化的亲属更适应相同的生活环境。家养的绵羊、山羊、黄牛、马和水牛与其相应的野生亲属一样能在相同的生活环境中栖息繁衍。研究中国全新世时期的动物考古学家刚刚迈出了仅对动物驯化进行探讨的局限,开始思考除了猪以外的野生种群的历史。虽然我们知道原始牛和圣水牛已经灭绝,野马目前仅生活在圈养状态下,但我们对这些动物种群数量的减少甚至消失的过程却了解甚少。同时由于这些动物的野生和家养物种之间的形态具有相似性,动物考古学家往往无法辨别其遗骸属于家养还是野生动物。

野猪(*Sus scrofa*)在整个欧亚大陆仍十分常见,其栖息环境跨越温带与热带。不管是在中国的乡村还是城市,野猪都是公害,这也证明了它们能在人口高度密集的环境中生存。野猪为杂食性动物使得它们有时会冒险进入人类的居住区寻找农作物或废物为食,这有可能是野猪被驯化的开始。④ 大约在公元前6000年前,野猪在黄河流域、长江流域和满洲里等至少三个地点被驯化成家猪。⑤ 从早期新石器时代到青铜时代,中国华北地区几乎每一个遗址中都发现了猪的遗存,但由于当地驯化的家猪有可能经常与野猪进行

---

① Geist, *Deer of the World*, 102.
② Smith and Xie, *Guide to the Mammals of China*, 467; Noriyuki Ohtaishi and Yaoting Gao, "A Review of the Distribution of All Species of Deer (Tragulidae, Moschidae and Cervidae) in China," *Mammal Review*, 1990, 20(2-3): 125-144.
③ 121个遗址中有112个发现有鹿的骨骼,约占93%。
④ 关于猪的生活方式及家猪习性的详细探讨,请参阅U. Albarella, *Pigs and Humans: 10,000 Years of Interaction*. Oxford: Oxford University Press, 2007.
⑤ 罗运兵:《中国古代猪类驯化、饲养与仪式性使用》,科学出版社,2012。

杂交,所以导致动物考古学家很难区分家猪和野猪遗骸。① 动物考古学家通过牙齿尺寸和形态②、骨骼稳定同位素③、牙齿形成病理学④、动物组合中猪骨骼的频率变化、屠宰模式⑤等方法来鉴定家猪。通常不可能将个别的骨头鉴定为家养或野生动物,但可以肯定的是,在考古报告中只鉴定有家猪的许多遗址中野猪的数量很少。

在渭河流域的几个新石器时代遗址中出土的马可能是野马(*Equus caballus przewalskii*,200—350 公斤),渭河流域森林与草原的混合植被为野马提供了优质的牧

---

① 20世纪初拍摄的照片显示,一些家猪看起来仍然像是野猪:Robert Sterling Clark and Arthur de Carle Sowerby, *Shen-Kan: The Account of the Clark Expedition in North China* 1908—1909. London: T. Fisher Unwin, 1912, p.137.

② Jing Yuan and Rowan K. Flad, "Pig Domestication in Ancient China," *Antiquity*, 2002, 76(293): 724-732; T. Cucchi, A. Hulme-Beaman, J. Yuan, et al., "Early Neolithic Pig Domestication at Jiahu, Henan Province, China: Clues from Molar Shape Analyses Using Geometric Morphometric Approaches," *Journal of Archaeological Science*, 2011, 38(1): 11-22; H. Wang, L. Martin, W. Wang, et al., "Morphometric Analysis of Sus Remains from Neolithic Sites in the Wei River Valley, China, with Implications for Domestication," *International Journal of Osteoarchaeology*, 2015, 25(6): 877-889.

③ Loukas Barton, Seth D. Newsome, Fa-Hu Chen, et al., "Agricultural Origins and the Isotopic Identity of Domestication in Northern China," *Proceedings of the National Academy of Sciences*, 2009, 106(14): 5523-5528.

④ Hua Wang, Louise Martin, Songmei Hu, et al., "Pig Domestication and Husbandry Practices in the Middle Neolithic of the Wei River Valley, Northwest China: Evidence from Linear Enamel Hypoplasia," *Journal of Archaeological Science*, 2012, 39(12): 3662-3670; A. Pike-Tay, X. MA, Y. Hou, et al., "Combining Odontochronology, Tooth Wear Assessment, and Linear Enamel Hypoplasia (LEH) Recording to Assess Pig Domestication in Neolithic Henan, China," *International Journal of Osteoarchaeology*, 2016, 26(1): 68-77.

⑤ Yuan and Flad, "Pig Domestication in Ancient China"; Jing Yuan, "The Origins and Development of Animal Domestication in China," *Journal of Chinese Archaeology*, 2008(8): 1-7; 罗运兵:《中国古代猪类驯化、饲养与仪式性使用》,科学出版社,2012。

草地。① 家马在公元前 2000 年到达亚洲内陆,②动物考古学家倾向于认为自此之后考古遗址中出土的马为家马,所以目前并不清楚华北地区的野马何时及如何消失的。黄河流域可能是野马分布范围的最南端。③

原始牛(*Bos primigenius*,300—800 公斤)是家养黄牛强大的野生祖型。④ 和马一样,它们曾经生活在欧亚大陆各种各样的栖息地,但由于人类利用它们的家养亲戚开发利用它们的栖息地从而逐渐被驱逐。遗传和动物考古学证据表明家养黄牛是从中亚和西亚传入中国的,并不是由东亚本地的原始牛驯化而来的。⑤ 由于动物考古学家经常将原始牛鉴定为家养黄牛,同时推测原始牛与家养黄牛进行过杂交,因此我们几乎不了解中国原始牛的灭绝情况。⑥ 最新且清楚地鉴定为牛的遗存大约在公元前 2000 年左右,但很可能许多被鉴定为家养黄牛的遗骸其实属于原始牛,所以还需要大量的研究来解释中国原始牛灭绝的时间和地点。

虽然人们一度认为圣水牛(*Bubalus mephistopheles*)是家养水牛的野生祖先,但目前

---

① 顺便说一下,另一个可能生活在该区域的奇蹄目动物是在安阳发现的貘,似乎也在古代青铜器上出现过。然而,Donald Harper 认为安阳出土的貘的骨骼可能为更新世时期,青铜礼器上并未描绘貘,中国的历史时期不存在貘。Pierre Teilhard de Chardin and Chung Chien Young, *On the Mammalian Remains from the Archaeological Site of Anyang*. Nanking: Geological Survey of China, 1936; Donald J. Harper, "The Cultural History of the Giant Panda (*Ailuropoda Melanoleuca*) in Early China," *Early China*, 2013(35): 186-204.

② Katheryn M. Linduff, "A Walk on the Wild Side: Late Shang Appropriation of Horses in China," in *Prehistoric Steppe Adaptation and the Horse*, ed. Martha Levine, Colin Renfrew, and Katie Boyle. Cambridge: McDonald Institute for Archaeological Research, 2003, pp. 139-162; Rowan Flad, Jing Yuan, and Shuicheng Li, "Zooarcheological Evidence for Animal Domestication in Northwest China," in *Late Quaternary Climate Change and Human Adaptation in Arid China*, ed. David Madsen, Fa-Hu Chen, and Xing Gao. Amsterdam: Elsevier, 2007, p.194.

③ 文焕然等:《中国历史时期植物与动物变迁研究》,重庆出版社,2006,第 234-247 页。

④ Cis van Vuure, *Retracing the Aurochs: History, Morphology and Ecology of an Extinct Wild Ox*. Sofia: Pensoft, 2005, pp. 213-259.

⑤ Lu Peng, Katherine Brunson, Yuan Jing, et al., "Zooarchaeological and Genetic Evidence for the Origins of Domestic Cattle in Ancient China," *Asian Perspectives*, 2017, 56(1): 92-120.

⑥ 在陕西省周家庄龙山时代的遗址(公元前 2140—1745 年)中发现原始牛的骨骼,经过对该遗址家养黄牛和原始牛的 mtDNA 单倍型的分析,我们知道这两种动物都在该时间段生活在这一区域,并且可能已经杂交:Katherine Brunson, Xin Zhao, Nu He, et al., "New Insights into the Origins of Oracle Bone Divination: Ancient DNA from Late Neolithic Chinese Bovines," *Journal of Archaeological Science*, 2016, 74: 35-44.

的研究表明中国华北地区的圣水牛已经灭绝了,中国南部的家养水牛是后来从南亚传入的。① 圣水牛的骨骼较大表明它们甚至大于家养水牛(Bubalus bubalis,700—1200 公斤②)。像印度圣水牛一样,中国圣水牛也许同样更喜欢潮湿的低地,成群活动。③ 它们是该地区最大的动物之一,如果它们像非洲水牛一样凶猛,那么它们将是一个久负盛名的危险的捕食者,这也许就是它们经常被绘于青铜礼器上的原因。④

我们并不知道圣水牛的灭绝时间。在几个新石器和青铜时代的遗址中发现圣水牛遗骸,目前发现最晚的圣水牛是出土于安阳的年代大约为公元前1300年至公元前1046年的标本。但在那之后,它们仍然普遍绘于青铜礼器上,历史记载表明它们后来受到周代贵族的捕杀。例如,《诗经》曰:"悉率左右,以燕天子。既张我弓,既挟我矢。发彼小豝,殪此大兕。"⑤《说文解字》将"兕"定义为:"如野牛而青。"这个描述似乎是指水牛,同样也暗示了该作者了解原始牛,也许在我们考古记录中发现的最晚的圣水牛之后,它们仍存在,或者说至少仍存在于人们的记忆里。

除了大型的马和牛外,华北地区还有几种小型的牛科动物,偶尔会被人类猎杀。其中一个是羚羊。在渭河流域的新石器时代遗址中,尤其是在陕西和甘肃靠近干旱大草原的遗址中出土有羚羊属遗存。这些动物可能是鹅喉羚(Gazella subgutterosa,29—42 公斤),多结成小群活动,四处游荡寻找食物。⑥ 鹅喉羚在黄河流域低地被开发成农田时可

---

① 最近对来自中国和南亚的水牛(Bubalus sp.)遗存的动物考古学研究反驳了水牛是中国新石器时代第一种家畜的传统观点。最近几项关于现代家养水牛的遗传研究的结果并不一致,认为家养水牛的起源中心在南亚、东南亚或中国。杨东亚及其同事分析了来自中国华北地区距今8000—3600 年的新石器时代遗址中水牛遗存的 DNA。系统发育分析表明,古代圣水牛已经灭绝,不是现代家养水牛的直接祖先。刘莉、杨东亚、陈星灿:《中国家养水牛起源初探》,《考古学报》2006 年第 2 期;Dongya Yang et al.,"Wild or Domesticated: DNA Analysis of Ancient Water Buffalo Remains from North China," *Journal of Archaeological Science*,2008,35(10):2778-2785.

② Ronald M. Nowak,*Walker's Mammals of the World*. Baltimore: The Johns Hopkins University Press,1999.

③ Li Liu and Xingcan Chen,*The Archaeology of China: From the Late Paleolithic to the Early Bronze Age*. Cambridge: Cambridge University Press,2012,pp.108-111; Michael Hutchins et al.,eds.,*Grzimek's Animal Life Encyclopedia Vol. 16: Mammals V*,2nd ed. Farmington Hills: Gale Group,2003,pp.20-21.

④ 如 Wen Fong,ed.,*The Great Bronze Age of China*. New York: Metropolitan Museum of Art,1980,p.230.

⑤ 根据 Jean A 的观点,我们将 Karlgren 对"兕"的翻译由"犀牛"改为"水牛"。J. A. Lefeuvre,"Rhinoceros and Wild Buffaloes North of the Yellow River at the End of the Shang Dynasty: Some Remarks on the Graph 🦏 and the Character 兕,"*Monumenta Serica*,1990,39(1):131-157; Carl W. Bishop,"Rhinoceros and Wild Ox in Ancient China,"*The China Journal*,1933,18(6):322-330; Bernhard Karlgren,*The Book of Odes*. Stockholm: Museum of Far Eastern Antiquities,1950,p.124.

⑥ 其他两种羚羊生活环境相似,可能生活在关中盆地——黄羊(Procapra gutturosa,25—45 公斤)和普氏原羚(Procapra przewalskii,17—32 公斤)。

能已经从黄河流域消失,但也许它们在黄土高原上生活的时间要长得多。现在它们仅生活在干旱的亚洲内陆,这是它们以往的栖息地中最干旱的区域。

所有在低地生存的野生牛科动物都已经灭绝,但那些生活在高山地区的却往往能存活下来。山栖羊如甘南鬣羚(*Capricornis milneedwardsii*,85－140公斤)、羚牛(*Budorcas taxicolor*,250－600公斤)、斑羚(*Naemorhedus sp.*,20－40公斤)的几个品种仍生活在秦岭山脉。这些野生动物的骨骼在形态上类似于家养牛科动物,这使得我们难以准确鉴定破碎的标本,同时也限制了我们探讨这些动物以往的活动范围的能力。在新石器时代遗址中出土的不能辨认的中型牛科动物骨骼可能属于其中的任何一个种属。

犀牛、大象

在现代,大象和犀牛仅发现于热带地区,所以我们认为它们是属于温暖气候的动物,但猛犸象和犀牛在末次冰期曾生活在极其寒冷的地区。苏门答腊犀(*Dicerorhinus sumatrensis*,800公斤)的自然分布范围实际上从印度尼西亚一直延伸到中国华北地区,而亚洲象(*Elephas maximus*,2700－4100公斤)曾经生活在美索不达米亚到长江流域,可能不是黄河流域的本土动物。

仅存的苏门答腊犀生活在印度尼西亚茂密的热带雨林中,在山谷茂密的灌木丛中食用树木和灌木。[1] 它们经常待在泥沼中,泥土由于硬毛而粘在身体上。它们是现存最小的犀牛,目前这群犀牛不超过800公斤,肩高150厘米,它们是犀牛分布范围边缘的一支很小的剩余种群,不能代表该物种曾经的状态。事实上,为数不多的犀牛生活在森林密布的山区可能不是因为它们更喜欢这样的环境,而是反映了人类对它们其他栖息地的破坏。它们是世界上仅存的有毛犀牛,与已经灭绝的冰河时代的披毛犀有亲缘关系,所以它们在全新世中期生活在如此遥远的北方也就不足为奇了。[2] 在多个遗址中都发现了犀牛遗存,[3]这表明犀牛的自然栖息地跨越黄河流域的大部分地区,同时从新石器时代早期至少到周代,犀牛一直生活在这里。公元前1000年中期,人们使用犀牛皮做盔甲,此后该地区没有再提及犀牛。

毫无疑问,亚洲象生活在长江流域,[4]但在黄河流域全新世遗址中未发现大象的遗存从而证明大象并未生活在黄河流域。在大地湾遗址仅发现一块小骨头,可能来自于其他

---

[1] Hutchins et al., *Grzimek's Animal Life Encyclopedia* Vol. 15, 249-257.
[2] Ludovic Orlando, Jennifer A. Leonard, Aurélie Thenot, et al., "Ancient DNA Analysis Reveals Woolly Rhino Evolutionary Relationships," *Molecular Phylogenetics and Evolution*, 2003, 28(3): 485-499; Hutchins et al., *Grzimek's Animal Life Encyclopedia* Vol. 16, 249.
[3] 在新石器时代早中期的大地湾(甘肃)、新石器中期的关桃园和紫荆(陕西)、新石器中期的下王岗(河南)、青铜时代二里头(河南)和青铜时代安阳(河南)遗址中发现有犀牛或苏门答腊犀。
[4] 对于中国大象的历史较为可靠的且年代久远的记录,请参阅文焕然等:《中国历史时期植物与动物变迁研究》,重庆出版社,2006,第185-219页。

地方，①而在安阳发现的大象遗存很有可能是商王朝收集的俘虏。② 文焕然绘制的北京北部的大象分布图是基于 5 万年前发现的大象遗存，后来被 Mark Elvin 使用。③ 最有可能的情况是大象在长江流域很常见，而黄河流域的南缘是其活动范围的北界。然而，捕杀大象是非常危险的，因此新石器时代遗址中缺少大象的遗存并不能说明它们不存在。大象经常被绘于青铜礼器和其他艺术品中，虽然人们对它印象深刻，但这不能说明大象是黄河流域的本土动物。

虽然中国古代文献中关于动物灭绝的记录很少，但从《韩非子》的一段话中可以看出大象的消失给人们留下了深刻的印象："人希见生象也，而得死象之骨，案其图以想其生也，故诸人之所以意想者皆谓之象也。"这目前仍是"象"在汉语中的意思。

灵长目

该地区有三种灵长目动物：猕猴、川金丝猴和人，它们都具有高度的社会性，像其他的叶猴（疣猴）、川金丝猴（*Rhinopithecus roxellana*，8—15 公斤）拥有复杂的多室胃，因此它们可以消化相对粗糙的植物材料，它们的食物是树叶、地衣、树皮、花蕾和水果。它们厚厚的皮毛使得它们能在相对寒冷的山林中生活。与目前相比，过去几年金丝猴的分布范围更广泛，但其种群在秦岭的数量仍然很少。④

猕猴（*Macaca mulatta*，5—10 公斤）按母系群体生活，一般有数十名成员。它们擅长游泳和攀爬，食用多种食物（主要是植物），因此它们能在各种环境中生存。猕猴似乎在中

---

① 甘肃省文物考古研究所：《秦安大地湾：新石器时代遗址发掘报告》，文物出版社，2006，第 873 页。新石器时代中期的河南下王岗遗址是发现野生大象遗存的最北处，该遗址位于中国传统上南北方的交界处。

② 叙利亚的大象历史表明古人有能力将大象运送到远离其自然生活范围的区域。值得注意的是，公元前 3 世纪的《吕不韦传》显示商人已经驯服了大象。John Knoblock and Jeffrey Riegel, *The Annals of Lü Buwei: A Complete Translation and Study*. Stanford: Stanford University Press, 2000; Canan Cakirlar and Salima Ikram, "'When Elephants Battle, the Grass Suffers': Power, Ivory and the Syrian Elephant," *Levant*, 2016, 48(2): 167-183.

③ Samuel T. Turvey, Haowen Tong, Anthony J. Stuart, et al., "Holocene Survival of Late Pleistocene Megafauna in China: A Critical Review of the Evidence," *Quaternary Science Reviews*, 2013, 76: 160; Wen, *Zhongguo lishi shiqi zhiwu yu dongwu*, 210; Elvin, *The Retreat of the Elephants*, 10. 虽然 Wen 和 Elvin 不知道象牙的年代，但披毛犀骨骼的发现可以清楚地表明原始出版物中将其判断为全新世时期并不可靠。应该指出的是，这并不影响 Elvin 对于大象随着农业文明的向南扩及而灭绝的叙述。

④ Baoguo Li, Ruliang Pan, and Charles E. Oxnard, "Extinction of Snub-Nosed Monkeys in China During the Past 400 Years," *International Journal of Primatology*, 2002, 23(6): 1227-1244.

国古代华北地区较为常见,①目前仍有一些种群生活在那里。② 考虑到在亚洲其他人口稠密的地区猕猴已经很好地适应并生存,所以它们从中国华北大部分地区的消失暗示了华北地区人类活动对猕猴产生了极大的影响。

人(Homo sapiens)的适应性远高于猕猴,人能使用符号沟通,比如通过艺术和语言等来交换和表达思想,并能组织自我进入复杂社会。农业社会前的人类很少一年四季都生活在数以百计的群体中,而利用驯化的动植物获取食物的能力使得人口数量增加,同时也形成了日益庞大的社会组织。这给了我们前所未有的改变环境的能力,同时也伤害了其他哺乳动物。根据2世纪的人口普查,华北地区至少有4千万人口,现在已经超过4亿了。③

小型哺乳动物

我们常常认为大型动物更引人注目,但小型动物不仅数量多且种类多样,它们经常扮演捕食者、猎物及种子传播者等十分重要的生态角色。与任何大型野生动物不同,一些小型哺乳动物获益于人类社会的扩张。④ 例如,东北刺猬(Erinaceus amurensis)、北社鼠(Niniventer confucianus)、黑线姬鼠(Apodemus agrarius)和大仓鼠(Tscherskia triton)都适应了农田的扩张,在中国华北地区的农村很常见。⑤ 托氏兔(Lepus tolai)在中国华北地区很常见,可能由于在农田环境中它们能找到大量的食物。大棕蝠(Eptesicus serotinus)和东亚伏翼(Pipistrellus abramus)等蝙蝠由于学会在建筑物上栖息而繁衍旺盛。⑥ 像家雀和鸽子一样,一些小型哺乳动物变得专门生活在人类社区,尤其是褐家鼠和黄胸鼠(Rattus norvegicus and R. tanezumi)。

虽然少数物种得益于农田的扩张,但大部分都失去了栖息地,尤其是那些生活在曾经覆盖湿地〔例如东方田鼠(Microtis fortis)〕和广阔森林的华东低地的原生物种。新石器时代聚居地周围的森林里肯定到处都是树松鼠,它们收集橡子并对不受欢迎的游客吱吱

---

① 目前已经发现猕猴的遗址有:新石器时代早期的磁山(河北)、新石器时代中期的大地湾和西山坪(甘肃)、北首岭(陕西)和荒坡、下王岗和西坡(河南),以及商代晚期的辉县北村(陕西)和安阳(河南)。

② Zhang Yongzu, Lin Yonglei, C. Southwick, et al., "Extinction of Rhesus Monkeys (Macaca mulatta) in Xinglung, North China," International Journal of Primatology, 1989, 10(4): 375-381.

③ Hans Bielenstein, "The Census of China during the Period 2-742 A. D.," Bulletin of the Museum of Far Eastern Antiquities, 1947, 19: 125-163.

④ 全新世时期大型动物在世界范围内不同程度地灭绝:Samuel T. Turvey and Susanne A. Fritz, "The Ghosts of Mammals Past: Biological and Geographical Patterns of Global Mammalian Extinction across the Holocene," Philosophical Transactions of the Royal Society of London B: Biological Sciences, 2011, 366(1577): 2564-2576. 这似乎反映了一个事实:小型的动物更容易适应环境的变化。

⑤ 在早期文献中"鼠"用来指代各种各样的小型啮齿动物。

⑥ Smith and Xie, A Guide to the Mammals of China, 358-363.

叫,正如它们在世界其他地方一样。树松鼠与它们赖以生存的树木之间存在着某种共生关系,它们将坚果埋入地下过冬,种植那些它们最后不吃的坚果。它们还吃水果、昆虫和树叶。许多树松鼠生活在树洞中,这意味着它们需要有老树的森林。随着华北低地森林的消失,人们种植一些生长迅速的树木,树木一旦长成便会被砍伐。① 这满足了人们对木材的需求,却没有为树松鼠提供合适的栖息地。在现代,中国华北地区发现了几种树松鼠,② 而根据 A Guide to the Mammals of China 中的分布地图显示几种树松鼠(尤其是鼯鼠)更多地生活在秦岭密林中,我们可以肯定其中有一些曾生活在华北低地森林中。

不是所有的松鼠都生活在树上,地松鼠和相关的啮齿动物也在地上挖洞居住。岩松鼠(Sciurotamias davidianus)生活在多岩石的森林地区,采集橡子和其他坚果。达乌尔黄鼠(Spermophilus dauricus)生活在干旱的北部平原,居住在人口的聚居地。花鼠(Tamias sibiricus)和其北美亲戚一样是杂食性动物,生活在森林洞穴中。豪猪(Hystrix brachyura)也生活在地下,在森林和田野里挖掘大型洞穴。中华竹鼠(Rhizomys sinensis)和鼢鼠(Eospalax sp.)也挖掘地下洞群,是考古遗址中最常见的啮齿动物之一。我们猜想在动物考古组合中经常发现它们并不是因为人们喜欢吃它们,而是由于它们死在洞穴中从而被很好地保存在地下。

另一类生活在山岩洞穴中的小型哺乳动物是鼠兔,目前仍生活在秦岭高山地区和西北干旱区。③ 许多鼠兔在洞穴中储存植物以便冬天食用。像它们的亲戚野兔和家兔一样,鼠兔作为许多食肉动物的食物来源,在生态系统中扮演着重要的角色。④

由于鼩和鼹生活在地下且通常不比鼠大,所以它们是中国研究最少的哺乳动物之一。⑤ 大部分吃昆虫和蚯蚓,但有些吃各种小动物,例如蜗牛和鱼。在黄河流域发现了几种陆生水鼩,⑥ 还有大部分时间都待在水里的喜马拉雅水鼩(Chimarrogale himalayica)。在所有的哺乳动物中,鼹最适合生活在地下,在华北低地至少有两种原生鼹鼠。⑦

---

① Nicholas Menzies, *Science and Civilisation in China* 6.3: *Forestry*, ed. Joseph Needham. Cambridge: Cambridge University Press, 1996.
② 包含有:隐纹松鼠(*Tamiops swinhoei*)、赤腹松鼠(*Callosciurus erythraeus*)、松鼠(*Sciurus vulgaris*)和小飞鼠(*Pteromys volans*)。
③ 达乌尔鼠兔(*Ochotona daurica*)生活在本文研究区域西北部的干旱区,但在秦岭也有发现,在秦岭最常见的是黄河鼠兔(*O. syrinx*)。这些物种的分类仍在修订中:Andrey A. Lissovsky, "Taxonomic Revision of Pikas *Ochotona* (Lagomorpha, Mammalia) at the Species Level," *Mammalia*, 2014, 78(2): 199-216. 在新石器时代半坡遗址(西安)中发现的鼠兔可能属于鉴定错误。
④ 如 Andrew T. Smith and J. Marc Foggin, "The Plateau Pika (*Ochotona curzoniae*) is a Keystone Species for Biodiversity on the Tibetan Plateau," *Animal Conservation*, 1999, 2(4): 235-240.
⑤ Smith and Xie, *A Guide to the Mammals of China*, 298.
⑥ 灰麝鼩(*Crocidura attenuata*)、山东小麝鼩(*Crocidura shantungensis*)、短尾鼩(*Anourosorex squamipes*)和川西长尾鼩(*Chodsigoa hypsibia*)。
⑦ 大缺齿鼹(*Mogera robusta*)和麝鼹(*Scaptochirus moschatus*)。

这些小型哺乳动物的数量多于大型哺乳动物,但很少出现在古代文献和艺术品中。希望未来动物考古学家越来越多地使用筛网,这将会揭示更多小动物群的信息。

肉食动物

讨论过一些食草动物之后,我们现在讨论捕食食草动物的食肉动物。我们将从鼬家族开始,大部分鼬身体细长、四肢较短,浓密的皮毛备受人类青睐。小型鼬科动物(3公斤以下)包括貂①、鼬②和鼬獾(*Melogale moschata*),它们吃小型啮齿动物、鸟、浆果、蛋及其他东西。中国考古学家很少发现它们的遗存,但在早期文献中提到的有珍贵皮毛的小动物可能是指这些动物(例如:貂和鼬)。

猪獾(*Arctonyx collaris*,10—12.5公斤)和狗獾(*Meles leucurus*,3.5—9公斤)使用强壮的前肢挖掘洞穴,它们在夜间活动寻找蚯蚓、根茎及其他食物。狗獾与欧洲獾关系密切,在新石器和青铜时代遗址中狗獾是最常见的鼬科动物(在三分之一以上的遗址中都有发现),表明人们经常猎杀它们以获得食物和皮毛。

水獭(*Lutra lutra*,3—9公斤)曾生活在中国大部分地区的河流、池塘和湖泊中,近代中国华北各地均有分布。水獭为独居动物,昼伏夜出,有各自的领地并且生活在水边,食用大量的鱼和其他小动物。水獭以食用渔民的漏网之鱼而闻名,同时它们也能经过训练成为渔民的捕鱼能手。③

花面狸(*Parguma larvata*,3—7公斤)为独居的夜行性动物,食用大多数水果及各种植物和小动物。它们是目前华北地区仅存的灵猫科家族成员,但早期其他灵猫科动物可能生活在华北地区的南部。④

猫是完全食肉的陆地哺乳动物,通常在夜间独自捕猎。豹猫(*Prionailurus bengalensis*,最高5公斤)是华北地区唯一一种原生小型猫,它们生活在华北各地,包括人类居住区周围。⑤ 现代分布图表明在黄河流域自然生态系统完好无损时,可能还有一些其他的猫生活在黄河流域的某些地区。⑥ 目前并不确定猫是中国驯化的还是其他地区驯化并传入中国的,但可以肯定的是,当充满大量啮齿动物和鸟类的人类居住区取代了森林时,野猫也学会了在村庄里捕猎。

在次大陆上都曾发现豹(*Panthera pardus*,37—90公斤)和老虎(*Panthera tigris*,

---

① 青鼬(*Martes flavigula*)极可能是石貂(*M. foina*)。
② 艾鼬(*Mustela eversmanii*)有可能生活在该区域,白鼬(*M. erminea*)和香鼬(*M. altaica*)可能在其北部边缘发现。
③ James Legge, *The Chinese Classics II: The Works of Mencius*. Taibei: SMC Publishing, 1991, p. 300; Otto Gabriel et al., *Fish Catching Methods of the World*, 4th ed. Oxford: Blackwell, 2005, p. 33.
④ 例如大灵猫(*Viverra zibetha*)和小灵猫(*Viverricula indica*)。
⑤ Jean-Denis Vigne, Allowen Evin, Thomas Cucchin, et al., "Earliest 'Domestic' Cats in China Identified as Leopard Cat (*Prionailurus bengalensis*)," *PLOS ONE*, 2016, 11(1): 1-11.
⑥ 尤其是亚洲金猫:Smith and Xie, *A Guide to the Mammals of China*, 392.

90—300公斤),新石器和青铜时代的遗址中经常发现它们的遗骸。① 文献中也经常提到它们。豹是整个中国本土的原生动物,至今仍生活在华北地区。② 众所周知,豹捕食各种小型动物。老虎主要吃鹿、野猪和其他大型哺乳动物,并严重影响被捕食动物的种群数量。它们也是"唯一一种经常捕食人类的食肉动物"。③ 猞猁(Lynx lynx,18—38公斤)遗存在河北的一个遗址中曾发现,④ 它们的分布范围可能曾经延伸到太行山和秦岭山脉。

华北地区原生的犬科动物有狼(Canis lupus,28—40公斤)、豺(Cuon alpinus,10—20公斤)、赤狐(Vulpes vulpes,3.6—7公斤)和貉(Nyctereutes procyonoides,3—6公斤),它们在近几个世纪仍普遍分布于中国各地。⑤ 貉和狐狸通常独居或成双生活,但较大的豺和狼却是以群体围捕的方式猎食。狐狸、豺和狼能生活在各种各样的环境中,而貉是少数几个完全生活在森林中的犬科动物之一。

貉毛长绒厚,外形似狐,主要是夜间觅食的杂食动物。在新石器和青铜时代约22%的遗址中发现了貉的遗骸,它们是遗址中最常见的野生食肉动物之一。约有14%的遗址中发现有狐的遗存。狐和貉的皮毛备受人们青睐。豺只在少数几个遗址中发现,但在时间、空间上分布较广,这表明豺分布广泛但没有被大量捕杀。⑥ 同时在中国古代文献中多次涉及到豺,但学者往往将"豺"误译为"狼"和"胡狼"。⑦

狼是家犬的野生祖先,是第一种被驯化的动物。⑧ 它们以十个或更少的数量群体生活,猎杀年轻、虚弱或年老的大型食草动物,如鹿。就像家猪和野猪一样,区分家犬和野狼并不简单,并且在许多仅鉴定有家犬的遗址中也有可能存在狼。许多考古学家认为狼在某种意义上自我进行了驯化,其驯化过程中人类的作用较少,由于狼经常在人类营地遗址周围游荡和吃垃圾,从而与人类建立了共生关系。⑨

---

① 这个时期大约有6%的遗址中发现了豹的遗存,16%的遗址中有老虎的遗存。
② Andrew P. Jacobson, Peter Gerngross, Joseph R. Lemeris Jr., et al., "Leopard (Panthera pardus) Status, Distribution, and the Research Efforts across its Range," PeerJ, 2016, 4: 1-28.
③ Smith and Xie, A Guide to the Mammals of China, 402.
④ 于丹:《河北唐县南放水遗址出土动物遗存鉴定报告》,载河北省文物局编《唐县南放水:夏、周时期遗存文物发掘报告》,文物出版社,2011,第197-231页。
⑤ Smith and Xie, A Guide to the Mammals of China, 416-421.
⑥ 豺发现在新石器早期大地湾(甘肃)、新石器中期龚家湾、姜寨和五庄果墚(陕西)、新石器晚期的康家和龙岗村(陕西)以及商周时期的镇江营(北京)。
⑦ Edward H. Schafer, "Brief Note: The Chinese Dhole," Asia Major, 1991, 4(1): 1-6.
⑧ O. Thalmann, B. Shapiro, P. Cui, et al., "Complete Mitochondrial Genomes of Ancient Canids Suggest a European Origin of Domestic Dogs," Science, 2013, 342(6160): 871-874; G. Larson and D. G. Bradley, "How Much Is That in Dog Years? The Advent of Canine Population Genomics," PLOS Genetics, 2014, 10(1): 1-3.
⑨ Melinda A. Zeder, "Pathways to Animal Domestication," in Biodiversity in Agriculture: Domestication, Evolution, and Sustainability, ed. Paul Gepts et al. Cambridge: Cambridge University Press, 2012, pp. 227-259; Raymond Coppinger and Laura Coppinger, Dogs: A Startling New Understanding of Canine Origin, Behavior & Evolution. New York: Simon and Schuster, 2001.

黑熊(Ursus thibetanus，50—240公斤)和棕熊(U. arctos，125—225公斤，在北美被称为灰熊)是华北地区的原生熊。它们是以植物性食物为主的杂食动物，根据食物的可得到情况吃各种不同的食物，但棕熊会在机会出现时主动捕杀，包括从地下挖掘小型哺乳动物。在关中地区出土有全新世大暖期的棕熊遗存，这一事实表明棕熊目前分布在北部是由于人类占领了它们的南部栖息地，而不是由于气候的限制。① 黑熊栖息在东亚和南亚的温暖森林中，它们和豹子一样大多是夜间活动，因此更容易生活在人类周围。棕熊和黑熊在华北地区的遗址中十分常见，大约24%的遗址中发现有棕熊属。

大熊猫(Ailuropoda melanoleuca，85—125公斤)是陕西南部秦岭高山山区的原生物种。据我们所知，它们的栖息地一直是高山竹林。② 考古学上仅在河南新石器时代中期的下王岗遗址中发现有大熊猫。

结论

黄河流域曾是众多哺乳动物的家园。大型的哺乳动物除少数外都消失了。小型哺乳动物中少数仍栖息在低地，大部分目前仅生活在邻近的山区。我们知道一些物种如水牛和原始牛都已经灭绝了，我们期望通过未来的研究发现更多其他的灭绝物种。

虽然任何去过华北地区的人都难以想象该地区以前的哺乳动物的多样性，但事实上，该地区哺乳动物组合是欧亚大陆的典型组合。即使是在更新世冰河时代，该地区仍是马、牛、犀牛、鹿、猛犸象、熊和大型猫类的家园。在全新世时期黄河流域发现的许多物种都曾横跨欧亚大陆。现存与华北地区大型哺乳动物组合最接近的可能是印度东北部，即阿萨姆·卡兹兰加国家公园，那里有水牛、印度独角犀牛、亚洲象、熊、老虎、白肢野牛和各种鹿。华北地区的大型哺乳动物没有什么特殊的，只是它们已经消失了。

总体过程是清晰的：人口增加和农业扩张使得动物栖息地减少。与南亚不同，军用大象的需求促使南亚国王保护大片的森林，而中国统治者则竭尽全力推动农田取代自然生态系统以获得税收。③ 华北平原是第一个人口稠密的地区，古代作家认为该地区与人口稀少的南方相比资源匮乏，例如："荆(在长江中游)有云梦，犀兕麋鹿满之，江汉之鱼鳖鼋为天下富；宋(在黄河下游)所为(谓)无雉兔狐狸者也。"较大的野生哺乳动物在公元前1000年晚期之前就从华北低地消失，但它们在周围人口稀少的山区生存的时间较长，直到1500年之后新大陆的植物传入促使人们开始开发利用高山地区。④ 目前，只有最高和最陡的山区仍栖息着大型野生哺乳动物。

---

① 就像在北美，它们曾经居住在墨西哥南部。
② 中国文化中的大熊猫，请参阅 Harper, "The Cultural History of the Giant Panda."
③ Thomas R. Trautmann, *Elephants and Kings: An Environmental History*. Chicago: University of Chicago Press, 2015; Brian Lander, "Environmental Change and the Rise of the Qin Empire: A Political Ecology of Ancient North China," PhD diss., Columbia University, 2015.
④ Ping-ti Ho, *Studies on the Population of China, 1368-1953*. Cambridge: Harvard University Press, 1959, pp. 183-192.

我们了解总体的情况，但对特定动物的历史及它们的灭绝过程却知之甚少。虽然农业社会的扩张是主要的原因，但我们不应低估狩猎对繁殖缓慢的动物的影响。谋生狩猎、贵族狩猎以及猎杀动物以获得其部分身体（象牙、羽毛、药品等）等各种狩猎形式都对动物产生了影响。市场和长途贸易的兴起同样起到了一定的作用，而向皇室进贡稀有物品的做法也同样如此。

此外，这一过程始于黄河流域，但其范围却远远超出了黄河流域。象牙、犀牛角等高端产品市场在这些动物还生活在中国文明腹心地区时就建立起来了。当这些动物消失后，商人又从南方获得这些动物产品。黄河和长江流域的市场推动了华南地区狩猎的发展，紧接着是东南亚，现在是非洲。早在战国时期，商业贸易便因为能从遥远的地方带来动物产品而闻名遐迩，《荀子》曰："南海则有羽翮、齿革、曾青、丹干焉，然而中国得而财之……故虎豹为猛矣，然君子剥而用之。"

这些动物消失的历史漫长而复杂。我们能真正了解这个过程的唯一方法是更好地了解每种动物的灭绝时间。文焕然和他的同事开创的单一物种跨学科研究的方法仍然是最好的方法。由于古代文献记载模糊所以我们目前的研究主要依赖于动物考古学，但后期的文献更可靠、当然也更丰富。对野生动物进行更多的动物考古学研究是非常有必要的，这不仅能回答动物学问题，同时也能帮助我们理解野生动物的开发在农业社会中的社会和饮食作用。对公元前1200年之后居住遗址的发掘将对此研究大有帮助。只有单一物种或相关种群的多学科历史能阐释华北地区乃至中国范围内自然动物群灭绝的原因和时间。

附录1：各遗址已经鉴定的动物清单

年代	省份	遗址	引用来源	动物种类
新石器时代早期	甘肃	大地湾	祁国琴等(2006)	鼢鼠,狗(家养或野生情况不明),豹,貉,棕熊,苏门答腊犀,猪(家养或野生情况不明),未定种.鹿科,麝,獐,狍,未定种.大型或中型鹿科,大型牛科
新石器时代早期	甘肃	西山坪	周本雄(1999)	竹鼠,鼠,狗(家养或野生情况不明),亚洲黑熊,猪(家养或野生情况不明),麝,马鹿
新石器时代早期	陕西	白家村	周本雄(1994)	竹鼠,猫,狗(家养),貉,猪(家养),獐,马鹿,水牛,羚羊
新石器时代早期	陕西	零口村	张云翔等(2004)	豪猪,狗獾,猪(家养),麝,梅花鹿,麋鹿,大型牛科,未定种.中型牛科(家养或野生情况不明),羚羊
新石器时代早期	河南	贾湖	黄万波(1999)	兔,豹猫,狗(家养),貉,貂,狗獾,猪(家养),未定种.小型鹿科,獐,梅花鹿,麋鹿,黄牛(家养或野生情况不明),水牛,未定种.中型牛科(家养或野生情况不明)
新石器时代早期	山东	前埠下	孔庆生(2000)	鼢鼠,猫,老虎,狗(家养),狼,貉,未定种.狐,狗獾,猪(家养),野猪,未定种.鹿科,小麂,獐,梅花鹿,黄牛(家养或野生情况不明),水牛,未定种.中型牛科(家养或野生情况不明)
新石器时代早期	山东	月庄	宋艳波(2008)	未定种.啮齿目,兔,未定种.食肉目,猫,狗(家养或野生情况不明),野猪,未定种.小型鹿科,梅花鹿,麋鹿,黄牛(野生)
新石器时代早期	河北	磁山	周本雄(1981)	猕猴,鼢鼠,兔,豹,花面狸,狗獾,猪(家养),野猪,未定种.鹿科,小麂,獐,狍,梅花鹿,马鹿,麋鹿,黄牛(家养或野生情况不明)
新石器时代早期	河北	南庄头	保定地区文物管理所等(1992),袁靖和李君(2010)	未定种.啮齿目,兔,狗(家养),狼,猪(家养或野生情况不明),野猪,未定种.小型鹿科,麝,狍,梅花鹿,马鹿,麋鹿,水牛
新石器时代早期	北京	镇江营	黄蕴平(1999)	梅花鹿

续表

年代	省份	遗址	引用来源	动物种类
新石器时代中期	甘肃	大地湾	祁国琴等（2006）	亚洲象，猕猴，红白鼯鼠，鼢鼠，竹鼠，仓鼠，鼠，豹猫，豹，老虎，狗（家养），棕熊，马（家养或野生情况不明），苏门答腊犀，猪（家养或野生情况不明），未定种.鹿科，麝，獐，狍，未定种.大中型鹿科，大型牛科，羚羊，鬣羚，盘羊
新石器时代中期	甘肃	李家坪	黄蕴平（2000）	狗（家养），未定种.熊，马（家养或野生情况不明），猪（家养），未定种.小型鹿科，未定种.中型鹿科，未定种.大型鹿科，大型牛科，未定种.中型牛科（家养或野生情况不明）
新石器时代中期	甘肃	师赵村	周本雄（1999）	猪（家养或野生情况不明），未定种.鹿科，麝
新石器时代中期	甘肃	西山	余翀等（2011）	竹鼠，田鼠，狗（家养），未定种.熊，未定种.鼬科，马（家养或野生情况不明），猪（家养），未定种.鹿科，狍，梅花鹿，马鹿，黄牛（家养或野生情况不明），未定种.中型牛科（家养或野生情况不明），未定种.中型牛科或鹿科
新石器时代中期	甘肃	西山坪	周本雄（1999）	猕猴，猪（家养或野生情况不明），马鹿，大型牛科
新石器时代中期	陕西	半坡	李有恒和韩德芬（1959）	竹鼠，田鼠，鼠兔，兔，猫，狗（家养），貉，未定种.狐，狗獾，马（家养或野生情况不明），猪（家养），獐，梅花鹿，大型牛科，未定种.中型牛科（家养或野生情况不明），羚羊
新石器时代中期	陕西	北首岭	周本雄（1983b）	猕猴，鼢鼠，竹鼠，狗（家养），貉，赤狐，棕熊，狗獾，猪（家养），野猪，麝，獐，狍，马鹿，大型牛科
新石器时代中期	陕西	大古界	胡松梅等（2012）	兔，狗（家养），貉，狗獾，黄鼬，猪（家养），未定种.鹿科，狍，未定种.中型牛科（家养或野生情况不明），绵羊（家养）
新石器时代中期	陕西	东营	胡松梅（2010）	褐家鼠，兔，猫，未定种.狐，狗獾，猪（家养），麝，獐，梅花鹿，黄牛（家养或野生情况不明），水牛，未定种.中型牛科（家养或野生情况不明）

续表

年代	省份	遗址	引用来源	动物种类
新石器时代中期	陕西	巩家湾	胡松梅（2001）	鼢鼠，竹鼠，狗（家养），豹，猪（家养），未定种.鹿科，麝，獐，梅花鹿
新石器时代中期	陕西	关桃园	胡松梅（2007）	金丝猴，鼢鼠，竹鼠，仓鼠，赤狐，亚洲黑熊，猪獾，野马，苏门答腊犀，猪（家养），未定种.鹿科，麝，小麂，獐，狍，梅花鹿，麋鹿，水鹿，大型牛科，黄牛（野生），水牛，斑羚
新石器时代中期	陕西	姜寨	祁国琴（1988）	竹鼠，兔，刺猬，麝鼹，猫，老虎，狗（家养），豹，貉，亚洲黑熊，猪獾，狗獾，猪（家养），未定种.鹿科，麝，獐，梅花鹿，黄牛（家养或野生情况不明），羚羊
新石器时代中期	陕西	零口村	张云翔等（2004）	竹鼠，豪猪，貉，狗獾，猪（家养），麝，梅花鹿，麋鹿，未定种.中型牛科（家养或野生情况不明），羚羊
新石器时代中期	陕西	五庄果墚	胡松梅和孙周勇（2005）	三趾跳鼠，鼢鼠，褐家鼠，兔，刺猬，猫，狗（家养），豹，黄鼬，未定种.野马，猪（家养），羚羊
新石器时代中期	陕西	兴乐坊	胡松梅等（2011b）	狗（家养），猪（家养），獐，梅花鹿，斑羚
新石器时代中期	陕西	杨官寨	胡松梅（2011a）	狗（家养），猪（家养），獐，梅花鹿，马鹿，黄牛（家养或野生情况不明），水牛
新石器时代中期	陕西	紫荆	王宜涛（1991）	狗（家养），苏门答腊犀，猪（家养），獐，梅花鹿，黄牛（家养或野生情况不明）
新石器时代中期	山西	垣曲古城东关	袁靖（2001）	猪（家养），未定种.小型鹿科，梅花鹿，黄牛（家养或野生情况不明）
新石器时代中期	河南	荒坡	侯彦峰和马萧林（2008）	猕猴，竹鼠，兔，狗（家养），貉，猪獾，狗獾，猪（家养），未定种.鹿科，麝，狍，未定种.中型牛科（家养或野生情况不明）
新石器时代中期	河南	下王冈	贾兰坡和张振标（1989）	亚洲象，猕猴，豪猪，豹猫，老虎，未定种.犬科，狗（家养），貉，大熊猫，亚洲黑熊，水獭，猪獾，狗獾，苏门答腊犀，野猪，未定种.鹿科，麝，小麂，狍，梅花鹿，水牛
新石器时代中期	河南	西坡	马萧林（2007）	猕猴，鼢鼠，竹鼠，仓鼠，豪猪，兔，狗（家养），貉，未定种.熊，马（家养或野生情况不明），猪（家养），未定种.鹿科，麝，獐，梅花鹿，大型牛科，绵羊/山羊（家养?），羚羊

续表

年代	省份	遗址	引用来源	动物种类
新石器时代中期	河南	西山	陈全家（2006）	竹鼠，兔，豹，老虎，狗（家养），貉，未定种.狐，貂，未定种.獐，猪（家养），獐，毛冠鹿，梅花鹿，麋鹿，水牛
新石器时代中期	河南	寨根	袁靖和杨梦菲（2006a）	梅花鹿
新石器时代中期	山东	大仲家	袁靖（1999）	未定种.啮齿目，狗（家养），猪獾，猪（家养），未定种.小型鹿科，梅花鹿
新石器时代中期	山东	蛤堆顶	袁靖（1999b）	猪獾，猪（家养），未定种.小型鹿科，梅花鹿
新石器时代中期	山东	王因	周本雄（2000）	猫，老虎，狗（家养），狼，貉，未定种.狐，棕熊，水獭，狗獾，猪（家养），野猪，獐，狍，梅花鹿，麋鹿，白唇鹿，水鹿，黄牛（家养或野生情况不明），水牛
新石器时代中期	山东	翁家埠	袁靖（1999a）	鼠，兔，未定种.食肉目，貉，猪獾，狗獾，猪（家养），未定种.小型鹿科，梅花鹿
新石器时代中期	山东	玉皇顶	钟蓓（2010）	鼢鼠，兔，狗（家养），狗獾，猪（家养），未定种.鹿科，獐，梅花鹿，麋鹿，黄牛（家养或野生情况不明），羚羊
新石器时代中期	北京	镇江营	黄蕴平（1999）	猪（家养或野生情况不明）
新石器时代晚期	甘肃	大何庄	中国科学院（1974）	狗（家养），马（家养或野生情况不明），猪（家养），未定种.鹿科，狍，大型牛科，绵羊/山羊（家养）
新石器时代晚期	甘肃	秦魏家	中国科学院（1975）	狗（家养），未定种.鼬科，马（家养或野生情况不明），驴，猪（家养），大型牛科，绵羊/山羊（家养）
新石器时代晚期	甘肃	师赵村	周本雄（1999）	竹鼠，鼠，猫，狗（家养），亚洲黑熊，马（家养或野生情况不明），猪（家养），野猪，未定种.鹿科，麝，狍，大型牛科
新石器时代晚期	甘肃	西山坪	周本雄（1999）	竹鼠，狗（家养），马（家养或野生情况不明），猪（家养或野生情况不明），麝，马鹿，大型牛科
新石器时代晚期	陕西	案板	傅勇（2000）	鼢鼠，竹鼠，豪猪，未定种.犬科，狗（家养），貉，猪（家养），野猪，獐，梅花鹿，大型牛科，未定种.中型牛科（家养或野生情况不明）

续表

年代	省份	遗址	引用来源	动物种类
新石器时代晚期	陕西	东营	胡松梅（2010）	兔，猫，狗（家养），未定种.狐，狗獾，马（家养或野生情况不明），猪（家养），麝，獐，梅花鹿，黄牛（家养），水牛，绵羊（家养）
新石器时代晚期	陕西	巩家湾	胡松梅（2001）	猫，狗（家养），猪獾，狗獾，猪（家养），梅花鹿，黄牛（家养）
新石器时代晚期	陕西	火石梁	胡松梅等（2008）	鼢鼠，兔，豹猫，老虎，狗（家养），赤狐，狗獾，马（家养或野生情况不明），猪（家养），未定种.鹿科，梅花鹿，马鹿，黄牛（家养），绵羊（家养），山羊（家养），羚羊，岩羊
新石器时代晚期	陕西	康家	刘莉等（2001）	鼢鼠，竹鼠，兔，未定种.食肉目，猫，老虎，未定种.犬科，狗（家养），豺，貉，未定种.狐，亚洲黑熊，未定种.鼬科，猪（家养），獐，梅花鹿，大型牛科，黄牛（家养），水牛，绵羊/山羊（家养），绵羊（家养），山羊（家养）
新石器时代晚期	陕西	客省庄	李有恒和许觉（1963）	兔，狗（家养），猪，獐，大型牛科，未定种.中型牛科（家养或野生情况不明）
新石器时代晚期	陕西	龙岗村	吴家炎（1990）	豪猪，狼，豹，猪獾，猪，野猪，麝，小麂，狍，水鹿，黄牛（家养），黄牛（野生），绵羊/山羊（家养）
新石器时代晚期	陕西	下魏洛	张云翔（2006）	竹鼠，兔，狗（家养），未定种.熊，马（家养或野生情况不明），猪（家养），未定种.鹿科，狍，梅花鹿，未定种.牛科，未定种.中型牛科（家养或野生情况不明）
新石器时代晚期	陕西	新华	薛详熙等（2005）	狗（家养），猪（家养），未定种.鹿科，狍，大型牛科，黄牛（家养），绵羊（家养），山羊（家养），羚羊
新石器时代晚期	陕西	紫荆	王宜涛（1991）	鼢鼠，猫，狗（家养），猪（家养），獐，梅花鹿，黄牛（家养）

续表

年代	省份	遗址	引用来源	动物种类
新石器时代晚期	山西	陶寺	博凯龄等（2015），陶洋（2007）	未定种.啮齿目，竹鼠，豪猪，未定种.兔形目，兔，未定种.食肉目，猫，未定种.犬科，狗（家养），未定种.狐，未定种.熊，猪（家养），未定种.鹿科，未定种.小型鹿科，狍，未定种.中型鹿科，梅花鹿，未定种.大中型鹿科，未定种.大型鹿科，未定种.牛科，大型牛科，黄牛（家养），未定种.中型牛科（家养或野生情况不明），绵羊/山羊（家养），绵羊（家养），未定种.中型牛科或鹿科，未定种.大型牛科或鹿科
新石器时代晚期	山西	天马—曲村	黄蕴平（2000）	狗（家养），猪（家养），梅花鹿，绵羊/山羊（家养）
新石器时代晚期	山西	垣曲古城东关	袁靖（2001）	兔，未定种.食肉目，未定种.犬科，狗（家养），马（家养或野生情况不明），猪（家养），未定种.小型鹿科，梅花鹿，马鹿，黄牛（家养或野生情况不明），绵羊/山羊（家养）
新石器时代晚期	山西	周家庄	博凯龄等（2015）	未定种.啮齿目，竹鼠，豪猪，兔，未定种.食肉目，未定种.犬科，狗（家养），貉，未定种.熊，未定种.獾，猪（家养），未定种.鹿科，未定种.小型鹿科，狍，未定种.中型鹿科，梅花鹿，未定种.大中型鹿科，未定种.大型鹿科，马鹿，麋鹿，大型牛科，黄牛（家养），黄牛（野生），水牛，未定种.中型牛科（家养或野生情况不明），绵羊/山羊（家养），绵羊（家养），未定种.中型牛科或鹿科，未定种.大型牛科或鹿科
新石器时代晚期	河南	白营	周本雄（1983a）	猫，老虎，狗（家养），马（家养或野生情况不明），猪（家养），野猪，獐，马鹿，麋鹿，黄牛（家养或野生情况不明），绵羊/山羊（家养）
新石器时代晚期	河南	笃忠	杨苗苗等（2009）	竹鼠，鼠，褐家鼠，兔，狗（家养），猪（家养），未定种.鹿科，梅花鹿，大型牛科，绵羊（家养）

续表

年代	省份	遗址	引用来源	动物种类
新石器时代晚期	河南	瓦店	吕鹏等（2007b）	未定种.啮齿目，豪猪，兔，未定种.食肉目，狗（家养），未定种.鼬科，未定种.獾，猪（家养），未定种.小型鹿科，梅花鹿，黄牛（家养），绵羊（家养）
新石器时代晚期	河南	王城岗	吕鹏等（2007a）	未定种.啮齿目，鼠，豪猪，兔，狗（家养），未定种.熊，猪（家养），梅花鹿，黄牛（家养），绵羊/山羊（家养）
新石器时代晚期	河南	下王冈	贾兰坡和张振标（1989）	狗（家养），亚洲黑熊，猪（家养），狍，轴鹿，梅花鹿，水鹿
新石器时代晚期	河南	新砦	黄蕴平（2008）	竹鼠，豪猪，兔，狗（家养），亚洲黑熊，未定种.獾，猪（家养），獐，梅花鹿，麋鹿，黄牛（家养），绵羊/山羊（家养）
新石器时代晚期	河南	寨根	袁靖和杨梦菲（2006a）	猪（家养），梅花鹿
新石器时代晚期	河南	照格庄	周本雄（1986）	狗（家养），貉，猪（家养），野猪，狍，麋鹿，水鹿，黄牛（家养），绵羊/山羊（家养）
新石器时代晚期	河南	妯娌	袁靖和杨梦菲（2006a）	猪（家养），梅花鹿
新石器时代晚期	山东	城子崖	梁思永（1934）	兔，狗（家养），马（家养或野生情况不明），猪（家养），獐，梅花鹿，麋鹿，绵羊/山羊（家养）
新石器时代晚期	山东	大汶口	李有恒（1974）	猫，猪（家养），獐，梅花鹿，麋鹿
新石器时代晚期	山东	建新	石荣琳（1996）	兔，猪（家养），梅花鹿
新石器时代晚期	山东	六里井	范雪春（1999）	豹猫，未定种.犬科，猪（家养或野生情况不明），猪（家养），未定种.鹿科，獐，麋鹿，黄牛（家养或野生情况不明）
新石器时代晚期	山东	鲁家口	周本雄（1985）	鼢鼠，鼠，猫，貉，赤狐，狗獾，猪（家养），獐，梅花鹿，麋鹿，黄牛（家养或野生情况不明）
新石器时代晚期	山东	前埠	宋艳波（2009a）	狗（家养），猪（家养），黄牛（家养）
新石器时代晚期	山东	西吴寺	卢浩泉（1990）	豹猫，猪（家养），獐，梅花鹿，麋鹿，黄牛（家养）
新石器时代晚期	山东	尹家城	卢浩泉和周才武（1990）	老虎，狗（家养），未定种.狐，猪（家养），未定种.鹿科，黄牛（家养），绵羊/山羊（家养）

续表

年代	省份	遗址	引用来源	动物种类
新石器时代晚期	北京	镇江营	黄蕴平（1999）	梅花鹿，黄牛（家养）
后新石器时代	甘肃	东灰山	祁国琴（1998）	狗（家养），猪（家养），未定种．鹿科，麝，绵羊/山羊（家养）
后新石器时代	甘肃	师赵村	周本雄（1999）	鼢鼠，狗（家养），猪（家养或野生情况不明），未定种．鹿科，大型牛科，绵羊/山羊（家养）
后新石器时代	甘肃	西山	余翀等（2011）	河狸，竹鼠，田鼠，兔，狗（家养），未定种．熊，马（家养），猪（家养），未定种．鹿科，狍，梅花鹿，马鹿，黄牛（家养），绵羊/山羊（家养），绵羊（家养），山羊（家养），未定种．中型牛科或鹿科
后新石器时代	甘肃	西山坪	周本雄（1999）	狗（家养），猪（家养或野生情况不明），未定种．鹿科，大型牛科
后新石器时代	甘肃	徐家碾	袁靖和杨梦菲（2006b）	未定种．食肉目，马（家养或野生情况不明），猪（家养），黄牛（家养），绵羊/山羊（家养）
后新石器时代	陕西	沣西	袁靖和徐良高（2000）	兔，未定种．犬科，狗（家养），马（家养），猪（家养），未定种．小型鹿科，梅花鹿，大型牛科，黄牛（家养），水牛，绵羊/山羊（家养）
后新石器时代	陕西	高家堡	周本雄（1995）	狍，黄牛（家养），绵羊/山羊（家养）
后新石器时代	陕西	关桃园	胡松梅（2007）	野马，猪（家养或野生情况不明），麝，狍，梅花鹿，黄牛（家养或野生情况不明），斑羚
后新石器时代	陕西	耀州区北村	曹玮（2001）	猕猴，狼，亚洲黑熊，未定种．鼬科，黄鼬，猪（家养），麝，小鹿，毛冠鹿，狍，马鹿，黄牛（野生）
后新石器时代	陕西	碾子坡	周本雄（2007）	鼢鼠，狗（家养），赤狐，马（家养），猪（家养），未定种．鹿科，麝，狍，马鹿，黄牛（家养），山羊（家养）
后新石器时代	陕西	新旺村制骨作坊	祁国琴和林钟雨（1992）	马（家养或野生情况不明），猪（家养），未定种．鹿科，黄牛（家养）
后新石器时代	陕西	周原齐家制石作坊	马萧林和侯彦峰（2010）	兔，狗（家养），马（家养），猪（家养），未定种．鹿科，黄牛（家养），绵羊/山羊（家养），绵羊（家养），山羊（家养）
后新石器时代	陕西	紫荆	王宜涛（1991）	鼢鼠，梅花鹿，黄牛（家养），绵羊（家养）

续表

年代	省份	遗址	引用来源	动物种类
后新石器时代	山西	晋国赵卿墓	周本雄（1996）	马（家养），猪（家养），大型牛科，绵羊/山羊（家养）
后新石器时代	山西	天马—曲村	黄蕴平（2000）	狗（家养），马（家养），猪（家养），梅花鹿，黄牛（家养），绵羊/山羊（家养）
后新石器时代	山西	垣曲古城东关	袁靖（2001）	马（家养）
后新石器时代	河南	安阳洹北商城08HBSCT22J1	吕鹏（2010）	未定种.猫科，猪（家养），黄牛（家养），绵羊（家养）
后新石器时代	河南	安阳洹北花园庄	袁靖和唐际根（2000）	田鼠，狗（家养），犀，猪（家养），麋鹿，大型牛科，黄牛（家养），水牛，绵羊/山羊（家养），绵羊（家养）
后新石器时代	河南	安阳殷墟	杨钟健和刘东升（1949），德日进和杨钟健（1936）	亚洲象，旧大陆猴，猕猴，鼢鼠，竹鼠，鼠，褐家鼠，兔，猫，豹，老虎，狗（家养），貉，未定种.狐，未定种.熊，未定种.獾，狗獾，马（家养），犀，貘，猪（家养或野生情况不明），猪（家养），未定种.鹿科，獐，梅花鹿，麋鹿，黄牛（家养），水牛，绵羊/山羊（家养），绵羊（家养），山羊（家养），未定种.鲸目
后新石器时代	河南	安阳鄣邓	侯彦峰等（2012）	兔，狗（家养），马（家养或野生情况不明），猪（家养），未定种.鹿科，黄牛（家养），绵羊/山羊（家养），绵羊（家养），山羊（家养）
后新石器时代	河南	二里头	杨杰（2008）	鼠，豪猪，兔，未定种.食肉目，未定种.猫科，豹，老虎，狗（家养），貉，未定种.熊，黄鼬，犀，猪（家养），未定种.鹿科，未定种.小型鹿科，獐，狍，梅花鹿，麋鹿，黄牛（家养），绵羊/山羊（家养），绵羊（家养），山羊（家养）
后新石器时代	河南	王城岗	吕鹏等（2007a）	鼠，豪猪，兔，未定种.食肉目，未定种.猫科，狗（家养），马（家养），猪（家养），未定种.鹿科，未定种.小型鹿科，梅花鹿，麋鹿，黄牛（家养），绵羊/山羊（家养），绵羊（家养），山羊（家养）

续表

年代	省份	遗址	引用来源	动物种类
后新石器时代	河南	下王冈	贾兰坡和张振标（1989）	豹，狗（家养），猪獾，狗獾，猪（家养），野猪，未定种.鹿科，小鹿，轴鹿，梅花鹿，水鹿，黄牛（家养），鬣羚
后新石器时代	河南	新砦	黄蕴平（2008）	豪猪，狗（家养），亚洲黑熊，未定种.獾，猪（家养），獐，梅花鹿，麋鹿，黄牛（家养），绵羊/山羊（家养）
后新石器时代	河南	新郑郑国	罗运兵等（2005）	未定种.食肉目，老虎，狗（家养），未定种.鼬科，马（家养），猪（家养），未定种.小型鹿科，梅花鹿，未定种.大型鹿科，黄牛（家养），绵羊（家养）
后新石器时代	河南	杨庄	周军（1998）	马（家养或野生情况不明），猪（家养），轴鹿，大型牛科，绵羊/山羊（家养）
后新石器时代	河南	皂角树	袁靖（2002）	鼠，兔，狗（家养），猪獾，猪（家养），未定种.小型鹿科，梅花鹿，大型牛科
后新石器时代	河南	郑州南顺城街窖藏	袁靖（1999c）	狗（家养），猪（家养），大型牛科，绵羊/山羊（家养）
后新石器时代	山东	大辛庄	宋艳波（2009b）	豪猪，老虎，狗（家养），狗獾，猪（家养），梅花鹿，麋鹿，黄牛（家养），绵羊（家养）
后新石器时代	山东	六里井	范雪春（1999）	狗（家养），马（家养或野生情况不明），猪（家养或野生情况不明），獐，狍，梅花鹿，黄牛（家养或野生情况不明）
后新石器时代	山东	前埠	宋艳波（2009a）	兔，狗，猪，獐，梅花鹿，麋鹿，黄牛（家养），绵羊/山羊（家养）
后新石器时代	山东	前掌大	袁靖和杨梦菲（2005）	兔，未定种.食肉目，狗（家养），貉，未定种.熊，马，猪（家养），獐，梅花鹿，麋鹿，黄牛（家养），绵羊（家养）
后新石器时代	山东	孙村	侯彦峰（2012）	狗（家养），猪（家养），狍，梅花鹿，黄牛（家养），绵羊/山羊（家养）
后新石器时代	山东	唐山	宋艳波（2009a）	狗（家养），猪（家养），梅花鹿，麋鹿，黄牛（家养），绵羊/山羊（家养）
后新石器时代	山东	仙人台	宋艳波（2009c）	狗（家养），狗獾，猪（家养），未定种.小型鹿科，梅花鹿，黄牛（家养），绵羊/山羊（家养）
后新石器时代	山东	西吴寺	卢浩泉（1990）	狗（家养），猪（家养），梅花鹿，麋鹿，黄牛（家养）
后新石器时代	山东	尹家城	卢浩泉和周才武（1990）	未定种.猫科，老虎，狗（家养），猪（家养），未定种.鹿科，黄牛（家养）

续表

年代	省份	遗址	引用来源	动物种类
后新石器时代	山东	月庄	宋艳波（2008）	猪（家养或野生情况不明），未定种.小型鹿科，梅花鹿，黄牛（家养或野生情况不明）
后新石器时代	河北	南放水	于丹（2011）	兔，猫，猞猁，狗（家养），未定种.熊，狗獾，马（家养），猪（家养），未定种.鹿科，獐，狍，梅花鹿，马鹿，麋鹿，黄牛（家养），绵羊/山羊（家养），山羊（家养）
后新石器时代	北京	昌平张营	黄蕴平（2007）	兔，猫，豹，老虎，狗（家养），未定种.熊，棕熊，马（家养），驴，猪（家养或野生情况不明），猪（家养），獐，梅花鹿，马鹿，黄牛（家养），绵羊/山羊（家养）
后新石器时代	北京	镇江营	黄蕴平（1999）	兔，老虎，狗（家养），狼，豺，貉，未定种.狐，未定种.熊，狗獾，马（家养），猪（家养），獐，狍，梅花鹿，麋鹿，黄牛（家养），绵羊/山羊（家养）

附录 2：黄河中下游的原生物种

这是我们认为黄河中下游流域原生哺乳动物名单。该名单主要基于考古学和 Smith、解焱的分布图 *A Guide to the Mammals of China*，我们采用的是英文、学名和中文名字。

Primates 灵长目

Rhesus macaque *Macaca mulatta* 猕猴 mi hou
Golden snub nosed monkey *Rhinopithecus roxellana* 川金丝猴 chuan jinsihou
Humans *Homo sapiens* 人 ren

Rodents 啮齿目

Siberian flying squirrel *Pteromys volans* 小飞鼠 xiao feishu
Eurasian red squirrel *Sciurus vulgaris* 松鼠 songshu
Complex-toothed flying squirrel *Trogopterus xanthipes* 复齿鼯鼠 fuchi wushu
Pallas' squirrel *Callosciurus erythraeus* 赤腹松鼠 chifu songshu
Perny's long-nosed squirrel *Dremomys pernyi* 珀氏长吻松鼠 Poshichangwen songshu
Swinhoe's striped squirrel *Tamiops swinhoei* 隐纹松鼠 yinwen songshu
Himalayan Marmot *Marmota himalayana* 喜马拉雅旱獭 Ximalaya hanta
Père David's rock squirrel *Sciurotamias davidianus* 岩松鼠 yang songshu
Daurian ground squirrel *Spermophilus dauricus* 达乌尔黄鼠 Dawuer huangshu
Siberian chipmunk *Tamias sibiricus* 花鼠 huashu
Chinese zokor *Eospalax fontanieri* 中华鼢鼠 Zhonghua fenshu
North China zokor *Myospalax psilurus* 东北鼢鼠 Dongbei fenshu
Chinese bamboo rat *Rhizomys sinensis* 中华竹鼠 Zhonghua zhushu
Inez's vole *Caryormys inez* 苛岚绒鼠 kelan rongshu
Mandarin vole *Lasiopodomys mandarinus* 棕色田鼠 zongse tianshu
Reed vole *Microtis fortis* 东方田鼠 dongfang tianshu
Shanxi red-backed vole *Myodes shanseius* 山西绒鼠 Shanxi rongshu
Striped dwarf hamster *Cricetulus barabensis* 黑线仓鼠 heixian cangshu
Long-tailed dwarf hamster *Cricetulus longicaudatus* 长尾仓鼠 changwei cangshu
Greater long-tailed hamster *Tscherskia triton* 大仓鼠 da cangshu
Striped field mouse *Apodemus agrarius* 黑线姬鼠 heixian jishu
South China field mouse *Apodemus draco* 中华姬鼠 Zhonghua jishu
Korean field mouse *Apodemus peninsulae* 大林姬鼠 dalin jishu

Harvest mouse *Micromys minutus* 巢鼠 chaoshu

White bellied rat (or Confucian ninventer) *Niniventer confucianus* 北社鼠 bei sheshu

Brown rat *Rattus norvegicus* 褐家鼠 he jiashu

Oriental house rats *Rattus tanezumi* 黄胸鼠 huang xiongshu

Malayan porcupine *Hystrix brachyura* 豪猪 haozhu

Lagomorphs 兔形目

Daurian pika *Ochotona dauurica* 达乌尔鼠兔 Dawuer shutu

Qinling pika *Ochotona syrinx* 黄河鼠兔 Huanghe shutu

Tolai hare *Lepus tolai* 托氏兔 Tuoshi tu

Hedgehogs 猬目

Amur hedgehog *Erinaceus amurensis* 东北刺猬 Dongbei ciwei

Hugh's hedgehog *Mesechinus hughi* 林猬 lin wei

Daurian hedgehog *Mesechinus dauuricus* 达乌尔猬 Dawuer wei

Shrews and Moles 鼩鼱目

Asian gray shrew *Crocidura attenuate* 灰麝鼩 huishequ

Asian lesser white-toothed shrew *Crocidura shantungensis* 山东小麝鼩 Shandong xiao shequ

Chinese mole shrew *Anourosorex squamipes* 短尾鼩 duanweiqu

Himalayan water shrew *Chimarrogale himalayica* 喜马拉雅水鼩 Ximalaya Shuiqu

De Winton's shrew *Chodsigoa hypsibia* 川西长尾鼩 Chuanxi changweiqu

Large mole *Mogera robusta* 大缺齿鼹 da quechiyan

Short-faced mole *Scaptochirus moschatus* 麝鼹 sheyan

Bats 翼手目

Greater horseshoe bat *Rhinolphus ferrumequinum* 马铁菊头蝠 matie jutou fu

Common serotine *Eptesicus serotinus* 大棕蝠 da zongfu

Chinese noctule *Nyctalus plancyi* 中华山蝠 Zhonghua shanfu

Japanese pipistrelle *Pipistrellus abramus* 东亚伏翼 Dongya fuyi

Asian particolored bat *Vespertilio sinensis* 东方蝙蝠 dongfang bianfu

Large myotis *Myotis chinensis* 中华鼠耳蝠 Zhonghua shuerfu

Chinese water myotis *Myotis laniger* 淮南水鼠耳蝠 Huainan shuishuerfu

Eastern barbastelle *Barbastella leucomelas* 宽耳蝠 kuanerfu

Carnivores 食肉目

Lynx *Lynx lynx* 猞猁 sheli
Leopard cat *Prionailurus bengalensis* 豹貓 baomao
Leopard *Panthera pardus* 豹 bao
Tiger *Panthera tigris* 老虎 laohu
Masked palm civet *Paguma larvata* 画面狸 huamian li
Wolf *Canis lupus* 狼 lang
Dhole *Cuon alpinus* 豺 chai
Raccoon dog *Nyctereutes procyonoides* 貉 he
Red fox *Vulpes vulpes* 赤狐 chihu
Brown bear *Ursus arctos* 棕熊 zongxiong
Asiatic black bear *Selenarctos thibetanus* 黑熊 heixiong
Eurasian otter *Lutra lutra* 水獭 shuita
Hog badger *Arctonyx collaris* 猪獾 zhuhuan
Yellow-throated marten *Martes flavigula* 青鼬 qingyou
Asian badger *Meles leucurus* 狗獾 gouhuan
Chinese ferret badger *Melogale moschata* 鼬獾 youhuan
Mountain weasel *Mustela altaica* 香鼬 xiangyou
Steppe polecat *Mustela eversmanni* 艾鼬 aiyou
Siberian weasel *Mustela sibirica* 黄鼬 huangyou

Perissodactyls (Odd-toed ungulates) 奇蹄目

Przewalski's horse *Equus caballus przewalskii* 野马 yema
Sumatran rhinoceros *Dicerorhinus sumatrensis* 苏门答腊犀 Sumendala xi

Artiodactyls (Even-toed ungulates) 偶蹄目

Wild boar *Sus scrofa* 野猪 yezhu
Siberian musk deer *Moschus moschiferus* 原麝 yuanshe
Forest musk deer *Moschus berezovskii* 林麝 linshe
Siberian Roe deer *Capreolus pygargus* 西伯利亚狍 Xiboliya pao
Red deer (a.k.a. Wapiti) *Cervus elaphus* 马鹿 malu
Sika deer *Cervus nippon*① 梅花鹿 meihualu
Tufted deer *Elaphodus cephalophus* 毛冠鹿 maoguanlu
Elaphure (a.k.a. Père David's deer) *Elaphurus davidianus* 麋鹿 milu
Reeves's muntjac *Muntiacus reevesi* 小鹿 xiaoji

---

① *Cervus hortulorum* in many excavation reports.

Chinese water deer *Hydropotis inermis* 獐 zhang
Gazelle *Gazella* sp. 羚羊 ling yang or *Procapra* sp. 原羚 yuanling
Mongolian gazelle *Procapra gutturosa* 黄羊 huangyang
Aurochs *Bos primigenius* 原始牛 yuanshi niu
Wild water buffalo *Bubalusme phistopheles* 圣水牛 sheng shuiniu
Takin *Budorcas taxicolor* 羚牛 lingniu
Chinese serow *Capricornis milneedwardsii* 甘南鬣羚 Gannanlieling
Long-tailed goral *Naemorhedus caudatus* 中华鬣羚 Zhonghua lieling

学术信息

《黄河文明与可持续发展》征稿简则

《黄河文明与可持续发展》是教育部人文社会科学重点研究基地——河南大学黄河文明与可持续发展研究中心、中国地理学会黄河分会联合主办的学术集刊。主要刊载以黄河文明与沿岸地区地理、经济与社会文化等为研究主旨的学术论文,内容主要涉及黄河文明的传承与发展、沿黄地区的制度变迁与经济发展、黄河流域的生态与可持续发展等,涵盖历史学、考古学、地理学、生态学、经济学、社会学、民俗学与民间文学、民族学与人类学等多个学科领域。每年出版两期,在海内外公开发行,中国知网收录。为推动黄河文明的伟大复兴和"黄河学"研究,特向学界同仁征稿。

投稿相关要求:

一、来稿须是未经发表的学术论文,请用 word 文件格式,投稿力求文笔简练,论点明确,数据可靠。采用五号宋体字隔行排版,单位采用国际符号。文章字数以 10000 字以内为宜(重大选题的稿件,原则上也应控制在 30000 字以内),文字叙述、图、表请不要重复。

二、文章编排格式:题目(20 字以内为宜)、作者姓名、中文摘要、关键词、作者简介、前言、正文、英文摘要。英文摘要包括题目、作者姓名、摘要及关键词。

三、文献引证方式:均采用页下注(脚注),小五号宋体,每页单独编号,注释中卷次、出版时间、刊期、页码一律用阿拉伯数字表示。引文规范可参照"中国社会科学杂志社关于引文注释的规定(试行)"(详细内容可访问中国社会科学杂志社网站)。

四、凡来稿属国家、省、地、市科学基金、重大课题等项目资助的,请在首页脚注处详细标明(含项目编号)。

五、文中的表格采用三线表形式,插图在相应文章中出现,线条务求准确光洁,图内文字尽量简明,照片务必黑白清晰,层次分明。图题、坐标的标目名称、单位务请给齐全。图的大小为:半栏图<75mm,120mm<通栏图<150mm,图字一律采用六号宋体字。图、表、参考文献的制作与形式请完全遵照规范。

六、请使用在线投稿的方式,广大作者、专家登陆 http://www.hhwm.cbpt.cnki.net 进入《黄河文明与可持续发展》采编系统,注册后即可进行相应操作。同时,来稿仍可通过直接邮寄或以 E-mail 形式投往本编辑部,切勿一稿多投。来稿的处理结果,本刊将于两个月左右通过电子信函通知。来稿一律不退,敬请见谅。来稿请务必写明作者姓名、单位、通讯地址、邮编,以及第一作者的出生年份、籍贯、性别、民族、职称、学位、研究方向、E-mail 及电话、传真等,以便联系。

七、联系方式:

通信地址:河南开封河南大学黄河文明与可持续发展研究中心

收件人:《黄河文明与可持续发展》编辑部

邮政编码:475001

电话号码:086-0371-22826115

　　　　　086-0371-22826115(传真)

在线投稿系统:http://www.hhwm.cbpt.cnki.net

电子信箱:hhwmjk@sina.com

本刊编辑部

首届黄河(生态)经济带发展战略高层论坛在河南开封成功举办

赵建吉

论坛现场

参会人员合影

首届黄河(生态)经济带发展战略高层论坛在河南开封成功举办

黄河流域是中华文明的重要发祥地和传承创新区,也是我国重要的粮食生产核心区、资源能源富集区,在全国经济社会发展和生态文明建设格局中具有举足轻重的战略地位。当前,我国正在实施京津冀协同发展、长江经济带发展、粤港澳大湾区等重大区域战略,但面对我国南北经济分化的新态势,急需在国家层面构建与长江经济带并行、能够支撑黄河流域东中西互动和高质量发展的黄河经济带。2019年4月26日,首届黄河(生态)经济带发展战略高层论坛在河南开封隆重召开。本次论坛由中国地理学黄河分会、教育部人文社科重点研究基地河南大学黄河文明与可持续发展研究中心、黄河文明省部共建协同创新中心、河南省高校智库联盟联合主办,论坛的主题为黄河经济带发展战略。来自国务院发展研究中心、水利部黄河水利委员会、中国科学院地理科学与资源研究所、中国科学院科技发展战略咨询研究院、中国科学院南京地理与湖泊研究所、北京大学、兰州大学、华东师范大学、山东师范大学、青海师范大学、首都经济贸易大学、河南省社会科学院、中国(河南)创新发展研究院以及河南省政协、民革河南省委、黄河水利科学研究院、河南黄河河务局等20多个单位的50余位专家、学者参加了大会。

论坛开幕式由教育部人文社科重点研究基地黄河文明与可持续发展研究中心主任苗长虹教授主持。在致辞中,河南省政协副主席张震宇代表省政协向论坛的举办表示热烈的祝贺,认为构建黄河生态—文化—经济一体化发展的国家战略支撑带,对于促进我国区域经济协调发展、保障国家生态安全、支撑"一带一路"建设具有重要战略价值,期望此次论坛贯彻落实习近平新时代中国特色社会主义思想,遵循习近平总书记的要求,重新审视黄河流域的战略地位和重要作用,在黄河(生态)经济带的国家战略定位、黄河(生态)经济带的发展目标、黄河(生态)经济带建设路径等三个方面展开深入研讨。全国政协委员、河南大学校长宋纯鹏教授代表河南大学对本次论坛的举办表示热烈祝贺,对专家学者的莅临表示衷心感谢。他认为黄河流域在全国经济社会发展格局中具有重要地位,但也面临经济发展质量不高、生态环境形势严峻、区域发展不平衡突出、产业转型升级任务艰巨、高等教育基础薄弱、区域合作机制尚不明确等诸多困难和问题,急需构建支撑黄河流域东中西互动和高质量发展的黄河经济带并上升为国家战略。中国地理学会长江分会主任段学军研究员代表长江分会对论坛召开表示祝贺,认为长江流域和黄河流域的发展在中华民族伟大复兴中国梦进程中具有重要支撑作用,本次论坛围绕黄河经济带发展战略进行研讨恰逢其时。他也期待中国地理学会黄河分会和长江分会加强交流,为两个流域经济带的建设和可持续发展作出更大贡献。

论坛特邀中国科学院地理科学与资源研究所金凤君研究员、国务院发展研究中心刘勇研究员、民革河南省委副主委吕心阳研究员、国务院发展研究中心中国经济时报社甘肃记者站程小旭站长、北京大学城市与环境学院许学工教授、水利部黄河水利委员会新闻宣传出版中心张松主任、河南省社会科学院张占仓研究员、中国科学院科技发展战略咨询研究院王铮研究员、河南大学黄河文明与可持续发展研究中心苗长虹教授作了大会报告。围绕本次论坛主题,论坛设立了专题报告、圆桌论坛等环节,与会学者围绕黄河经济带构建的战略意义与现实需求、黄河经济带构建的科学基础、黄河经济带与长江经济带的对比、黄河经济带建设路径、推动黄河经济带上升为国家战略的对策、黄河流域各省区在黄河经济带中的地位和作用等展开了深入研讨,提出了很多具有创新性的观点和对策建议。

黄河(生态)经济带发展战略研究,是我校黄河文明与可持续发展研究中心和省部共建黄河文明协同创新中心重点谋划的科学命题,也是积极参与服务区域协调发展、生态文明建设等国家重大战略的体现。首届黄河(生态)经济带发展战略高层论坛的成功举办,对于我校深入开展黄河(生态)经济带研究,提升服务国家重大战略需求能力和水平具有重要意义。

"运河历史地理与大运河文化带建设"高层论坛暨河南大学历史地理学第五届学术论坛在河南大学成功举办

吴朋飞　熊雪蕾　翟淑敏

论坛开幕式现场（周晓芳　摄）

全体与会专家学者合影留念（周晓芳　摄）

2019年7月20日,由教育部人文社科重点研究基地河南大学黄河文明与可持续发展研究中心、黄河文明省部共建协同创新中心、历史文化学院共同主办的"运河历史地理与大运河文化带建设"高层论坛暨河南大学历史地理学第五届学术论坛在河南大学成功举办。来自复旦大学、浙江大学、武汉大学、北京师范大学、聊城大学、郑州大学、华东师范大学、广州大学、西北大学、西北师范大学、北京林业大学、河海大学、江南大学、江苏大学、江苏师范大学等40余所科研院所的70余名专家学者齐聚汴京,共襄盛会!

大会开幕式上,在主席台及前排就座的领导和嘉宾有复旦大学中国历史地理研究所所长张晓虹教授、河南大学黄河文明与可持续发展研究中心牛建强副主任、浙江大学江南区域史研究中心主任孙竞昊教授、聊城大学运河学研究院郑民德副院长、河南省社会科学院历史与考古研究所所长张新斌研究员、郑州嵩山文明研究院徐海亮高工、天津社会科学院历史研究所所长任吉东研究员、广州大学岭南文化艺术研究院王元林教授、淮阴师范学院李德楠教授、河南大学赵炳清教授和闵祥鹏教授。开幕式由教育部人文社科重点研究基地河南大学黄河文明与可持续发展研究中心吴朋飞副教授主持。

河南大学黄河文明与可持续发展研究中心牛建强副主任致欢迎辞,他简要介绍了黄河文明与可持续发展研究中心的基本情况,对会议的召开表示热烈祝贺,对专家学者的莅临表示衷心感谢,希望本次论坛对河南大学历史地理学起到提高研究水平、促进学科建设的作用。复旦大学中国历史地理研究所所长张晓虹教授在致辞中对参加本次论坛的专家学者表示衷心感谢,她认为历史地理学在全国范围内的开枝散叶彰显了学科的勃勃生机,指出在社会急剧变化、文化剧烈变迁的当今时代,历史地理学的学科发展对地理学科发展及国家建设起到了积极推动作用。聊城大学运河学研究院郑民德副院长在致辞中简要介绍了大运河的历史变迁,指出中国运河不但历史悠久、分布区域广泛而且留下了不计其数的物质和非物质文化遗产。他强调运河文化的研究、保护、利用正成为国家、社会、学界关注的热点,希望本次论坛能促进中国大运河文化研究的进一步发展。河南省社会科学院历史与考古研究所张新斌教授在致辞中简要介绍了河南省大运河的研究情况。他指出河南省早期大运河研究和隋唐大运河研究是薄弱环节,整合河南高校优势,加强相关单位联系,建立大运河专业队伍能使河南大运河研究上一个新台阶。

论坛采取大会主旨报告和分会场报告相结合的形式。主旨报告中,与会专家分别就"水、环境与干旱区城市的历史变迁"(张晓虹,复旦大学)、"运河城市文化的活力:明清至民国时期济宁宗教述略"(孙竞昊,浙江大学)、"国家祭祀视野下的金龙四大王信仰"(王元林,广州大学)、"大运河北:京杭大运河河北省段调研"(任吉东,天津社会科学院)、"中国大运河研究中的若干探索"(张新斌,河南省社会科学院)、"大运河开封段考古新发现"(葛奇峰,开封市文物考古研究所)等相关专题结合自身多年研究实践,围绕运河历史地理与大运河文化建设进行了深入探讨。大会主旨报告上下两场分别由河南大学历史地理研究所赵炳清教授和河南大学黄河文明与可持续发展研究中心闵祥鹏教授主持。

20日下午,围绕本次论坛主题,论坛设了两个分会场。第一分会场由聊城大学郑民德主持。郑州嵩山文化研究院徐海亮,枣庄学院李纲,浙江大学申志锋,北京师范大学王志刚,西北师范大学刘永胜,河南大学肖启荣、吴朋飞,河南师范大学孟祥晓,淮阴师范学院李德楠、王聪明,江苏师范大学徐可,聊城大学郑民德、王玉朋、李亚男、窦重沂从多个研

"运河历史地理与大运河文化带建设"高层论坛暨河南大学历史地理学第五届学术论坛在河南大学成功举办

究视角,结合自身研究实践进行了 15 场深入探讨,淮阴师范学院李德楠和河南师范大学孟祥晓对各位专家学者的报告作了精彩点评。与此同时,第二分会场由西北大学张健主持,北京林业大学郭巍、武汉大学祝昊天、河海大学郑娜娜、华北水利水电大学贾兵强和张建松、信阳师范学院赵阳阳、河南省社会科学院陈习刚、江南大学连冬花、洛阳师范学院赵豫云、聊城大学魏志阳、泰州学院钱成、三门峡职业技术学院卞建宁、河北省邯郸市文物保护研究所李鹏为、复旦大学刘威围绕大运河文化带建设、历史变迁等相关问题进行了 14 场深入讨论,华北水利水电大学贾兵强会后作了细致点评。

会议闭幕式分小组总结和大会总结两部分,由河南大学历史地理研究所赵炳清教授主持。小组总结中,聊城大学运河学研究院郑民德副院长对第一分会场 15 位报告人的汇报分别作了精彩总结,指出论坛报告涉及运河文化理论研究、运河水环境变迁、运河河政管理、运河与区域社会民生及生态、运河河道变迁和运河考古等方面,几乎涵盖了运河本体研究的所有内容与范围,各位专家学者的论证观点新颖、逻辑严密,加深了运河研究的广度与深度。西北大学丝绸之路研究院张健副教授在对第二分会场的总结中指出,前 7 位报告人主要以运河体系为切入点,讨论运河及其涉及的历史人文地理学相关问题。后 7 位报告人主要基于大运河文化带建设和历史时期运河漕运功能展开讨论。大会总结中,河南大学黄河文明与可持续发展研究中心吴朋飞副教授再次对前来参加论坛的专家学者表示了感谢,并指出本次论坛规模空前,专家学者单位覆盖运河流经城市广泛,学科交叉明显。内容涉及运河河道及水系变迁、运河文化以及沿线沿岸城镇发展、大运河文化带建设过程中遗址资源调查和保护、如何进行大运河文化带建设等议题。他认为在交流过程中大家讨论深入、观点新颖、点评到位,令与会专家学者受益匪浅。

本次论坛以"大运河的历史发展脉络""运河发展与城市变迁""运河考古遗传资源的发掘与利用""运河遗产保护与大运河文化带建设""黄河—运河关系与历史地图集编纂"为主题,旨在明确大运河文化带建设方向、目标和任务,进一步深入发掘中原地区大运河丰富的历史文化资源,探析历史上运河发展与沿线城市变迁的互动关系,促进运河遗产保护与大运河文化带建设。

河南大学具有长期研究历史地理的传统,在学术界享有一定的学术声誉。自 2015 年至今,河南大学历史地理学术论坛已经成功举办四届,成为海内外研究中原历史地理与黄河文明演化发展的一个重要的高端交流平台。此次论坛的成功举办彰显了河南大学"历史地理学"在运河历史地理及大运河文化带建设对话中的重要地位,把"历史地理学"研究提升到一个新的高度,将对推动河南大学"双一流"学科建设提供重要支撑。

第十一届"黄河学"高层论坛暨"古文字与出土文献语言研究"国际学术研讨会成功举办

门 艺 王楚菽

研讨会开幕式现场（郭家瑞 摄）

第十一届"黄河学"高层论坛暨"古文字与出土文献语言研究"国际学术研讨会成功举办

分论坛报告会现场（郭家瑞 摄）

2019年6月22—23日，由河南大学黄河文明与可持续发展研究中心、黄河文明省部共建协同创新中心、河南省文字学会共同主办的第十一届"黄河学"高层论坛暨"古文字与出土文献语言研究"国际学术研讨会在古都开封成功召开，来自海内外的80余名专家及青年才俊齐聚汴京，共襄盛会！

河南大学党委常委、副校长刘先省教授，华南师范大学张玉金教授，美国新泽西州立罗格斯大学陈光宇教授，郑州大学汉字文明研究中心黄锡全教授出席开幕式并先后致辞。开幕式由河南大学黄河文明与可持续发展研究中心执行主任苗长虹教授主持。

本次研讨会以"新环境、新视野下的古文字与出土文献语言研究"为主题，采取大会主题报告与分论坛讨论相结合的形式。大会主题报告中，与会专家分别从"全球化大数据时代的汉字生态学"（陈光宇，美国新泽西州立罗格斯大学）、"论甲骨文非处所词语的处所化"（张玉金，华南师范大学文学院）、"关于《吴越春秋》一处疑难文意的解释"（刘钊，复旦大学出土文献与古文字研究中心）、"《甲骨文合集》11485'刮削重刻'及相关成套卜甲的复原考察"（王蕴智，河南大学黄河文明与可持续发展研究中心）、"河南博物院旧藏甲骨所见新字"（李宗焜，北京大学中文系）、"读《天理参考馆所藏未著录甲骨选录》"（林宏明，台湾政治大学中文系）、"结合甲骨文与历史地理学——探讨商代后期的黄河古河道"〔高岛谦一，加拿大英属（不列颠）哥伦比亚大学亚洲学系〕、"甲骨逢字补说"（蔡哲茂，台湾中研院史语所）、"战国时期楚竹书中的代词'其'与第三人称代词的产生"（姜允玉，韩国明知大学中文系）、"《甲骨年表》存目文献考"（邓章应，西南大学汉语言文献研究所）等多个角度发表了自己的最新成果。6月22日下午至6月23日上午，会议分设两个分论坛，围绕"古文字与出土文献语言数据库的建设研究""甲骨文与商代语言文字研究""两周及简帛语言文字研究"等议题进行了讨论。与会专家、青年学者共飨此次学术盛宴，进行了深入的交流，就古文字与出土文献中的各种语言、文字及文献问题发表了高见。

6月23日下午主题报告结束后，河南大学黄河文明与可持续发展研究中心王蕴智教授主持了会议闭幕式。复旦大学出土文献与古文字研究中心刘钊教授在闭幕式致辞中指出此次研讨会在甲骨文发现120周年的大好形势下召开恰逢其时,在有着悠久甲骨文研究传统的河南大学举办适得其所,这次会议充分体现了古文字研究逐渐向立体化、精密化发展的趋势,利用大数据、云平台等新手段进行研究代表了今后古文字研究的趋势。首都师范大学王子杨教授和武汉大学肖圣中教授分别对论坛一和论坛二的论文汇报情况作了十分精彩而细致的点评。最后,王蕴智教授对本次会议进行了总结,并邀请下一届研讨会的举办单位代表——东北师范大学赵岩副教授对下一届"古文字与出土文献语言研究"国际学术研讨会工作进行谋划和安排。会后,加拿大英属(不列颠)哥伦比亚大学高岛谦一教授表示:"作为中国学重要组成部分之一的古文字与出土文献语言研究应被列于世界学术研究的前沿。本次会议堪称精华。"

自2009年至今,"黄河学"高层论坛已经成功举办十届,成为海内外研究黄河文明与可持续发展以及黄河文明与世界文明交流的一个重要的国际性高端平台;同时"古文字与出土文献语言研究"国际学术研讨会已成功举办三届,成为海内外研究古文字与出土文献语言的一个重要的国际性平台。本次会议就古文字和出土文献语言研究近年来取得的新进展、新成果展开交流与讨论,为纪念甲骨文发现120周年,促进古文字研究者之间的交流,推动国内外古文字与出土文献语言研究领域的进步发展作出了重要贡献。此次论坛的成功举办,彰显了河南大学作为古文字与出土文献语言国际研讨会发起单位在"古文字与出土文献语言研究"及国际学术对话中的突出地位,把"黄河学"研究提升到一个新的高度,将对推动河南大学古文字学学科发展、推动"双一流"学科建设提供支撑并产生重要影响。

全体与会人员合影留念(郭家瑞 摄)

中国地理学会黄河分会 2019 年学术年会在山东师范大学举行

王成新

2019 年 10 月 17—21 日，中国地理学会黄河分会 2019 年学术年会在山东师范大学长清湖校区举行。会议由中国地理学会黄河分会主办，山东师范大学、山东地理学会、"人地协调与绿色发展"山东省高校协同创新中心、山东省可持续发展研究中心、山东省可持续发展研究会承办，山东省地理相关院校协办。山东师范大学副校长王传奎出席开幕式并致辞。来自中国科学院相关院所、北京大学、河南大学、兰州大学、宁夏大学、西北师范大学、青海师范大学和内蒙古师范大学等 30 多个单位的 200 多名专家、学者参加会议。

王传奎对前来参会的专家、学者表示欢迎，介绍了山东师范大学的历史沿革和发展现状，重点介绍了学校在学科建设、人才队伍建设、人才培养、科学研究、校区建设等方面的新成就，以及地理与环境学院近年来的主要教学和研究成果。希望通过此次会议，加强工作交流，促进学术合作，推动该校地理及相关学科的发展与提升。

中国地理学会黄河分会主任、河南大学黄河文明与可持续发展研究中心主任苗长虹教授在致辞中指出，黄河流域高质量发展已上升为国家战略，地理学者应充分发挥地理学的核心作用，围绕经济、生态、文化等方面探讨黄河流域的人地系统耦合特征，为顶层设计的落实做好学术准备。

本次会议的主题是"黄河流域生态保护与高质量发展"。在大会主题报告环节，河南大学黄河文明与可持续发展研究中心苗长虹教授、山东师范大学地理与环境学院韩美教授、中国科学院地理科学与资源研究所邓祥征教授、中国科学院科技战略咨询研究院王峥教授、太原师范学院汾河流域科学发展研究中心王尚义教授、西北师范大学地理与环境科学学院潘竟虎教授分别作了学术报告。

会议设置了水环境与黄河流域生态保护、黄河流域高质量发展与城市建设、绿色经济与可持续发展、黄河流域生态保护与高质量发展战略高层论坛 4 个分会场，先后有 50 余位学者进行学术汇报，针对黄河流域经济社会关注的热点焦点问题及中国地理科学发展中亟需解决的基础和理论问题进行了深入交流探讨。

"黄河流域生态保护和高质量发展"高层论坛(2019)在河南大学成功举办

杨东阳　申茜茜　穆东旭　韩叶青

2019年11月29日,由河南大学、中国地理学会、黄河水利科学研究院、河南省发展和改革委员会主办,中国科学院可持续发展研究中心、中国社会科学院生态文明研究智库支持,河南大学黄河文明与可持续发展研究中心、黄河文明省部共建协同创新中心承办的"黄河流域生态保护和高质量发展"高层论坛(2019)在古都开封成功召开。来自中国科学院、中国社会科学院、黄河水利委员会、兰州大学、山东大学、华东师范大学、陕西师范大学、西北大学、中国海洋大学、山西大学、宁夏大学、内蒙古大学、长安大学、山西师范大学、山东师范大学、华南师范大学、郑州大学、河南大学、黄河流域及国内相关教育部人文社科重点研究基地、地方政府、企事业单位、光明日报、河南日报、中国社会科学报等120多家单位300多位代表和嘉宾参加此次论坛。

开幕式现场

29日上午,论坛在河南大学金明校区行政楼二楼报告厅举行开幕式,由河南大学黄河文明与可持续发展研究中心、黄河文明省部共建协同创新中心主任苗长虹教授主持。河南大学党委常委、副校长刘先省教授,河南省文物考古学会会长孙英民教授,中国地理学会副理事长兼秘书长张国友研究员,黄河水利科学研究院院长王道席教授,河南省发展和改革委员会总规划师李明东先生,中国社科院城市发展与环境研究所副所长杨开忠教授,中国科学院可持续发展研究中心主任樊杰研究员等出席开幕式。

"黄河流域生态保护和高质量发展"高层论坛(2019)在河南大学成功举办

主持人苗长虹教授

刘先省副校长首先代表河南大学向各位专家学者和各校师生的光临表示热烈欢迎,并指出习总书记提出的"黄河流域生态保护和高质量发展"重大国家战略,为"黄河学"的发展及其相关研究提供了前所未有的重大历史机遇。河南大学依托黄河文明与可持续发展研究中心和黄河文明省部共建协同创新中心两个国家级平台,瞄准学术前沿和国家重大战略需求,以黄河文明源流承传、现代转型与可持续发展研究为主线开展研究并取得显著成效。他希望通过此次论坛能够把黄河文明、黄河流域和"黄河学"研究推向一个新的高度,有效推进相关学科发展。

刘先省副校长致辞

张国友研究员在致辞中表达了中国地理学会对这次论坛举办的支持和祝贺,并指出黄河流域发展和生态文明建设是一个多学科问题,需要地理学及其他相关领域多学科专家共同探讨。此次论坛极具建设性意义,能够有效支撑黄河流域生态保护和高质量发展,为政府决策提供依据。

张国友研究员致辞

王道席教授表示此次大会将促进自然科学与人文科学的交叉碰撞、理论与实践的深度融合,并表达了愿与大家携手合作,为黄河流域高质量发展贡献力量的愿望。

王道席教授致辞

李明东先生基于习近平总书记9月18日在"黄河流域生态保护和高质量发展"座谈会的重要讲话,从黄河的重要地位,黄河对于河南的影响,河南省发改委和河南大学长期以来围绕黄河流域生态保护和高质量发展开展的相关工作等做了介绍,希望能够以此次论坛为契机,为河南省生态保护和高质量发展出谋划策,多方面促进黄河流域高质量发展。

李明东总规划师致辞

以举办此次论坛为契机,河南大学黄河文明与可持续发展研究中心正式发布《黄河流域生态保护和高质量发展战略研究报告》。苗长虹教授、艾少伟教授和赵建吉副教授代表研究团队从总体战略构想、五大支撑战略、规划范围界定、空间组织策略、跨界合作发展、体制机制创新以及黄河流域河南段的战略研究等七大方面,系统介绍了围绕"黄河流域生态保护和高质量发展"国家战略完成的最新研究成果。

本次论坛以"黄河流域生态保护和高质量发展"为主题,旨在贯彻落实习近平总书记在"黄河流域生态保护和高质量发展"座谈会上的讲话精神,服务于"黄河流域生态保护和高质量发展"国家重大战略实施。围绕该主题,19名国内著名专家学者作了大会主题报告。

大会主题报告由华东师范大学现代城市研究中心曾刚教授、陕西师范大学西北历史环境与经济社会发展研究院院长王社教研究员、西北大学城市与环境学院院长李同昇教授、山东师范大学地理与环境学院院长王成新教授主持。受邀专家先后做了"黄河流域高质量发展与中国区域发展格局变化"(中国科学院可持续发展研究中心主任樊杰研究员)、"全面推进以流域基础的区域协调发展"(中国社科院城市发展与环境研究所副所长杨开忠教授)、"黄土高原综合治理与高质量发展方略"(中国科学院区域可持续发展分析与模拟重点实验室主任刘彦随教授)、"黄河流域生态保护与中心城市的发展"(国家发展改革委国土开发与地区经济研究所原所长肖金成研究员)、"黄河水沙变化及成因问题"(黄河水利科学研究院副总工程师史学建研究员)、"黄河流域保护与发展的战略思考"(国务院发展研究中心刘勇研究员)、"做实沿黄大遗址保护,活化黄河历史文明"(河南省文物考古学会会长孙英民研究员)、"黄河与隋唐宋大运河关系的考古诠释"(河南省文物考古研究院院长刘海旺研究员)、"黄河中下游地区是汉字早期形成与发展的摇篮"(河南大学黄河文明与可持续发展研究中心王蕴智教授)、"生态保护是黄河流域高质量发展的前提"(陕西师范大学西北历史环境与经济社会发展研究院院长王社教研究员)、"新时代陆海统筹战略及黄河流域可持续发展"(中国海洋大学经济学院副院长刘曙光教授)、"黄河流域生态保护与高质量发展——基于流域水效率与水生态文明视角"(陕西师范大学西北历史环境与经济社会发展研究院副院长方兰教授)、"聚焦保护发展抢占生态文明建设高地,构建黄河流域三雄城市新时代新格局——黄河兰州段生态保护和高质量发展规划研究"(兰州市城乡规划设计研究院教授级高级工程师曹军院长)、"山东半岛城市群的空间结构演变及其影响"(山东师范大学地理与环境学院院长王成新教授)、"新形势下黄河下游河道治理方向"(黄河水利科学研究院泥沙研究所所长李勇教授)、"充分发挥气象保障作用,助力黄河流域生态保护和高质量发展"(河南省气象局党组书记王鹏祥局长)、"黄河下游新的防洪形势"(黄委会水科院齐璞教授)、"丝路西夏文创与黄河文化传承创新"(宁夏大学西夏学研究院于光建副教授)、"黄河流域生态保护和高质量发展战略:尺度重构,意义建构与文化认同"(河南大学黄河文明与可持续发展中心副主任艾少伟教授)等学术报告。

本次论坛设立4个专题论坛,与会专家学者代表围绕"黄河流域考古与文化遗产保护""黄河文化时代价值与传承弘扬""黄河流域经济高质量发展""黄河生态保护与治理"四个主题进行学术交流。

圆桌论坛现场照(申茜茜 摄)

为了推动"黄河保护与发展智库联盟建设",大会专门组织圆桌论坛,邀请来自教育部基地、协同单位及相关高校的11位专家,对"黄河流域生态保护和高质量发展"国家重大战略、南北区域经济差异、黄土高原水土流失趋势和前景、黄河流域生态保护和文化传承、黄河文化认同、黄河流域文化遗产保护以及智库联盟建设等问题进行了深入探讨。圆桌论坛由河南大学黄河文明与可持续发展研究中心、黄河文明省部共建协同创新中心主任苗长虹教授主持。

闭幕式现场照（申茜茜 摄）

苗长虹在闭幕式总结时指出,本次论坛汇集了地理学、经济学、考古学及历史学等相关领域顶级专家学者,成果丰富,形式多样,取得了圆满成功。他表示黄河流域生态保护和高质量发展是一个共建战略,需要多领域、多学科的协同推进以及各领域专家学者的共同努力,提议共同推动黄河保护与发展智库联盟的建设。

全体与会专家学者合影

教育部人文社科重点研究基地河南大学黄河文明与可持续发展研究中心建设十五周年及黄河文明省部共建协同创新中心建设一周年暨基地建设经验交流会在河南大学成功举办

杨东阳　申茜茜

经验交流会现场（蔺楠 摄）

2019年11月30日，教育部人文社科重点研究基地黄河文明与可持续发展研究中心建设十五周年及黄河文明省部共建协同创新中心建设一周年暨基地建设经验交流会在河南大学金明校区图书馆三楼会议室召开。河南省教育厅社科处处长王亚洲，河南大学党委副书记张宝明教授，中国社会科学院学部委员王巍研究员、学部委员王震中研究员，长江学者、北京大学王中江教授，以及河南大学关爱和教授、李小建教授、冯兆东教授、秦耀辰教授、王蕴智教授、李玉洁教授，郑州大学旅游管理学院院长李金铠教授，洛阳师范学院研究生与学科建设处处长曹玉涛教授等出席会议。部分教育部人文社科重点研究基地负责人如陕西师范大学西北历史环境与经济社会发展研究院院长王社教教授、副院长方兰教授，河北大学宋史研究中心党委书记李金闯教授，内蒙古大学蒙古学研究中心副主任姑茹玛研究员、行政办主任包喜教授，西北大学中国西部经济发展研究中心高煜教授，山西大学科学技术哲学研究中心王凯宁教授，宁夏大学西夏学研究院于光建教授，辽宁师范大学海洋经济与可持续发展研究中心王泽宇教授也应邀出席会议。此外,黄河文明省部共建协同单位成员西北大学城市与环境学院院长李同昇教授,山东师范大学地理与环境学院赵金丽博士,黄河水利科学研究院泥沙研究所所长李勇高工,河南省文物考古研究院院长刘海旺研究员,洛阳市人民政府发展研究中心薛海明主任、郭绍军副主任,开封市政府发展研究中心任青山主任、刘长河副主任也参加本次会议。

会议第一阶段,河南大学人文社会科学研究院院长展龙主持了教育部人文社科重点研究基地黄河文明与可持续发展研究中心建设十五周年活动。

主持人展龙教授(蔺楠 摄)

张宝明副书记在致辞中对黄河文明中心成立十五周年、黄河文明省部共建协同创新中心建设一周年以及"黄河流域生态保护和高质量发展"高层论坛的胜利召开表示热烈祝贺,并代表学校感谢各位专家学者以及兄弟单位对两个中心的大力支持。张宝明副书记指出为贯彻落实习近平总书记在"黄河流域生态保护和高质量发展"座谈会上的讲话精神,河南大学已出台了《关于落实"黄河流域生态保护和高质量发展"国家战略的实施意见》,今后将进一步加大支持力度,打造一支高素质研究队伍,产出一批高水平研究成果,为国家重大战略的实施提供学术支撑和智力支持,也希望两个中心能加强与兄弟单位相互切磋,共同交流建设经验,不断提升建设能力和水平。

张宝明副书记致辞（蔺楠 摄）

王亚洲处长对黄河文明与可持续发展研究中心建设十五周年表示热烈祝贺,肯定了黄河文明与可持续发展研究中心在资政建言、服务国家和地方社会等方面作出的突出贡献,并期待中心能够继续发挥学术优势,在历史文明方面进行深度挖掘,并将学术研究紧紧地和国家前途、人类命运结合到一起。

王亚洲处长致辞（蔺楠 摄）

黄河文明与可持续发展研究中心/黄河文明省部共建协同创新中心主任苗长虹教授分别从中心的发展历程、科学研究、研究队伍、交流与合作、学科建设、人才培养、数据库建设、社会服务八个方面回顾了黄河文明中心基地十五年发展历史及协同创新中心建设情况,并真诚感谢教育部、教育厅、校领导、兄弟单位及在座各位专家的长期支持和帮助,中心也将在新时期继往开来,开创中心建设的新局面。

苗长虹教授（蔺楠 摄）

专家代表王巍研究员、王震中研究员、王中江教授、王社教教授发言,热烈祝贺黄河文明与可持续发展研究中心建设十五周年,肯定了十五年的重大成就,并预祝中心在新时期能够抓住重大历史机遇,再创辉煌。

会议第二阶段,苗长虹主任主持黄河文明省部共建协同创新中心专家聘任仪式,王巍研究员、王震中研究员、王中江教授、李小建教授、王立群教授、冯兆东教授、秦耀辰教授、李玉洁教授、王蕴智教授、张宝明教授、李伟昉教授、韩士杰教授为黄河文明省部共建协同创新中心首席专家,史学建教授、李同昇教授、王成新教授、刘海旺教授、李勇教授、李金铠教授、曹玉涛教授为特聘研究员。黄河文明省部共建协同创新中心管理委员会主任关爱和教授为首席专家和特聘研究员颁发聘书。受聘专家代表李玉洁教授、李同昇教授、刘海旺教授表示希望能与中心开展更加全方位的合作,围绕黄河流域生态保护和高质量发展做深入研究。

会议第三阶段,苗长虹教授主持教育部人文社科重点研究基地及协同创新中心建设经验交流会。参加会议的兄弟基地负责人及协同创新中心协同单位围绕各自发展历程、取得成就以及面临问题进行了介绍和讨论。苗长虹主任在总结时指出目前各基地特色鲜明、优势突出、引领作用较强,但仍存在若干共同问题,这是未来体制机制改革需要解决的迫切问题。经验交流会最后,各单位联合发出要在新时代奏响"黄河大合唱"倡议书。为深入贯彻落实习近平总书记的讲话精神,主动服务黄河流域生态保护治理,推动经济高质量发展,保护传承弘扬黄河文化,为将黄河建设成为造福人民的幸福河而奋斗。

全体与会专家学者合影留念（蔺楠 摄）

奏响新时代"黄河大合唱"
——黄河流域及相关教育部人文社科重点研究基地建设经验交流会倡议书

"长风破浪会有时,直挂云帆济沧海。"习近平总书记于2019年9月18日在郑州主持召开黄河流域生态保护和高质量发展座谈会,明确提出将"黄河流域生态保护和高质量发展"上升为国家重大战略,为新时代黄河流域及相关教育部人文社科重点研究基地建设发展提供了前所未有的历史机遇。

作为人文社科研究领域的"国家队",我们黄河流域及相关教育部人文社科重点研究基地有责任、有义务主动服务国家重大战略需求,为国家战略制定实施提供学术支撑和智力支持。11月30日,河南大学黄河文明与可持续发展研究中心、陕西师范大学西北历史环境与经济社会发展研究院、西北大学中国西部经济发展研究中心、山西大学科学技术哲学研究中心、河北大学宋史研究中心、宁夏大学西夏学研究院、内蒙古大学蒙古学研究中心、中国海洋大学海洋发展研究院、华东师范大学现代城市研究中心、辽宁师范大学海洋经济与可持续发展研究中心等10个教育部人文社科重点研究基地,共聚在黄河之滨八朝古都开封,举行基地建设经验交流会,共商发展大计,共谋合作之策,并联合发出如下倡议:

一、坚持服务国家重大战略。以习近平总书记在黄河流域生态保护和高质量发展座谈会的讲话精神为指引,坚持服务黄河流域生态保护和高质量发展国家重大战略,加强黄河流域及相关教育部人文社科重点研究基地的合作与交流,不忘初心,牢记使命,砥砺前行。

二、推进学科资源整合。黄河流域及相关教育部人文社科重点研究基地研究领域涉及经济、生态、地理、哲学、历史、文学、考古、民族、宗教等学科,解决制约黄河流域发展的重大科学问题,需要充分发挥跨学科、新文科研究优势,推进学科间资源整合,进行学科融合和文理交叉综合性研究。

三、构建高层次研究联盟。围绕黄河流域生态保护和高质量发展国家重大战略,科学谋划,深入研究,组建"黄河学"研究联盟,定期举办"黄河学"高层论坛,协同开展流域内经济、生态、文化和民族等相关研究。

四、培养高水平人才。加大对黄河流域生态保护、经济高质量发展、黄河文化保护传承弘扬等领域高素质人才培养力度,努力造就本—硕—博多层次的跨学科、复合型、战略型的创新型人才。设立"黄河学"访问学者研究计划,吸引从事黄河文明及相关研究的学者到联盟基地开展合作研究。

五、产出高质量科研成果。加强科研攻关,推出研究黄河流域生态保护和高质量发展的大型标志性成果,形成一系列高质量的研究论文、学术著作、研究报告等,汇集黄河研究原始资料与研究成果。

六、打造高水平智库联盟。充分发挥基地智库作用,紧紧围绕"黄河流域生态保护和高质量发展"的战略需求,开展从战略、规划、设计到政策的综合集成研究,建设"黄河保护与发展"智库联盟,定期举办"黄河流域生态保护与高质量发展"高层论坛,作国家和地方发展咨询的"思想库"和"智囊团"。

七、加强国际交流与合作。注重与国际学术资源的交流合作,围绕黄河流域生态保护和高质量发展的战略需求,组织开展"'一带一路'与黄河文明""黄河文化与大河文明"等国际论坛,筹办国际期刊平台,推进黄河文明与世界文明的交流、对话、互鉴。

八、构建具有中国特色中国风格中国气派的黄河文明话语体系。围绕"四个自信",深入研究黄河文明的基本内涵和主要特征,系统解读黄河文明的时空演变及其现代价值,总结黄河文明的形成过程与规律,探索黄河文明发展动力和模式,揭示黄河文明认同本根、多元并存、和而不同的文化意蕴,向世界传达文明多元、文明自主的价值理念。

黄河是中华民族的母亲河,黄河文化是中华民族的根和魂。黄河流域及相关教育部人文社科重点研究基地一定深刻领会贯彻落实习近平总书记的讲话精神,充分利用多学科交叉的平台优势,为将黄河建设成为造福人民的幸福河、主动服务黄河流域生态保护治理、保障黄河长治久安、促进水资源节约集约利用、推动经济高质量发展、保护传承弘扬黄河文化等重大战略任务,勇于担当,敢于作为,在新时代黄河大合唱中奏响出更加出彩的华美乐章。

河南大学黄河文明与可持续发展研究中心
陕西师范大学西北历史环境与经济社会发展研究院
西北大学中国西部经济发展研究中心
山西大学科学技术哲学研究中心
河北大学宋史研究中心
宁夏大学西夏学研究院
内蒙古大学蒙古学研究中心
中国海洋大学海洋发展研究院
华东师范大学现代城市研究中心
辽宁师范大学海洋经济与可持续发展研究中心
2019年11月30日